传承与展望

《威尼斯宪章》发布五十周年
学术研讨会论文集

中国文化遗产研究院　编

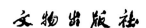

文物出版社

《传承与展望》编辑委员会

主　　任　刘曙光
委　　员　刘曙光　柴晓明　马清林
　　　　　侯卫东　许　言

编　　委　乔　梁　丁　燕　孙　波
　　　　　詹长法　于　冰　乔云飞

图书在版编目（CIP）数据

传承与展望：《威尼斯宪章》发布五十周年学术研讨会论文集／中国文化遗产
研究院编．—北京：文物出版社，2014.12

　　ISBN 978 - 7 - 5010 - 4156 - 5

　　Ⅰ.①传…　　Ⅱ.①中…　　Ⅲ.①古建筑 - 文物保护 - 中国 - 文集　　Ⅳ.①TU - 87

中国版本图书馆 CIP 数据核字（2014）第 267607 号

传承与展望
——《威尼斯宪章》发布五十周年学术研讨会论文集

编　　者　中国文化遗产研究院
封面设计　周小玮
责任印制　陈　杰
责任编辑　宋　丹　王　戈
出版发行　文物出版社
地　　址　北京市东直门内北小街 2 号楼
　　　　　邮政编码　100007
　　　　　http：//www. wenwu. com
　　　　　E - mail：web@ wenwu. com

印　　刷　北京京都六环印刷厂
经　　销　新华书店
开　　本　787×1092　1/16　印张 16.25
版　　次　2014 年 12 月第 1 版第 1 次印刷
书　　号　ISBN 978 - 7 - 5010 - 4156 - 5
定　　价　180.00 元

一　会议现场

二　会议现场

三 会议现场

四 会议现场

一〇　中国文化遗产研究院黄克忠发言

一一　中国文化遗产研究院詹长法发言

一二　西北大学王建新现场提问

一三　中国建筑设计研究院历史研究所陈同滨发言

一四　清华大学世界文化遗产研究中心吕舟发言

目　录

叁 应用、总结与发展

序

中国文化遗产研究院院长 刘晓光

　　1964 年 5 月 31 日，在意大利威尼斯召开的从事历史文物建筑保护工作的建筑师和保护技术专家国际会议，通过了一项深刻影响文化遗产保护实践与理论的重要决议——《国际古迹保护与修复宪章》，也就是我们常说的《威尼斯宪章》，这是世界文化遗产保护历史上具有里程碑意义的事件。半个世纪以来，《威尼斯宪章》的指导意义和价值已远远超越了当初所指的历史建筑及其附属环境的范畴，成为文化遗产保护修复的国际共识和原则之一。

　　作为一个文化遗产大国，中国文物界对《威尼斯宪章》经历了认识、研究和应用的发展过程。20 世纪 80 年代以来，随着中国改革开放进程的不断推进，《威尼斯宪章》以及随后出现的一系列文化遗产保护国际性文件所倡导的原则和精神开始进入我国，并与我国文物保护领域"传统"的保护理念和方法结合起来，得到了广泛而深入的应用，成为被普遍认同的准则和理念。

　　在《威尼斯宪章》发布五十周年之际，在国家文物局的支持与指导下，中国文化遗产研究院于 2014 年 6 月 12 日组织召开了"中国文物保护实践与威尼斯宪章"学术研讨会，邀请了 100 余位文化遗产保护界的专业人员聚集文研院，通过学术研讨来回顾总结以《威尼斯宪章》为代表的国际性文件在中国文化遗产保护实践历程中的经验、教训及思考，深入地探讨中国文化遗产保护发展的未来和面临的问题。我在开场白中说道，作为组织方，我们的责任主要是提供平台，开展讨论。会议有个主题，但更多的是围绕主题的开放性的话题，涉及文化遗产的各个主要领域。会议有具体内容，但是没有引导。我们希望开成一个解放思想、深入实际的会议。这个"实际"，包括了思想、观念、理论、方法的实际，也包括文物保护的实践。我们倾向于不拘一格的会风，提倡学术平等、自由思考和自由讨论，鼓励与会者自由地、不受干扰地发表自己的学术观点，激励和保护创新的思想，但是希望能恪守实事求是、严谨科学的原则。因此，这个会议没有邀请任何一位行政机关的领导，也不打算做结论，不发宣言、共识、建议等等。总之，是想开一个安安静静的会、朴朴素素的会、成果真实而丰富的会。

我很高兴地看到，与会的学者们以《威尼斯宪章》为切入点，多角度进行文化遗产保护领域中哲学层面、政策制度层面以及保护理论、方法和实践层面的探讨，有许多值得关注和深入讨论的新观点、新思路，在很大程度上达到了我们的预期。

在会议论文结集出版之际，请各位与会者再次接受我由衷的感谢。

2014 年 9 月于北京

壹　认同、融合与思考

《威尼斯宪章》和中国文物古迹保护

詹长法[1]　徐琪歆[2]

（1. 中国文化遗产研究院　2. 中央美术学院）

摘　要：《威尼斯宪章》作为现代文物保护修复的原则性文件，颁布至今已有五十年之久，并且在国际范围产生了重要的指导作用和影响。中国了解、实践《威尼斯宪章》相关原则也近三十年时间。在《威尼斯宪章》思想的影响下，中国文物保护的理念、方法都产生了较大的转变和发展，基本形成了符合我国文物古迹特点的保护体系。然而在法律、法规建设不断完善的同时，我国文物古迹保护领域对《威尼斯宪章》的理解还需深入，保护实践中也确实存在一些亟待改善之处。因此，在《威尼斯宪章》颁布五十周年之际，回顾其与我国文物保护的发展关系、讨论我国文物保护中存在的问题也是十分必要的。

关键词：《威尼斯宪章》　《文物法》　《中国文物古迹保护准则》　文物古迹保护

在 1931 年颁布《雅典宪章》三十三年后，历史古迹建筑师及技师国际会议（ICOMS）更新、扩充了原有内容，建立了国际公认的关于历史文物建筑、古迹的保护和修复原则，这就是 1964 年制定并公布的《威尼斯宪章》[1]，它的颁布标志着世界文物保护修复进入一个新阶段。它提出的重要原则被国际普遍接受，公认为文物古迹保护修复的根本准则。此后，在该宪章基础上又补充了《佛罗伦萨宪章》、《西安宣言》等，这些文件共同构成了现代文物保护理念和操作体系。

至 2014 年，《威尼斯宪章》作为国际文物古迹保护的最根本原则已有五十年，在其颁布半个世纪后的今天，中国作为文物遗产大国，有必要回顾一下《威尼斯宪章》与我国文物保护法律法规建设、文物保护实践的关系，一方面可以总结文物古迹保护工作的经验，另一方面也可以认识发展过程中存在的问题。

一 《威尼斯宪章》与中国文物保护法律法规的发展

作为一份具有国际影响和基本准则性质的保护修复文件，《威尼斯宪章》对中国文物古迹保护事业也产生了重要影响。其颁布之时，正值"文化大革命"前夕，新中国成立时制定的文物保护法规、办法到 1966 年"文化大革命"开始，基本处于被忽视的状态。直至 1980 年左右，国内文物保护活动才逐渐恢复。1985 年中国加入世界文化遗产保护公约，成为世界文化遗产保护的缔约国。次年我国的《世界建筑》出版了文物建筑保护专刊，其中的《保护文物建筑及历史地段的国际宪章》[2] 第一次完整介绍了《威尼斯宪章》的具体内容。因此，中国对《威尼斯宪章》的引入和实际应用晚于颁布时间 20 多年。作为国际文物古迹保护的根本原则性文件，宪章的思想和内容大大促进了我国文物古迹保护观念的转变和相关保护工作的开展。

1. 1985 年之前，中国的文物保护法律法规制定处于自我探索的时期

在新中国成立之初的十几年中，中央政府陆续制定了一系列文物保护办法、条例，建立了文物保护、管理的基本秩序[3]，保证了国家建设过程中文物古迹的保护。其中比较重要的是《文物保护管理暂行条例》，1961 年 3 月 4 日由国务院制定并颁布，是我国第一个综合性文物行政法规，它确立了新中国文物法制建设的基本思路和基本框架。同年，文化部公布了"第一批国家重点文物保护单位"。1963 年 4 月，《文物保护单位保护管理暂行办法》颁布，中国文物古迹的保护单位制度基本形成，标志着我国文物古迹管理系统的初步形成。然而 1966 年"文化大革命"在全国范围内开展"破四旧"运动，之前制定颁布的一系列文物保护法规形同虚设，十年间文物古迹普遍遭到人为破坏，损失严重，直至 1976 年后情况有所好转。1979 年起草《中华人民共和国文物保护法》（以下简称《文物法》），1982 年正式颁布。《文物法》的制定和颁布将我国的文物古迹保护引向了有法可依的发展道路，也标志着我国文物古迹保护工作自我探索阶段完成。这一时期，国家公布两批国家重点文物保护单位[4]。

2. 1985～1999 年是中国文物古迹保护与国际遗产保护的初步接触时期

随着"文革"的结束和改革开放政策的推行，中国文物保护事业逐渐融入国际文物古迹保护的潮流中。1985 年中国加入《世界遗产公约》是这一阶段的重要事件，标志着中国文物保护进入向国际文物保护标准看齐的新阶段。1986 年我国《世界建筑》发表的《保护文物建筑及历史地段的国际宪章》[5]，使国内第一次完整了解了《威尼斯宪章》的内容。1987 年起，中国正式启动世界遗产申报工作，截止到 2000 年共申报成功 27 处世界遗产。在这一阶段中，经济发展是国家和社会的首要

任务，因而国际修复宪章提出的原则并未能完全贯彻到文物保护修复工作实践中。但世界遗产的申报和成功，肯定并宣传了中国丰富、卓越的文化和自然遗产资源，同时带动了世界遗产地旅游业的蓬勃兴起，进而促进了当地经济的快速发展。1985~1999 年，国内发展以经济建设为中心，文物保护、利用以旅游开发为主，更多关注文物古迹对增加经济收入所起到的作用，而文物古迹保护相关研究未能得到足够重视，导致了保护不当、开发过度，对文物古迹造成了一定程度的破坏。因此，在 2004 年第 28 届联合国世遗大会上我国的布达拉宫等五处世界遗产被警告整改。

3. 2000 年至今，是我国文物古迹保护原则、法规建设逐渐完善的阶段

如上所述，2000 年之后中国成为世界文化遗产大国，随着国家经济发展和世界遗产地旅游业的突飞猛进，社会对文物古迹价值、开发中的失败教训的认识不断完善和提升，1982 年，国家有关部门根据《威尼斯宪章》提出"传递其（历史古迹）原真性（Authenticity）的全部信息是我们的职责"[6]。第六条规定："古迹的保护意味着对一定范围环境的保护。凡现存的传统环境必须予以保持，绝不允许任何导致群体和颜色关系改变的新建、拆除或改动。"中华人民共和国国务院确定并公布了国家历史文化名城的保护机制，对相关法律法规进行修改和补充。同年的《文物法》第八条指出"保存文物特别丰富、具有重大历史价值和革命意义的城市，由国家文化行政管理部门会同城乡建设环境保护部门报国务院核定公布为历史文化名城"。2002 年《文物法》第十四条对上述内容进行了补充，内容更为具体细致。此外，在 2003 年公布的《中华人民共和国文物保护法实施条例》对历史文化名城和历史文化街区、村镇的保护规划编制和保护范围的划定提出了文物保护的具体要求，并给出了具体措施，确保文物保护单位的真实性和完整性。从以上法律法规的修改和扩充可以看出，随着对历史文化、文物古迹的认识的不断深入，我们深刻地认识到保护文物古迹不仅仅要关注个体的文物或古代遗迹，更要将其存在的整个历史环境空间纳入保护的意识和范畴中。这与《世界文化遗产公约》以及《威尼斯宪章》等一系列国际文物古迹保护的宗旨是一致的。

在法律法规逐步完善的同时，国内修复领域专家、学者就西方保护原则是否能适应中国的文物保护的论题展开了激烈讨论。《威尼斯宪章》中突出的"真实性"、"可辨识性"、"现状保护"等原则与我国当时的文物修复实践存在很大差别，是讨论的焦点，具体集中在中国古建筑修复领域，同时兼及其他文物（书画、陶瓷等）修复。杭州胡雪岩故居修复[7]、故宫"武英殿"的大修[8]等古建筑修复工程的开展更使以上讨论具体化，并使讨论中形成的不同观点在实践中展现出来。可以说，就国际文物古迹保护原则的讨论成为了 21 世纪初期中国文物保护领域普遍存在的现

象，反映了中国当代文物古迹保护实践对《威尼斯宪章》的高度重视和深刻理解。中国现代文物古迹保护修复从事者，谁也避免不了与《威尼斯宪章》及其提出的保护原则发生或多或少的联系。中国文物保护由自我探索到广泛了解世界文物保护经验；由对国际公认的现代文物古迹保护理念的不甚了解，到对现代文物保护原则形成了普遍、根本的认识；由疑惑、争论，到基本形成共识，中国的现代文物古迹保护的观念和技术在 2000 年之后产生的巨大转变和发展，为起草、制定针对中国文物古迹的保护原则打下了基础。

2004 年，国际古迹遗址理事会中国国家委员会与美国盖蒂保护研究所、澳大利亚遗产委员会合作起草的《中国文物古迹保护准则》（以下简称《准则》）经修订后发布第二版。这是一份在《中华人民共和国文物保护法》基础上，"参照以 1964 年《国际古迹保护与修复宪章》（《威尼斯宪章》）为代表的国际原则"制定的保护准则。它在中国文物保护法规体系的框架中，为文物古迹保护工作提供了更细致、更具操作性的行业规则和评价标准。《准则》第一章总则第二条解释："保护是指为保存文物古迹实物遗存及其历史环境进行的全部活动。保护的目的是真实、全面地保存并延续其历史信息及全部价值。保护的任务是通过技术的和管理的措施，修缮自然力和人为造成的损伤、制止新的破坏。"这是我国对文物古迹"保护"行为第一次给出明确的解释，其内涵实际包括了我们所谈的修复（修缮）、保护和维护。可见《准则》延续了《威尼斯宪章》中关于原则讨论部分的几乎所有内容。同时，这又是一份从中国国情出发，以中国木构架建筑保护为重要目标的保护准则。因此，《准则》的公布也证明了《威尼斯宪章》对中国现代文物古迹保护的积极影响，及其保护修复原则的普遍适用性。而《准则》作为《威尼斯宪章》的延伸和细化，也成为《威尼斯宪章》原则的实践和发展中的重要一步。

在《准则》制定期间，敦煌莫高窟作为其试验基地，已经开始按照《准则》要求开展部分工作，包括《莫高窟第 85 窟保护研究》和《敦煌莫高窟总体保护规划》，并获得成功[9]。在第 85 窟保护研究项目中，按照《准则》要求，对石窟、壁画的各类历史资料进行了收集、整理，对文物保护现状、环境进行了调查、研究，在此基础上对第 85 窟的价值、保存现状和综合情况进行了评估。而保护修复操作进行的整个过程中强调"研究应当贯穿在保护工作的全过程，所有保护程序都要以研究的成果为依据"（《准则》第六条），以及"按照保护要求使用所有的新材料和新工艺都必须经过前期试验和研究，证明是最有效的，对文物古迹是无害的才可以使用"（《准则》第二十二条）。第 85 窟保护研究为敦煌石窟保护技术研究积累了宝贵的经验，其成果为敦煌之后的壁画修复提供了重要的参考依据。《准则》提出的保护程序在敦煌得以良好实践，根据《准则》制定的《莫高窟总体保护规划》也为莫高窟的长期保护工作提供了明确的规范和依据。之后其他文物保护单位也纷纷根据《准则》要求，制定其总体保护规划。《准则》是我国在与国际文物保护研究实践交流中形成的针对中国国情的更具体、更具操作性的行业行为规范，是中国文物古迹保护理论和措施不断完善的重要里程碑，这也是一个新的开始，是将《威尼斯宪章》的根本原则内化为中国舆境下的保护原则后的新一轮实践、研究和讨论的开始。

在《准则》指导下，2013 年文化部实施了 2224 项全国重点文物保护单位的文物保护项目，完成了 6000 余件（套）馆藏珍贵文物的修复工作。这方面安排的中央专项资金达到 70 亿元。2013 年 3 月，国务院核准公布了第七批全国重点文物保护单位 1943 处，第一到第七批的全国重点文物保护单位总数达到 4295 处，第七批全国重点文物保护单位公布后，各省、市、县人民政府陆续公布了一批新的省、市、县级文物保护单位，各级文物保护单位达到了 12 万余处。从这些数字中可以看出我国文物保护事业受到了国家和政府的高度重视和支持，保护实践也在发展的道路上。2013 年文化部又一次启动了《文物法》的修订，并计划于 2014 年年底完成修订草案的起草。

总之，中国加入以《威尼斯宪章》为基础的世界现代文化遗产保护的总体实践推动了我国文物古迹保护相关的法律法规建设和相关实践的迅速发展。这一阶段中《文物法》的修订，《中国文物古迹保护准则》的制定和推广，以及各地文物保护实践的开展都与《威尼斯宪章》为基础的现代文化遗产保护理论的引入和讨论有着重要关系。

二　我国文物保护存在的不足

1. 我国文物保护中"艺术价值"与"历史价值"统一性考虑

《威尼斯宪章》第三条"宗旨"中提出："保护与修复古迹的目的旨在把他们既作为历史见证，又作为艺术品予以保护。"第九条："修复过程是一个高度专业性的工作，其目的旨在保存和展示古迹的美学与历史价值，并以尊重原始材料和确凿文献为依据。"第十二条："缺失部分的修补必须与整体保持和谐，但同时须区别于原作，以使修复不歪曲其艺术或历史见证。"可见对"艺术价值"和"历史价值"的评估和权衡是进行文物古迹保护修复实践的根本前提。与此同时，一脉相承，在《中国文物古迹保护准则》第二十三条中规定："正确把握审美标准。文物古迹的审美价值主要表现为它的历史真实性，不允许为了追求完整、华丽而改变文物原状。"

就理论认知的描述相对容易，而具体实践却往往存在困难。中国学者关于《威尼斯宪章》是否适应中国文物古迹修复的讨论，实际上正反映了他们对于"艺术价值"或"历史价值"的考虑各有侧重、因而存在较大差异的现实。持传统观念的学者认为中国传统修复以"艺术价值"的重现为理想和最高标准，而持现代修复理念的则更强调"历史价值"。这种情况出现的原因如下：首先，中国传统文物保护修复观念往往忽视"历史价值"；而许多现代学者形成了"历史价值"高于"艺术价值"的认识；文物修复实践比理论分析面临的困难要多，即"艺术价值"和"历史价值"在实践中取得平衡和统一较难；清洗、修复技术的局限也是造成"艺术价值"或"历史价值"偏废其一的重要原因。我国文物保护实践中或是焕然一新，或是偏重工程加固、较少干预形象的情况普遍存在。

我们应正确看待如上问题。传统修复对"艺术价值"的偏求造成持现代文物修复观念的学者对"历史价值"的强调是我们在接受现代文物保护原则所必然面临的情况。然而，在《威尼斯宪章》50周年来临的时候，我们应该向理解现代文物保护原则的道路上更进一步，即应看到文物古迹的"艺术价值"和"历史价值"同等重要，在修复的过程中也应尽可能真实、完整地保存其价值。

2. 石窟文物保护中岩体加固和水治理问题的讨论

石窟作为我们珍贵的历史文物，是我国最早开始进行保护、管理的文物古迹之一。自20世纪40年代，敦煌莫高窟即成立"国立敦煌艺术研究院"并对石窟文物进行了简单的加固、清理。新中国成立后，重点石窟的保护工作陆续展开，1950年敦煌艺术研究所改为敦煌文物研究所，次年制定保护规划，实施石窟的抢修、加固等保护。自此中国石窟文物的保护工作陆续开展起来。2000年前后，《中国文物古迹保护准则》起草期间敦煌莫高窟作为《准则》的可行性和权威性的验证试验，较早地参与到《准则》的保护程序、原则指导下的保护实践中。石窟文物的保护见证了新中国现代文物保护的转变、发展历程。六十多年的保护实践为石窟艺术的留存作出了巨大的贡献，特别是岩体加固和水治理方面。然而现在我们发现也正是在这两项保护措施上，存在着不合现代文物古迹保护要求之处。

其一，石窟的岩体加固问题。新中国成立初期，我国各重要石窟的管理保护单位陆续成立。由于经历了长期战乱，保存状态并不乐观，当务之急是对窟体进行抢救性加固。由于技术上的局限和任务的紧迫性，初期的加固措施相对比较简陋，仅是为了满足增加窟体安全性，以及参观、临摹洞窟艺术品的要求，如莫高窟修建的挡墙等。

20世纪60年代后，在"不改变文物现状"原则的要求下，喷锚加固以及裂隙灌浆、锚固和表面封护相结合的方法被广泛采用。70 年代末以后这两种方法迅速普及，成为各地石窟加固工程的主要做法，例如麦积山石窟、龙门石窟、云冈石窟等。但这些方法并非应用于所有石窟，如喷锚方法最早在麦积山石窟得到了运用，并获得了较好的加固效果。在大足石刻的锚固和裂隙灌浆也取得了良好的加固效果。而在龙门石窟和云冈石窟的加固中，裂隙灌浆造成了周围新裂隙的产生[10]。

《威尼斯宪章》第二条提出"古迹的保护与修复必须求助于对研究和保护考古遗址有力的一切科学技术"，但同时第十条规定："当传统技术被证明为不适用时，可采用任何经科学数据和经验证明为有效的现代建筑及保护技术来加固古迹。"石窟的加固作为保护的基础措施，寻求现代科学技术、材料的解决方法是顺应时代发展和保护需求的必要方式。但通过对《威尼斯宪章》内容的回顾，我们必须认识到，在寻求现代技术、材料参与石窟等文物古迹的保护修复实践的同时，必须加强材料技术的试验论证，以及具体技术与具体保护对象结合时再次实验论证的环节。同时，《准则》第二十一条规定"……一切技术措施应当不妨碍再次对原物进行保护处理；经过处理的部分和原物或者前一次处理的部分既相协调，又可识别"。作为与岩体结合度极高的加固方法，在使用裂隙灌浆这类技术时，依照《准则》的相关规定，还需考虑该操作造成的局部岩体状态的变化和对石窟整体的长期影响，以及这种方法是否会妨碍未来其他的保护操作。同样还要考虑，作为岩体的重要加固构件，锚杆材料如果出现锈蚀等问题，是否可能进行去除、更换等可逆性操作。

其二，水的治理中存在的问题。水对岩体的侵害广泛存在于石窟中，而具体形式各有不同。南部石窟由于环境湿度较高，岩体内水的作用和外部凝结水、雨水的问题长期存在；而西北部石窟，如莫高窟、龟兹石窟，地处干旱地带，夏季雨水集中、量大，所以雨水冲刷危害比较严重。主要治水措施包括铺设防渗层、裂隙灌浆与修排水沟、排水洞等。

水对石窟本体与环境都有重要影响。采取对环境污染治理的措施即可减少凝结水、雨水腐蚀；窟檐的加固、修复和加设，对抵御日照和雨水等自然力外部侵害取得成效；修建岩体内外排水道、排水沟的措施对岩体内的水有良好的输导作用等。但采取的其他一些更直接的增加、改变岩体成分以及使本体环境长期稳定的措施，却往往伴随各种并发症。如龙门石窟曾采取的铺设防渗层的做法造成岩体水分交流受阻、窟内水分难以蒸发，反而增加了石窟的湿度，对壁画造成了更大的损害。大足石刻北山石刻，为减少水的破坏采取在石刻和山体间加凿盲洞的做法，减少了山体水浸入的影响，但阻断了石刻与水体长期稳定的互动关系，造成石刻干燥缺水而加速了表面风化。这些操作的不当之处首先在于未经全面实验就急于实施到文物本体，其次打凿盲洞等操作也不符合最小干预的保护原则。

其三，石窟保护修复实践以水文、地质工程性项目为主，参与者也以相应专业背景为主，这种情况不仅在早期存在，当下亦然。实施保护的工程技术人员所采取的措施一方面确实出于专业技术、设备、提高科学性的需要，正如《威尼斯宪章》第十条规定："当传统技术被证明为不适用时，可采用任何经科学数据和经验证明为有效的现代建筑及保护技术加固古迹。"而另一方面，《威尼斯宪章》第九条还提到"修复过程是一个高度专业性的工作"，若工作人员缺乏文物保护专业理论，无法形成对文物价值的全面认识，其相关操作可能忽视对文物本体以及保存环境稳定性的考虑。

另外，我国石窟保护工作涉及对壁画、雕塑进行直接干预的时间也比较晚，敦煌莫高窟作为我国最先开始相关保护修复工作的权威机构，对壁画进行直接的科学修复活动是从 20 世纪 80 年代开始的，并且早期被认为成功的"敦煌莫高窟起甲壁画修复技术"后来显示并不成功，更甚至对壁画造成了更严重的损坏[11]。而龙门石窟直到 2005 年才开始对潜溪寺、皇甫公窟和路洞三处具体石刻的保护。这也是上文所述我国文物古迹保护未能实现"历史价值"和"艺术价值"的统一的现状和有力证据。当然，我国修复技术的限制和修复人员的不足也是不能忽视的原因所在。

当然，在早期技术和保护理念都相对简单的历史阶段，能将文物保存下来是有重要贡献的，我们不应以现代的理念和技术苛责前人。但与此同时，在面对当下和未来的保护工作时，我们必须采用更加科学、谨慎的态度和整体的视野才能够更好地保护文物。

3. 从事文物古迹保护的"人"的问题认识

作为文物古迹保护实践的主体——即文物保护的相关人才在整个文物研究、保护实践和法律法规的制定中都扮演着关键角色。《威尼斯宪章》第九条："修复过程是一个高度专业性的工作……"第十一条："各个时代为一古迹之建筑物所作的正当贡献必须予以尊重，因为修复的目的不是追求风格的统一……评估由此涉及的各部分的重要性以及决定毁掉什么内容不能仅仅依赖负责此项工作的个人。"《中国文物古迹保护准则》第八条："……从业人员应当经过专业培训，通过考核取得资格。重要的保护程序实行专家委员会评审制度，委员会成员应具有本专业的高级资质和丰富的实践经验。"第十六条："保护规划和重要的保护工程设计，应当由相关专业的专家委员会提出评审意见。"

我国文物古迹保护事业的参与者包括法律法规的制定者、管理者和具体保护修复人员。我们的历史传统中没有修复师职业，文物古迹的修缮由从事建造、制作的工匠进行，而古代文人、知识分子充当修复、鉴赏原则的制定者。也就是说修复的目的除了世俗、宗教功能的恢复之外，主要以收藏、鉴赏为主要目的。因此维修者主要是建造者或文物造假者。这种情况直到新中国成立后、现代文物保护修复理念的介入才逐渐改变。新中国成立以来，早期从事文物古迹考古、研究、保护的学者和机构，已经成长为各个领域的专家和权威机构。他们与法律法规研究专家共同构成了我国文物古迹保护法律法规的制定者。而文物古迹的管理者主要由各级政府人员担任，修复人员则以新中国成立之后的少数修复师和各类施工单位构成。2006 年在国家文物局的督导下，对全国 84 家文物保护修复机构进行了详细统计，从事文物保护修复科研人员仅有 896 人，占全部职工人员数的 10.09%，占专业人员总数的 14.79%。这一数据显示我国专业文物修复人员非常匮乏。

1985 年中国加入"世界遗产公约"后，为适应新的文物保护对人才的需求，国内一些重点高校在原有考古或历史专业基础上，成立"文博学院"，专业包括文物考古、文物研究和博物馆研究等，这批院校包括北京大学、复旦大学、西北大学等。为我国培养了许多高层次学者，但是这些学者大多仅专注于艺术和历史层面的研究，很少涉及具体的保护、修复研究。例如，参与敦煌莫高窟早期保护管理的众多学者主要是对壁画的临摹以及历史分期和风格研究。而石窟保护的实施者主要是由工程类机构和高校进行（例如兰州涂料研究所、兰州化工研究院环境保护研究所、兰州大学地质系等）[12]。

2000 年以后，随着文化遗产保护的广泛开展和文物保护意识的提高，文化遗产保护事业对人才的需求大大增加，国内高校开始了新一轮的相关学科建设，"文化遗产学系"的设置开始出现在高校人文院系中［南京大学文化与自然遗产研究所（2003）、中央美术学院人文学院文化遗产学系（2004）等］，为国家培养了一些人才。但高校相关专业的设置局限于院校自身的教学历史和特点，或偏重理工科的科学技术教育，或偏重文科的理论知识传授，而无法形成跨学科的教学体系。而文物保护多学科交叉性较强，因而至今仍未能建立起综合学科的文物保护专业，并且也没有系统培养专业修复师的高校或机构。

而在文化遗产保护人才的培养上，欧洲有着比较早的实践和丰富的经验。至 20 世纪下半叶，欧洲各国政府及教育部已经开始制定政策法规，并创办文化遗产保护的高等教育，以最高的标准来培养专业修复人员，使他们具备参与保护文化遗产的各个学科交流、合作的能力[13]。早在 20 世纪 30 年代，意大利学者朱里奥·卡尔洛·阿尔甘即提出针对现代修复才人培养，"高等教育应该使历史学科、自然学科与修复有直接关系的学科之间建立一个公正、平衡的关系，并且重新确定从事这一工作的专业人员的角色"[14]。1938 年阿尔甘（Giulio Carlo Argan）提议建立罗马文物保护修复高等研究院（ISCR）。1959 年这一机构成立，切萨莱·布兰迪（Cesare Brandi）担任院长，作为文物保护人员的专业培训机构，ISCR 为世界文化遗产的保护培养了众多优秀人才。这给我们在文物保护人才培养方面提供了有益的借鉴。

实践中除了专业修复人员的匮乏之外，在机构设置、人员构成上也存在不足。《威尼斯宪章》第九条："修复过程是一个高度专业性的工作，其目的旨在保存和展示古迹的美学与历史价值，并以尊重原始材料和确凿文献为依据……"《准则》第十一条："评估的主要内容是文物古迹的价值，保存的状态和管理的条件，包括对历史记载的分析和对现状的勘察……"通过上述可知，文物保护修复工作的开展，仅仅依靠专业修复技术人员是不够的，需要多种专业共同参与。文物的研究、价值的分析与评估等工作更多需要历史学家、艺术史学家、物质文化研究专家甚至宗教文化研究专家等参与（参见意大利文化遗产部的专业人员配备，见下表）。而在我国文物古迹保护修复实践中，除管理人员和修复师及工人之外，相关领域专家的参与程度较低，研究工作基本上为材料、技术的研究，很难与历史、艺术、物质文化等研究产生互动关系。而这也正是我国文物保护机构和具体实践中缺少并需要改善的方面之一。

文化遗产部员工种类及数量[15]

文化遗产及活动部员工		
一级管理人员		29
二级管理人员		163
技术领域工作人员（4354）	考古学家	350
	档案管理员	778
	建筑学家	512
	图书管理员	1197
	修复师	288
	艺术史学家	490
	科研人员	539
	其他专业人才	200
行政人员		4649
监管及公关		8371
其他辅助人员		1253

文物保护人才缺少的情况长期存在，这引起了国家文化部的关注。国家文化部、文物局等在各种场合都曾表示过对"人才"问题的重视。2014 年 2 月 24 日，文化部召开的新闻发布会上，文物局局长励小捷再次提到了文物保护中人才匮乏的问题。我们期待国内高校教学体系、专业修复人员培训机构，以及文物保护相关单位的人员配备等能够迅速地建立或完善起来。

三　总结

从 1964 年《威尼斯宪章》制定和颁布之初，到 2014 年其在国际社会达成共识并广泛应用的今天，已经跨越了半个世纪的时间。《威尼斯宪章》作为国际文物古迹保护的最根本原则极大地改变和影响了全世界的文物保护实践；1985 年《威尼斯宪章》真正引入中国以来，曾给中国文物保护领域带来了热烈的辩论，大大促进了我国文物保护政策、实践的发展与完善。而从我们当前在研究领域和实践领域的发展状况来看，《威尼斯宪章》颁布五十年后仍需要我们继续反复研究、读解，并将原则贯彻于实践。当然我们对《威尼斯宪章》的理解不应仅局限在内容自身，还应关注其制定的理论、实践背景，以及对其进行补充和深入研究的一系列文献，这是现代保护理念的整体系统。而不管是在理论研究、法制建设还是保护实践领域，对《威尼斯宪章》原则的科学研究和全面理解都具有重要的指导和启发意义，对于改善我国文物保护实践中的不足将有很大帮助。

（原载《中国文物科学研究》2014 年第 2 期）

[1] 《威尼斯宪章》，全称《保护文物建筑及历史地段的国际宪章》，1964 年由第二届历史古迹建筑师及技师国际会议（ICMOS）在意大利威尼斯召开，会议讨论通过并公布了该宪章，宪章中指定的保护、修复原则此后成为国际文物古迹保护领域普遍认可的根本性原则。

[2] 陈志华《保护文物建筑及历史地段的国际宪章》，《世界建筑》1986 年第 3 期。

[3] 包括《禁止珍贵文物图书出口暂行办法》（1950），《古文物遗址及古墓葬之调查发掘暂行办法》（1950），《关于保护古文物建筑的指示》（1950），《古迹、珍贵文物、图书及稀有生物保护办法》（1950）以及《关于在基础建设工程中保护历史及革命文物的指示》（1953）、《关于在农业生产建设中保护文物的通知》（1956）等。

[4] 分别是 1961 年第一批和 1982 年第二批。

[5] 陈志华《保护文物建筑及历史地段的国际宪章》，《世界建筑》1986 年第 3 期。

[6] 《威尼斯宪章》，《国际保护文化遗产法律文件选编》，国家文物局法制处编，紫禁城出版社，1993 年。

[7] 胡雪岩故居修复自 1999 年杭州市政府动议修复，至 2001 年 1 月 20 日正式对外开放，工程总历时不到两年。胡雪岩故居修复号称以"中国方式"取得了成功，引起了古建修复专家学者的广泛讨论。

[8] 故宫武英殿建筑群的修复工程自 2002 年 10 月开始，至 2004 年底结束，用时 2 年。工程并未按照最初"重现'康乾盛世'模样"的计划进行，而是在修复中经过权衡、取舍，尽可能保留了不同时代的信息。

[9] 樊锦诗《〈中国文物古迹保护准则〉在莫高窟项目中的应用——以〈莫高窟总体保护规划〉和〈莫高窟第 85 窟保护研究〉为例》，《敦煌研究》2007 年第 5 期。

[10] 黄克忠《中国石窟保护方法评述》，《文物保护与考古科学》1997 年 5 月。

[11] 李最雄《敦煌石窟保护工作六十年》，《敦煌研究》2004 年第 3 期。

[12] 同上。

[13] 王斌《欧洲与中国的文化遗产保护修复教育》，《艺术探索》2012 年第 26 卷第 1 期。

[14] 同上。

[15] 数据来自意大利文化遗产部 2012 年官方公报。

《威尼斯宪章》的真实性精神

吕 舟

（清华大学世界文化遗产研究中心）

摘　要： 本文通过对《威尼斯宪章》颁布五十年来对文化遗产保护与研究的实践指导与理论总结过程的作用予以辩证分析，重新对文化遗产的历史价值、艺术价值以及科学价值进行了新的阐释与理解，并将对文化遗产真实性问题的认识与理解提升到更深广的历史层面——活态遗产的保护与研究。

关键词：《威尼斯宪章》　历史价值　艺术价值　科学价值　真实性精神

2014 年是《威尼斯宪章》公布五十周年，在经历了五十年的变迁之后，《威尼斯宪章》是否仍然能够作为文化遗产保护的基本原则？讨论这一问题，分析《威尼斯宪章》与当代文化遗产保护观念之间的关系，对于认识、理解文化遗产保护五十年来的发展及未来所面临的问题不仅具有理论的意义，同时也具有实践的价值。

一　关于《威尼斯宪章》

《威尼斯宪章》形成于 20 世纪 60 年代，这一时期恰恰是欧洲完成了二战之后的重建，进入一个经济繁荣、文化多样化发展的时代。对国际文化遗产保护而言，通过 1954 年建立《武装冲突情况下保护文化遗产公约》，通过对埃及努比亚文物的抢救，通过 1959 年建立的国际文化财产保护与修复研究中心（ICCROM）的工作，已经建立起了一套较为系统的文化遗产保护原则体系，并需要以国际宪章的方式，使这一体系成为人类文化遗产保护共同遵守的原则。《威尼斯宪章》正是在这样的背景下出现的。

《威尼斯宪章》对战后以历史建筑和遗迹保护为主要内容的历史纪念物及建筑保护的原则和方法进行了总结，形成了一套相应的原则，并与之后又陆续公布的针对历史园林保护的《佛罗伦萨宪章》（1982）、针对历史城市保护的《华盛顿宪章》

（1987）以及《考古遗产保护管理宪章》（1990）、《水下文化遗产保护管理宪章》（1996）、《乡土建筑遗产宪章》（1999）和《木结构历史建筑保护原则》（1999），形成了一个相对完整的文化遗产保护体系。从《威尼斯宪章》形成的时间点看，对于欧美社会而言这是一个从城市规划到建筑研究，从现代主义向后现代主义转变的时代，是一个人们从关注建筑的功能性、经济性、创新性，向重新关注建筑的文化性和历史性转变的时代。《威尼斯宪章》提出的保护原则也同样回应了当时人们对于历史建筑保护的基本要求。值得注意的是尽管 20 世纪 60 年代的欧美社会是一个反权威的社会，而《威尼斯宪章》却试图建立起一种新的"权威"——针对历史纪念物或建筑的保护原则和标准。事实上，从《威尼斯宪章》的内容和逻辑看，它的确建立了一个现代主义的保护体系，并且对整个国际社会的历史建筑保护产生了深远的影响。

二　《威尼斯宪章》的价值认识

　　文化遗产的保护是基于对保护对象价值认识的保护。艺术价值和历史价值是对文化遗产最基本的价值认识。1931 年的《雅典宪章》提到了历史性纪念物所具有的艺术、历史和科学价值[1]。1954 年联合国教科文组织《武装冲突情况下保护文化财产公约》中强调了文化财产所具有的历史和艺术价值[2]。

　　《威尼斯宪章》表达了对《雅典宪章》的肯定，指出受到保护的历史纪念物或建筑的价值主要在于历史见证和作为艺术品的价值，也就是历史价值和艺术价值。关于这两种价值，在欧洲的文化遗产保护发展过程中已经经过了长期的讨论，早在文艺复兴时期人们就已经关注到这两种价值对于古代纪念物的意义。对这两种价值的认识，长期以来影响到人们对文化遗产的保护方式，对于不同价值的强调，可能产生完全不同的保护结果。欧洲在 19 世纪存在的不同保护学派之间的争论就反映了这种价值认识的不同侧重。对于当时的艺术史家或历史学家或许更为强调保护对象作为历史见证的作用，而建筑师、艺术家则往往更关注修复后作品的完整和整体艺术价值的展现。

　　历史价值对于文化遗产的保护而言，事实上是指受到保护的文化财产作为一种历史延续过程中的遗物对于历史发展的过程，历史上重要的人物、事件的见证作用。历史由于这些文化财产的存在变得易于认识，甚至可以触摸。艺术价值则是指受到保护的文化财产作为人类的物质创造给人所带来的审美感受。从文化遗产保护发展的过程看，对历史价值的认识在一定程度上源于对艺术价值的认识。相对于审美感受而言，文化遗产对于历史的见证价值，似乎更为广泛，也更为深刻，对于保护的影响也更强烈。《威尼斯宪章》的保护也显然是针对这两项价值展开的："修复过程是一个高度专业性的工作，其目的旨在保存和展示古迹的美学与历史价值，并以尊重原始材料和确凿文献为依据。一旦出现臆测，必须立即予以停止。此外，即使如此，任何不可避免的添加都必须与该建筑的构成有所区别，并且必须要有现代标记。无论在任何情况下，修复之前及之后必须对古迹进行考古及历史研究。"[3]《威尼斯宪章》尽管明确强调了这两种价值所具有的意义，但在相关原则上和保护方法上却更侧重于对历史价值的关注，例如第十一条："各个时代为一古迹之建筑物所做的正当贡献必须予以尊重，因为修复的目的不是追求风格的统一。"[4]第十二条："缺失部分的修补必须与整体保持和谐，但同时必须区别于原作，以使修复不歪曲其艺术或历史见证。"[5]

《威尼斯宪章》的基本精神是要尽一切可能确保被保护的历史纪念物或建筑的历史遗存能够得到妥善的保护，能够完整地传给后代，成为人类历史演变的实物见证。它所关注的对象是历史的重要"样本"，它所理想的是把这些"样本"固化在它所见证的那个时代上。正如《威尼斯宪章》开宗明义所宣称的那样："世世代代人民的历史古迹，饱含着过去岁月的信息留存至今，成为人们古老的活的见证。人们越来越意识到人类价值的统一性，并把古代遗迹看作共同的遗产，认识到为后代保护这些古迹的共同责任。将它们真实地、完整地传下去是我们的职责。"[6]对《威尼斯宪章》而言，保护的对象是"历史的见证"，也是"艺术品"，"保护与修复古迹的目的旨在把它们既作为历史见证，又作为艺术品予以保护"[7]。这在本质上是一种博物馆的保存方式。

在《威尼斯宪章》的编制者的眼里，历史纪念物或建筑由于所具有的历史价值和艺术价值，它们与博物馆中的展品并没有本质的区别。如果要分析区别，这种区别主要在于它们与环境之间的关系。对博物馆中的展品而言，它们与原有环境之间的关系已经被改变、被切断，而历史纪念物、建筑与产生它们的环境仍然保持着密切的关系，甚至体现了它们的价值。《威尼斯宪章》提出："古迹的保护包含着对一定规模环境的保护。凡传统环境存在的地方必须予以保存，决不允许任何导致改变主体和颜色关系的新建、拆除或改动。"[8]事实上，对20世纪60年代而言，这种历史纪念物或建筑与环境之间的关系也并非人们特别关注的问题，这从很多国家曾经存在的将部分老建筑集中搬迁到一个保护区，组成为所谓的民俗博物馆或历史建筑博物馆的做法，就可以理解人们对这些建筑的态度。在那个时代人们更多地在反思现代主义的城市发展对历史保护的忽视。

三 《威尼斯宪章》与真实性

《威尼斯宪章》开宗明义强调了对历史古迹的保护是要将"它们真实地、完整地传下去",但它并未对真实和完整做进一步的阐述。从《威尼斯宪章》关于"保护"、"修复"、"发掘"等内容的表述看,它所说的真实和完整意味着对保护对象的现状做最大限度的保护,保护历史古迹在存在的整个历史过程中被赋予的全部历史信息,保护历史古迹周边的环境。这种观念源于19~20世纪前期以欧洲为主的历史纪念物或建筑保护实践,并在很大程度上受到了18世纪以来欧洲艺术品保护和修复思想的影响。

18世纪艺术史家温克尔曼（Johann Joachim Winckelmann,1717~1768）通过对古代艺术品的研究,认为古代希腊的艺术创作达到了人类艺术的高峰,希腊艺术品应当是人们艺术创作的范本。作为范本,它们的真实性就变得尤为重要,充分尊重原作的遗存,区分真实的原作遗存与修补部分,区分原作与复制品成为温克尔曼十分关注的问题。温克尔曼的这种对真实的原作与添加部分或复制品之间区别的强调,在艺术史界产生了巨大的影响,也影响到人们对于修复的基本态度。奎特梅尔·德·昆西（Quatremere de Quincy）在他的建筑学词典中评价经过修复的罗马提图斯凯旋门:"游客无疑可以分辨哪部分是真实的,哪部分是为了获得一个整体的印象新建的。"[9]

关于历史纪念物或建筑修复的真实问题,英国建筑家乔治·吉尔伯特·斯各特爵士（Sir George Gilbert Scott,1811~1878）在1841年指出:"作为一座国家纪念物,作为我们从中认识可能获得基督教建筑一切知识的伟大艺术家的原作,一旦修复,无论多么仔细,都将在一定程度上失去真实性。"[10]

18、19直到20世纪上半期对于真实性的认识,是基于真实的物质存在的,它强调的保护对象是真实的历史遗存。随着对情况复杂的历史古迹的保护,特别是建筑遗产的保护,人们开始整体地看待和认识历经漫长历史年代的古迹所具有的历史真实性,形成了尊重不同历史时期遗存的观念。这些思想最终在20世纪形成了一个较为完整的体系,并在《威尼斯宪章》以及之后相关的国际宪章中得到了体现。

《威尼斯宪章》描绘了这样一幅理想的保护对象的图景:它们既保留了作为历史见证而存在的各种岁月痕迹,同时又是完美的艺术品。不应对其进行改动,不应将其从所在的环境中分离出来。对它们的修复应当以保持现状和保证其安全为主,修复后的保护对象应当能够清晰地展现人们对它们的研究成果。这一思想在20世纪

70 年代的《保护世界文化和自然遗产公约》以及《实施保护世界文化和自然遗产公约操作指南》得到了更为清晰的阐释。

1977 年世界遗产委员会制定了第一版《实施保护世界文化和自然遗产公约操作指南》（以下简称《指南》）。在关于确定文化遗产的价值内容中，指南强调了文化遗产必须经受"真实性"的检验，并对真实性做了定义：真实性表现为设计、材料、工艺和地点的真实性。强调真实性不局限于原始的形态（form）和结构（structure），也包括了在遗产整个艺术延续过程或体现其历史价值的，所有后来的改变和添加。这一阐述的重要性在于，它反映了 1977 年《指南》所说的真实性是《威尼斯宪章》所说的真实性，即原有物质遗存的真实存在，而这种物质遗存的真实性又反映在它的历史价值得到确认之前的整个历史过程当中。这种真实性并非后来一些人所理解的只要遵循原有的设计原则，采用原有材料及原有工艺，在原有地点进行的修复，就具有了真实性。事实上这种遵循原设计、原材料、原工艺、原环境的修复，属于重建的范畴。它已不是《威尼斯宪章》和《实施保护世界文化和自然遗产公约操作指南》中对保护对象价值认定的"真实性"范畴。根据《威尼斯宪章》的原则：修复的部分应当能够与原有的真实的物质遗存有清晰的区别，原设计、原材料、原工艺、原环境的修复也并不符合《威尼斯宪章》的基本原则。

四　结　语

1964 年的《威尼斯宪章》反映了第二次世界大战之后，以欧洲为主的保护专家希望建立一个反映国际基本价值（普世价值）的文化遗产保护体系，来指导、评价由于战后重建引发的大规模历史古迹保护运动，以及由埃及阿斯旺水坝工程引发的对特定文化遗产对象进行的国际援助的要求。这一基本准则为后来世界遗产的保护奠定了基础。

《威尼斯宪章》所针对的保护对象主要是当时人们所关注的历史纪念物。它所主张的保护方法也是以强调保护这些历史纪念物的历史见证价值和艺术价值为基础的，是一种类似博物馆藏品的保护方式。它所提出的"真实性"是对历史纪念物物质遗存，"一点不走样地把它们的全部信息传下去"[11]。今天文化遗产保护呈现出对文化多样性的关注，提出包括物质和非物质文化遗产的，对传统文化的整体保护，提出对体现延续的文化传统的"活态遗产"的保护问题，这些都是《威尼斯宪章》无法涵盖的内容。但同样，对文化遗产保护而言，新的保护对象、新的文化遗产类型的出现，并不等于对原有的文化遗产类型的替代。对于那些历史纪念物类型的保护对象，对那些以历史价值为主的保护对象而言，《威尼斯宪章》的原则，仍然是最为基本的保护思想。

（原载《中国文物科学研究》2014 年第 2 期）

［1］　《国际文化遗产保护文件选编》，文物出版社，2007 年，1 页。

［2］　《国际文化遗产保护文件选编》，文物出版社，2007 年，30 页。

［3］　《国际文化遗产保护文件选编》，文物出版社，2007 年，53 页。

［4］　《国际文化遗产保护文件选编》，文物出版社，2007 年，53 页。

［5］　《国际文化遗产保护文件选编》，文物出版社，2007 年，54 页。

［6］　《国际文化遗产保护文件选编》，文物出版社，2007 年，52 页。

［7］　《国际文化遗产保护文件选编》，文物出版社，2007 年，53 页。

［8］　《国际文化遗产保护文件选编》，文物出版社，2007 年，53 页。

［9］　《建筑保护史》，尤嘎·尤基莱托，中华书局，2011 年，138 页。

［10］　《建筑保护史》，尤嘎·尤基莱托，中华书局，2011 年，300 页。

［11］　陈志华《保护文物建筑和历史地段的国际文献》，博远出版有限公司，1992 年。

试论《威尼斯宪章》及其在
中国的实践与发展

刘曙光[1]　杜晓帆[2]

（中国文化遗产研究院[1,2]）

摘　要： 第二次世界大战之后至今，全球文化遗产保护呈现出四大趋势：一是越来越从全人类的角度来保护人类共有的文化和自然资源，并使这些基础资源在尽可能长的时间内得以维持；二是遗产保护的综合性和社会化程度越来越高，遗产保护不再只是专业机构的领域，而日益成为一项吸引众多行业、众多人才的社会公益事业；三是越来越强调对得到保护的遗产的应用，以及与遗产相关的非物质基因的传承、发展，遗产保护的目的越来越接近直接为社区发展与繁荣、为民众的现实生活服务；四是由于"物质遗产"消亡的必然性，人们更多地借助数字化等多种手段去发掘、整理、记录、表现那些"非物质遗产"。文化遗产的概念更多地加入了传承与发展的内容。《威尼斯宪章》作为一个兼容、开放、发展的系统，既是这四大趋势的最初产物，也是这四大趋势遍布全球的基本推动力。当代中国的文化遗产保护，上述趋势也已经初步显现。

关键词：《威尼斯宪章》

在 19 世纪初期的欧洲，文化遗产保护作为一种观念或者制度基本形成。两个世纪过去了，保什么？为什么保？如何保？依然是文化遗产保护界所面临的最根本的问题。随着对这两个问题的认识不断深入和发展，文化遗产保护的理念和方法在国际社会也逐步完善并积聚起基本的共识。1964 年的《威尼斯宪章——国际古迹保护与修复宪章》（Venice Charter——International Charter for the Conservation and Restorationof Monuments and Sites），就是这个完善过程和基本共识的集中体现。在我们纪念《威尼斯宪章》通过五十周年之际，回顾《威尼斯宪章》产生后全球文化遗产保护的发展历程，以及《威尼斯宪章》在世界各地特别是中国的实践，对于认识、反思和解决文化遗产保护中的现实问题，具有积极意义。

一　《威尼斯宪章》的形成和发展

一般说来，在 20 世纪 60 年代之前，人们还普遍认为，保护在一个国家境内的文化遗产，完全是该国的内部事务。然而变化发生在 1960 年。在收到埃及和苏丹联合向联合国教科文组织提交的请求帮助保护努比亚遗址和有关文物的紧急报告后，联合国教科文组织总干事比托里诺·维罗内塞（Mr. Vittorino Veronese）呼吁各国政府、组织、公共和私立的基金会和一切有美好愿望的个人为保护因阿斯旺大坝建设而受到威胁的努比亚遗址提供技术和财政支持。这表明了联合国教科文组织提出了一个新的概念：即这些文化遗址应该被视为全人类的文化遗产并得到整个国际社会的关注。整个工程从 1962 年开始，持续了 18 年。除了巨大的技术成就外，它也提供了一个激动人心的案例：成功地用国际资源来保护文化遗产。在这项行动的感召下，许多国家转向联合国教科文组织寻求国际社会的支持来保护本国最为宝贵的遗址。例如对意大利威尼斯（Venice）及其潟湖和巴基斯坦 Moenjodaro 考古遗址的拯救，以及对印度尼西亚 Borobodur 庙宇群的修复。因此，联合国教科文组织开始组织编写一本关于保护文化遗产公约草案的工作。然而，如何通过国际间的合作使人类能够共同采取行动来保护珍贵的遗产，则需要确定一些能够为各国普遍接受的准则，并建立规范的管理和保护机制。这也就构成了《威尼斯宪章》的"普世"需求。

1964 年 5 月 25 日至 31 日，意大利政府邀请了来自 61 个国家的 600 多名建筑师、修复专家，在威尼斯举行"第二届建筑师和历史纪念物保护专家国际会议"，在 1931 年《雅典宪章》的基础上，通过了针对纪念物和遗址保护与修复的《威尼斯宪章》。

我们看到，虽然《威尼斯宪章》比较多地受到了意大利学派的影响，把关注的重点仍然放在了"历史纪念物"上，但在其定义的第一条中又明确指出："历史纪念物的要领不仅包括单个建筑物，而且包括能从中找出一种独特的文明、一种有意义的发展或一个历史事件见证的城市或乡村环境。这不仅适用于伟大的艺术作品，而且亦适用于随时光流逝而获得文化意义的过去一些较为朴实的艺术品。"这显然是注意到了人类历史、文化、社会发展的多样性，扩大了传统意义上的历史纪念物的概念。更重要的是，《威尼斯宪章》所强调的保护历史古迹饱含着的历史信息，保护其真实性和完整性，保护一定范围内与古迹相关联的环境，以及提出的最小干预、可识别、与环境统一等原则，为全球的遗产保护提供了具有普世意义的价值观和方法论。因此，当"建筑师和历史纪念物保护专家国际会议"于1965年在华沙改组成为"国际古迹遗址理事会"之时，就将《威尼斯宪章》认定为与其"安身立命"紧密相关的文化遗产保护方面重要的国际宪章，并成为日后联合国教科文组织《保护世界文化和自然遗产公约》最为坚实的理论和技术基础，成为文化遗产保护的纲领性文件，以及评估世界文化遗产的主要参照。

随着国际社会遗产保护工作的广泛开展，《威尼斯宪章》所倡导的原则及其基本精神，又通过保护历史园林的《佛罗伦萨宪章》（1982）、保护历史城市的《华盛顿宪章》（1987）、《关于考古遗址的保护和管理宪章》（1990）、《奈良真实性文件》（1994）、《关于水下文化遗产的保护与管理宪章》（1996）、《木结构文物建筑保护标准》（1999）、《乡土建筑保护宪章》（1999）、《文化旅游国际宪章》（1999）、《文化遗产的解释宪章》（2004）等文献得到了进一步诠释，逐步形成了比较完整的适用全球的文化遗产保护理论体系。

其中，《奈良真实性文件》特别关注了世界文化的多样性，并对长期以来西方内部、东西方之间对于遗产真实性的不同理解做了研究、解释和规定。1994年11月，《奈良真实性文件》在泰国召开的第18届世界遗产大会得到认可，并在《操作指南》中采用。对于真实性的弹性化解释，为更多西欧以外的文化遗产，特别是土木建筑类型的文化遗产列入世界遗产名录打开了窗口。

在纪念《威尼斯宪章》通过四十周年的时候，时任国际古迹遗址理事会主席佩赛特先生以"保护原则"为题，对四十年来的遗产保护理论的发展做了总结。他认为考虑到文化的多样性和文化遗产的多样性，地区性的保护原则越来越受到欢迎。但是在多源取向的方法框架中，《威尼斯宪章》作为国际古迹遗址理事会的基础性文件，仍然是重要的参考文献之一。

总之，正是由于《威尼斯宪章》自身是一个基于理论研究、源于保护实践的开放和包容系统，所以它才具有旺盛的生命力和生长力，颁布五十年来一直保持其先进性和稳定性，主导着国际文化遗产保护的原则和方法以及实践。

二 《威尼斯宪章》在中国的推广与实践

中国的文物修复传统源远流长，修复工艺在19世纪中叶已趋于成熟，并有了一定规模。20世纪上半叶，中国开始有了专门保护古代建筑的科学。1930年成立的"中国营造学社"，把文物古建筑保护和研究的工作提高到了专业科学的水平。但作为现代意义上的文物保护事业，则始于20世纪五六十年代。至于文化遗产保护领域的国际交流与对话，国际社会普遍认可的文化遗产保护理念与方法对我国产生影响，则是 20 世纪 80 年代以后的事了。

1982 年公布的《中华人民共和国文物保护法》，有不少规定是与国际的文化遗产保护理念相一致的。1985 年，中国加入世界遗产公约，与国际社会有了直接的对话窗口。《威尼斯宪章》进入中国，就成为必然之势。1986 年，清华大学陈志华教授在欧洲学习考察回国后，第一次将《威尼斯宪章》翻译成中文并发表在《世界建筑》杂志上，之后又将一些代表性的国际文物保护原则介绍到了中国。这些新的理念虽然在文物建筑和历史文化名城的保护中产生了一些影响，但是查阅当时的文献，尚未出现实质性的对话和讨论。也就是说，《威尼斯宪章》以及国际文物保护理念的引入，在起初并没有能够形成与中国文物保护传统观念的对话。但随着中国改革开放进程的推进，随着申报世界文化遗产的热度不断升高，《威尼斯宪章》对于中国文化遗产保护理论体系的影响愈来愈大，对中国的文化遗产保护实践的指导性越来越大。联合国教科文组织、国际文物保护修复研究中心（ICCROM）、日本东京国立文化财研究所、奈良国立文化财研究所、罗马修复中心、美国盖蒂研究所、德国美茵兹罗马日耳曼中央博物馆等机构与交河故城、大明宫含元殿、库木吐喇千佛洞、龙门石窟、西安文物保护修复中心（现陕西省文物保护研究院）、中国文化遗产研究院、敦煌莫高窟、炳灵寺石窟、承德避暑山庄、陕西历史博物馆、陕西省考古研究院等遗产地和机构开展了长期、深入的合作交流，文保专家、考古专家、美术史专家以及管理者之间的对话和碰撞，为中外文化遗产保护理念和方法的相互理解与融合提供了平台和机会。其中，大明宫含元殿的保护修复方案由于中外专家的意见不同，经历了五年的调整时间才得以开工；而中德合作保护修复法门寺地宫出土金银器和鎏金青铜器的项目，也曾被一些考古专家公开质疑。特别是关于"不改变文物原状"认识的分歧和争论，加之管理程序不明确，评估环节缺乏等问题，在实践中常常影响着文物保护项目的正常实施。

有鉴于此，1997 年至 2000 年，中国国家文物局组织力量与美国盖蒂研究所、澳大利亚遗产委员会合作编写了《中国文物古迹保护准则》，由中国古迹遗址保护协会发布并推广。《中国文物古迹保护准则》具有重要的理论和实践价值，它总结了中国文物保护取得的成功经验，借鉴了《威尼斯宪章》、《巴拉宪章》、《奈良真实性文件》等国际文物保护的先进理念和做法，是指导中国文物保护实践行为的权威性行业准则，它标志着中国文化遗产保护理念开始在保持中国特色的基础上与国际社会接轨、走向成熟。

2005 年，国际古迹遗址理事会在西安召开第 15 届大会。大会通过的《保护遗产环境的西安宣言》，是中国文化遗产界参与制定的第一个国际性文件。宣言发展了《威尼斯宪章》中对遗产环境的认识，对文化遗产的内在和外在环境进行了讨论，中国的传统的环境观、保护实践以及对相关问题的探讨，成为形成这一重要文件的基础之一。

2007 年，中国国家文物局、国际古迹遗址理事会、国际文物保护修复中心共同在北京召开了"东亚文物建筑保护实践与理论国际研讨会"，针对特定文化背景对文化遗产保护的影响，进行了讨论。会议通过的《北京文件》对真实性特别是对文化遗产所表述的信息来源的真实性等概念进行了进一步的阐释。

三　传承与发展《威尼斯宪章》所面临的问题

我们注意到，任何时候，任何类型的文化遗产的保护、管理都不能脱离开不断发展变化中的社会，人们对其价值的判断也会随着各种相关因素的不同而不同。从全球"文化遗产事业"的发展脉络看，有四个引人注目的变化：一是文化遗产保护越来越多地与国际政治、全球经济关联起来，与各国的文明进程、社会建设和文化发展关联起来，越来越成为各国政府重视甚至主导的公共服务内容；与此同时，人们越来越自觉地从全人类的角度来对待人类共有的文化和自然资源的保护，并使这些基础资源在尽可能长的时间内得以维持。二是遗产保护的综合性和社会化程度越来越高，保护遗产不再只是专业机构的领域，而日益成为一项吸引众多行业、众多人才参与的社会公益事业。三是越来越强调对得到保护的遗产的应用，以及与遗产相关的非物质基因的传承、发展，遗产保护的目的越来越接近直接为社区发展与繁荣、为民众的现实生活服务。对文化遗产的关注，越来越集中到了对文化多样性以及创造和享用这个文化的人的关注之上。文化遗产已不再是一个供奉在圣殿中高高在上供人膜拜的对象，更非囿于象牙塔中供专家学者研讨的学术课题，而是日益成为与普通大众和社会生活息息相关的一部分。四是由于"物质遗产"消亡的必然性，人们更多地借助数字化等多种手段去发掘、整理、记录、表现那些"非物质遗产"。文化遗产的概念更多地加入了传承与发展的内容。

上述趋势，在当今的中国也日益突出起来。在中国社会和经济发生翻天覆地变化的同时，人们对文化遗产的认知也产生了巨大变化。从对古董、文物、民族民间文化艺术、传统技艺等单一的认识，已经向文化遗产、非物质文化遗产和文化景观等范围更广、内涵更丰富的领域发展。随着各地大遗址保护、文物修复、博物馆建设以及世界遗产申报的热情持续不断，社会公众对于文化遗产、非物质文化遗产、世界文化遗产等关注度明显提高，进而对各种保护、建设和管理费用等也日益关注，从而引发了社会层面对于遗产价值的思考。

这种变化，要求我们文化遗产界在服务社会与公众的态度上以及在加强科学研究方面，都要做出明显的适应性调整。在服务社会与公众的态度方面，必须勇于承认，由于我们基本上不是规则的制定者和重要对策的参与者，所以我们对于一些国际准则的理解以及对一些保护案例的运用，难免缺乏深入认识和亲身体会，可能会存在知其然而不知其所以然、囫囵吞枣的情况；必须勇于承认，我们自己在遗产保护、利用方面也需要不断学习与思考，也是后进和学生，不能总是以专家和老师自居，更不要以为我们的指导和教导会是天然正确的。来自社会和公众对文化遗产保护管理利用的讨论和主张，虽然有相当的部分可能不符合所谓专业的要求，但也是任何一个专业机构或专业人士都不应忽视的。作为专业工作者来说，我们要始终保持服务社会、服务公众的谦虚态度，向实践学习，学会向社会、向公众诠释文化遗产的价值，学会通过适当的形式与方法，将遗产的精神、价值尽可能真实地展示给公众，同时完整地传承给后代。

事实上，20 世纪 90 年代以来，国际文化遗产保护界越来越关注遗产保护与全球化进程、遗产保护与社会经济发展、遗产保护与原住民，以及遗产保护与公众之间的关系，已经将文化遗产保护和人与社会的发展看做一个共同的大系统。国际古迹遗址理事会先后颁布的《文化旅游国际宪章》（1999）、《文化遗产的解释宪章》（2004）正是努力构建这个大系统的产物。

在加强科学研究方面，我们特别需要对《威尼斯宪章》及其后续文件所倡导的遗产真实性、完整性和延续性原则进行准确地把握和理解，正确地应用到遗产保护的实践中。这其中，首要的是对文化遗产价值的正确认知问题。必须勇于承认，虽然我们经常批评所谓外行人在遗产保护方面缺乏常识、急功近利等等，但是我们对待遗产保护也普遍存在重物质（遗产）本体、轻精神文化的倾向，在理论层面以及在形而上的哲学层面思考不足。有意无意之间，一些专业人士的心目中的"文化遗产"只是祖先流传下来的各种形态的物质残留，殊不知"文化遗产"的特质是"活在当下"，否则就是毫无意义的历史遗迹。如何认识文化遗产的核心价值，如何看待保护文化遗产对一个国家、一个民族的终极意义，如何设计出一套具有符合国际通行标准、切合中国实际的理论体系，我们还任重道远。

其次是要深入探讨保什么、为什么保、如何保的问题。什么应该列入被保护的范围？谁来决定保护什么？标准是什么？公众对于保护的重要性是否都有清楚的认识？世所公认，在过去三十多年中，中国在文化遗产的保护上取得了巨大的成绩。

然而对于它的保护和利用，也表现出与其他发展中国家共有的特点，即在保护文化多样性和对人的关注度上，仍需要做更多的努力和实践。

以对历史城市与村镇的保护为例，按照《威尼斯宪章》的原则，我们不仅要重视那些重要的建筑形态，而且还要关注那些与该地区文化历史相关的所有物质和非物质的元素，特别是生活在其中的人。正是由于现代居民的存在，才共同构成了历史城市和村落今天特有的环境和文化表征。而这个环境又恰恰反映了一个民族或者一个地区文化发展的过程。我们知道，文化遗产并不都是指那些纪念碑性的建筑和价值连城的艺术品，也并非单指那些看起来似乎冷冰冰的遗址和遗存。文化遗产不仅记录着我们的过去，而且存在于今天人的生活中，它为人类未来的发展提供借鉴和有益的参考。文化遗产与现代人的生活息息相关，它不是凝固的一个点，而是动态的、发展的，有着不同时代的印痕。所以，保护文化遗产应该更重视遗产与人之间的血脉关系、包括它们之间历史和当代的真实状态。《威尼斯宪章》强调文化遗产不仅要注重对其整体环境和原有历史风貌的保护，更要注意保护贯穿于其中的历史文脉和珍贵的人文元素。从哲学的意义上讲，既然是"文化遗产"，它的真实性、完整性都只能是相对的，不可以过分强调。第16届国际古迹遗址理事会大会研讨的主题是"遗产的精神"，这对遗产价值的认识是又一个进步，也是对遗产真实性原则的发展。这也要求我们在讨论遗产的真实性和完整性的时候，同时也要关注文化遗产的社会价值。对遗产的精神价值的传承，也应该是整体性保护的一个方面。如果对文化遗产采取教条的机械的简单处理的保护措施，并且希望其只处于某个历史时期的断面，那么这种保护是不真实也不现实的。因为它忽视了遗产与现实社会之间的关系，忽略了社会是不断发展的事实，特别是忽视了现实生活中人的现状与需求。这样的保护往往不会被社会所接受，也对增进公众的利益不利。

所以，无论是在文化遗产的保护上，或是在文化遗产的利用上，都要防止走极端。保护文化遗产，就是要保证传承给我们这个时代的遗产的真实性和完整性，尽量少受到人为的干扰。当然，随着经济和社会快速的发展，我们也清楚认识到，发展可能远比我们所预料的要复杂，面对人类的历史和不可预知的未来，发展不能看做是一个单一的整齐划一的直线形的路径。所以，在这种错综复杂的发展环境中，不仅需要我们的智慧，同时也需要我们的耐心，特别是在一些有疑惑或是有争议的问题上，不要急于下结论，而是尽可能做好文化遗产的完整保护，以便给未来更好的利用留下空间。

四　结语

通过以上的回顾与反思，我们可以更加清晰地认识到，《威尼斯宪章》在其形成之初，就是一个开放的和发展的系统。五十年来，随着人类对于自身遗产价值的认识不断提升和扩展，以《威尼斯宪章》为基石的文化遗产保护理论体系也在不断地丰富和完善。同时，随着时代的发展和变化，文化遗产保护也在由单纯地依赖专业人员，逐步走向了民间，走向了社会。因此，我们在运用《威尼斯宪章》的精神时，一定要充分理解和正确把握它的兼容性、开放性和发展性，同时要对当前社会、当代人给予足够的关注。因为，遗产保护的目标之一是实现地球环境多样性和人类文化多样性。可持续发展的提出不仅体现了人们对自然的尊重，也蕴含了深刻的人文关怀。在可持续发展的理念下，我们必须清醒地认识到两个方面：满足当代人和后代人的需要，以及必须为此对当前的需要进行约束。

正如联合国教科文组织在1972年巴黎举行的17届会议上指出："考虑到在一个生活条件加速变化的社会里，就人类平衡和发展而言至关重要的是为人类保存一个合适的生活环境，以使人类在此环境中与自然及其前辈留下的文明痕迹保持联系。为此，应该使文化和自然遗产在社会生活中发挥积极的作用，并把当代成就、昔日价值和自然之美纳入一个整体政策。"

（原载《中国文物科学研究》2014年第2期）

［1］ 国家文物局法规处《国际保护文化遗产法律文件选编》，紫禁城出版社，1993 年。

［2］ 陈志华《保护文物建筑和历史地段的国际文献》，台北博远出版有限公司，1993 年。

［3］ （法）弗朗索瓦丝·萧伊著、寇庆民译《建筑遗产的寓意》，清华大学出版社，2013 年。

［4］ 尤卡·约崎雷多著，邱博舜译《建筑维护史》，台北艺术大学出版，2010 年。

［5］ 张松《历史城市保护学导论》（第二版），同济大学出版社，2008 年。

［6］ （美）J. 柯克·欧文著、秦丽译《西方古建古迹保护理念与实践》，中国电力出版社，2005 年。

［7］ 陈志华《介绍几份关于文物建筑和历史性城市保护的国际性文件》（一），《世界建筑》1986 年第 3 期。

［8］ Michael Petzet, Principles of Preservation—An Introduction to the International Charters for Conservation and Restoration 40 Years after theVenice Charter. http：//www. international. icomos. org/ venicecharter2004/index. html.

［9］ 吕舟《〈威尼斯宪章〉的精神与〈中国文物古迹保护准则〉》，《建筑史论文集》第 15 辑，清华大学出版社，2002 年。

［10］ 徐振、顾大治《"历史纪念物"与"原真性"》，《规划师》2010 年第 4 期。

［11］ 王景慧《从文物保护单位到历史建筑》，《城市规划》2011 年第 35 卷增刊 1。

［12］ 王景慧《论历史文化遗产保护的层次》，《规划师》2002 年第 6 期第 18 卷。

［13］ 安娜等《〈威尼斯宪章〉的中国特色修正和发展》，《城市规划》2013 年第 37 卷第 4 期。

［14］ 杨昌鸣、张帆《历史建筑保护及其修复技术理念的演进》，《城市建筑》2011 年第 2 期。

［15］ 刘鹏、董卫《大遗址保护背景下偏远乡镇建设空间布局研究》，《现代城市研究》2013 年第 7 期。

［16］ 邵甬、杜晓帆《守望遗产传承文化》，《中国文物报》，2014 年 1 月 24 日。

［17］ http：//www. international. icomos. org/charters/Venice. htm

［18］ 杜晓帆《世界遗产的发展趋势》，《中国文物报》，2011 年 3 月 25 日。

［19］ 联合国教科文组织、世界文化与发展委员会，张玉国译《文化多样性与人类全面发展》，广东人民出版社，2006 年。

［20］ 热罗姆·班德主编、周云帆译《开启 21 世纪的钥匙》，社会科学文献出版社，2005 年。

［21］ 奈良文化财研究所文化遗产部《パブリックな存在としての遺跡・遺産》，奈良文化财研究所出版，2013 年。

文物古迹的真实性

——一个并非唯一的概念

侯卫东

（中国文化遗产研究院）

摘　要： 中国的古建筑维修，是从修缮走向维修；修缮实际是指以传统方法补修缺漏，主要的目的是解决古建筑的结构安全和形式完整。老一代文物工作者提出来"修旧如旧"的概念，用来纠正由于完全修缮造成的古建筑翻新。全面保护文物建筑自身的三大特征以及其在历史的演变过程中所附加的各种痕迹，则需要综合考虑传统修缮与标本加固的模式。

关键词： 维修　修旧如旧　传统修缮　标本加固

　　回顾我国的古建筑维修，是从修缮走向维修。修缮实际是指以传统方法补修缺漏，主要的目的是解决古建筑的结构安全和形式完整问题。也就是当古建筑由于年久失修或者遭受损失时，使其恢复基本的安全形态。这一时期的修复，按照历史的惯性进行，行业并无专门的准则。很多古代的木结构、砖石结构的建筑物都曾在这种精神的指导下进行了修缮。对这类的修缮，主持者多是熟悉和了解传统古建筑的建筑师或者工程师，也有一些是匠师。经过他们的修缮，很多面临破坏或者消失的古代建筑得到了抢救，得以延续其生命。如早期为数不多的几处唐代遗构如山西五台山的南禅寺大殿等，当时的修缮概念是要把它恢复到其认定的历史时期，由于南禅寺的认定年代是唐代，因此维修以将其复原到唐代的形式作为目标。因此门窗和屋顶都做了改动，原来次间的圆洞窗改成了直棂窗，原来的地方特色的琉璃脊饰改成了唐代的鸱尾，这种情况在当时并非孤例，陕西长武昭仁寺大殿的维修几乎是一模一样的套路。在维修这些古建筑时，认为他的价值在于其是唐代的遗物，是时代的代表，而修缮的主持专家，也具有对唐代建筑深入的研究的功底，对古代传统工艺有着深厚的造诣，因此总的来说修缮还是成功的。

　　然而，随着人们对文物古迹价值和其意义的不断深入理解，发现仅仅靠修缮的方法对古建筑进行更新，是延续了其作为建筑的宏观意义，维持了其生命，但是作为历史载体的物质存在，则越来越缺乏内涵的可读性和史学意义的丰富，也缺少了长久变迁所积淀的艺术美感。于是，老一代文物工作者提出"修旧如旧"的概念，用来纠正由于完全修缮造成的古建筑翻新。

"修旧如旧"原则的出现从很大程度上迟缓了修缮所造成的风险，使从业者开始反思在古建筑的保护中如何体现历史价值，如何体现"旧"的意义。旧"其实就是文物古迹原本具有的时空特色"，也就是文物古迹在经历了漫长的历史后，应体现出的岁月痕迹。就像人类必然地表现出的年龄特征一样。一般不加考虑的修缮完全有可能像现代的美容业一样，抹去岁月的痕迹，使老人看起来和年轻人一样。人们追求美容的目的是想要追求年轻和美貌，这对于人是永恒的追求。但对于文物古迹，刚好相反，一个过于年轻和没有经历可讲的古迹缺乏最起码的关注，更不用说具有历史价值。因此文物古迹不希望使其年轻化的"美容"，而是追求保持其苍老的"旧"，这一点古人曾有过："枯藤老树昏鸦……古道西风瘦马"的感叹。这古韵十足的诗句，虽然有着一种颓废，却也是对"旧"的感觉入木三分的描写。借助对"旧"的强调，激发人们对历史的感怀，而不是面对焕然一新的文物古迹时的茫然。

"修旧如旧"的中国式文物古迹维修口号提出后，基本得到了行业的认可，并在很多场合确实有效地提升了文物保护维修的理念，统一了认识。但由于"旧"的具体含义和解释一直众说纷纭，在具体对文物古迹的维修保护实践中，又往往有这样那样的解释，多年来，全国各地的从业者和学术研究，一直在根据各自的具体情况和认识去努力体会和定义其精神实质。

总的来说，"旧"的解释基本可简单归纳为几方面的含义：

"旧"是指文物古迹建造当初的物质实体；

"旧"是指文物古迹最辉煌时期的物质实体；

"旧"是指文物古迹延续至今的物质实体。

物质实体是文物古迹主要价值的载体，如其所可反映的设计、材料、工艺等。而物质实体的特性，反映在它的设计、材料和工艺中，如时代特点、地域特点、结构特点、艺术和科学的特点等。设计、材料、工艺后来成为维修古建筑所要考虑的三大要素。那些年维修古建筑的最权威的书籍是《中国古建筑修缮技术》，这本书的主要内容，就是主要介绍这三大要素的知识。

如果以这个对照以上三类关于旧的观点，其实都是有着一定的合理内涵。因为不管是哪种"旧"，他必然的都包含了这些必不可少的因素。如果将"旧"当做文物古迹建造当初的物质实体，它应该反映那个年代的设计、使用当时的材料以及不可缺少的当时的建造工艺。如我们所熟知的各代的建筑特点。这个是十分有意义的，如一些以年代的例证作为其意义而列入保护名录的文物古迹，其建筑的物质实体保留至今，能让人们产生强烈的对那个遥远时代的回忆和感知。如果将"旧"理解为其最辉煌时期的建筑的成就，那它的代表性应该更强一些。如一些被当做建筑结构的杰出代表而列入保护名录的古代的遗迹遗物。如果说旧是文物古迹历代延续至今的物质实体，它有可能是各时期各种要素的组合或者变异。

如果"旧"是指其历史延续的集合，指其物质实体上沉积了丰富的历史人文的印记，文物古迹的一些格局变化也许反映了特定的历史场景，一个建筑物的疤痕可能预示了某个历史事件的印记。

综上所述，关于"旧"的各种解释，其实都有他的合理性，都有它具体的背景和定位。

中国的文物古迹保护与研究，跟随着国家对外开放的总体政策，也逐渐地打开了视野，拓宽了交流渠道，而且由于中国文物古迹在世界文明史中所占的重要地位，不可避免地加入到世界保护文化遗产的大潮流中。这种交流与融合，既有相互间的和谐兼容，也有一些文化的碰撞。关于中国文物古迹保护实践与《威尼斯宪章》精神的讨论，就是一种十分有益的探索。

《威尼斯宪章》的最大贡献，就在于他十分准确地阐述了保护文化遗产的规则："世世代代人民的历史文物建筑，饱含着从过去的年月传下来的信息，是人民千百年传统的活的见证。人民越来越认识到人类各种价值的统一性，从而把古代的纪念物看作共同的遗产。大家承认，为子孙后代而妥善地保护它们是我们共同的责任。我们必须一点不走样地把它们的全部信息传下去。"

除了这个开场白以外，宪章中的"保护"、"修复"两个章节，并没有提出很明确的口号性语言，反倒强调了一些在文物保护中不能做的限制条款。这可能是文化之间的差别。中国往往更倾向于提出一些明显的口号来说明问题，什么不能做反倒说得很少。如果需要我们从《威尼斯宪章》的精神中硬要提炼出警句的话，那么"一点不走样地把它们的全部信息传下去"，大概强调了保护工作当中我们现在常提到的真实性和完整性。其他与真实、完整有关的如：不能改变建筑的布局和装饰；不得随意搬迁原址，包括附属于建筑物的雕塑、绘画、饰品等；修复中不能臆造（相当于无依据的复原）；保持可识别性、后代不得随意去除前代所做的改变；不得随意添加等。

从文物古迹保护的最基本初衷来说，保护文物古迹的三个基本目的，就是首先为人类文明保留一份档案，其次为当今的生活从过往的历史中汲取灵感，第三也可为制定今后的发展计划时作为借鉴。

石头的建筑是凝固的史书，这是西方很早的名言，对中国来说，也是一样，只是制造这本史书的材料略有不同而已。我们保护文物古迹，还是要还原到它的最核心的意义所在，也就是为人类文明保留一份实物的，足以作为佐证的财富。

中国古代的建筑工程的相关成就，反映在各个层面，首先，中国经历了上下五千年的变化，中间朝代更迭，文化交替，但基本上一脉相承，整体上铸就了中华文化的独特一脉，是人类文明中不可或缺的一环。然而，即使一脉相承，期间各个时代和文化还是有着明显的差别。作为建筑类的文物古迹，是记录这种文化差异的最直接的证据。因此文物古迹的时代也就是时间形态是其文化的重要标志之一。

中国又是一个幅员辽阔，地域特征明显的国家，从世界屋脊的珠穆朗玛到太平洋的海岸，从北方的沙漠戈壁到东南的茂密丛林，不同的地域条件创造了各具特色的建筑。这些地域特色也是文化的重要标志之一，是它的空间特色。

建筑工程又是人类留在这个星球的最大的和最有代表性的不可移动的物质实体。这个物质实体由特定的材料以特定的结构和构造形式组合而成。通过设计、材料、工艺可以完成一个建筑的作品，一定的设计、材料和工艺又能组成一种建筑的类型。因此建筑的类型成为除时代、地域外文物古迹又一个文化的重要特征。

一个文物古迹，当它具有了这三方面必不可少的或者某方面突出的特征，那它也就成为了人类历史档案中必不可少的重要章节，就具备了人类对其进行保护并使其世世代代传递下去的意义。在人类历史的长河中，古往今来一切可以在其空间坐标中找到位置的物质遗产，会一个个通过人类自己的努力保护，成为灿烂的繁星闪耀照亮人类前进的里程。

我们保护文物古迹，就是要确保这些繁星不至于偏离轨道，不至于失去光泽。

纳入文物古迹名单需要保护的，都是因为其在人类文明进程中的某个领域具有特定价值的物质实体，保护它们，就是保护历史文明的坐标，就是保护和传承这些历史坐标点的证物。保护不是盲目不加选择的机械行为，而是人类自觉的，有选择的在科学态度指导下的主动意识的觉醒。

文物古迹保护的关键，就是如何界定保护对象的价值所在。无论是古代的历史建筑，还是近现代的纪念物，抑或历史街区或者历史城市，都应该有其价值的特色所在，文物古迹也应该和艺术品的鉴赏一样，如果我们保护的对象是雷同的系列产品，那么保护的精髓也就不存在了。文物古迹的吸引力，也就在于他们是历史遗物的幸存者，是不可多得的稀缺产品。

如果文物古迹的价值定位得到了确认，那么它就具有了收藏和鉴赏的作用。如果它保存完好，就可以起到将其携带的信息传递下去的作用。然而事实是文物古迹的价值会随着时代的变迁以及周边环境的改变而不断地变化。比如著名的北京故宫从一座帝王的宫殿变身为一座人民的博物馆，故宫内的各组成部分，也会因为其所承担的功能而体现出不同的价值。太和殿等殿宇直接将其本身的自有信息传递给社会大众。而其他一些殿宇也许可以被用作展示的场馆或被用作管理的空间。那么他们今天的功能决定了其不同的价值体现。

文物古迹也不是金刚不坏之身，尽管我们希望它延年益寿，但客观事实是文物古迹大都面临这样那样的生存危机，都需要在其保存的过程中得到不断的修缮和维系其生命的外界支撑。

由此看来，保护文物古迹有两大系列，即不断地价值研究和不断的修缮加固。从而保证文化遗产可以长久的作为人类文明进程证据的真实和完整。

文物古迹具有时代特征、区域特色以及类型特点。这三大因素经常是交织在一起的。时代特征和区域特色在建筑的类型中得到反映，而类型的特点则更多地受时代和区域的影响。作为物质实体，最终的时代、区域、类型的特征都会以物质形态的方式反映出来，这个物质形态就是历史建筑。也就是说历史建筑包含了时代特征、区域特色和类型特点。

历史（文物）建筑的三大特征是其作为文化遗产的自身条件，然而，在其生存发展的历史中，它不可避免地要受到外界的影响，留下很多岁月的痕迹。如人为使用的变化，自然侵袭的蜕变、与相关历史事件有关的印记等。如应县木塔的外檐原以板壁墙为主，外观具有以涂白为主的辽代塔的特点，后代的管理和维修者主观的认为这不符合当时（维修时）木结构建筑的做法，于是将其改为柱间的槅扇门窗。这一改变破坏了木塔原有建筑的形式，但反映了当时的对木结构建筑的认识水平，这种改变也代表了一段历史。所以时至今日，这种改变还在维持，实际上也就是默认了这种改变的合理性。这种改变是存在于时代、地域和类型之外的，是一种外界干扰的因素。应县木塔由于其结构和材料的特性，很多构件都发生较大的蜕变，如斗栱和一些横纹受力构件，风化、劈裂、压缩等现象，成为其饱经自然风霜的最真实的记录。在应县木塔上我们还能读到很多相关的历史事件，如近代几次战争留在塔上的疤痕和变形，可以从某些角度反应战争的情况，如激烈程度，当时各自的方位，当时战争和武器的水平等。这些因素也是与木塔自有的建筑意义无直接关联的，是历史遗留在文物古迹上的沉淀。这些人为的改变、自然的风霜印记以及历史事件的留痕都叠加在历史建筑上成为这处文物古迹全部价值的组成部分。

在对文物建筑进行全面的评价后，我们对其进行保护维修就有了清晰的概念和目的。也就是全面保护文物建筑自身的三大特征以及其在历史的演变过程中所附加的各种痕迹。

由于这两大类的价值的不同存在形式，对其进行保护也就需要采取不同的理念和原则。

文物建筑作为一种物质实体，它的要素是形式、材料和工艺，它的各种信息都附加在这三项之中。这三项都是建筑工程的特点。因此可以沿用对中国传统的历史建筑保护维修行之有效的"修缮模式"，所谓修缮模式，就是采用中国传统的设计、传统的材料、传统的工艺这样的三原则，对传统的建筑进行保护。三原则的运用从我国老一代文物保护工作者开始，经过了一个较长期的探索，并在传统文物建筑的保护中发挥了积极的作用。很多历史建筑因为修缮而得以长久保存，并为文化遗产的传承发挥了作用。在这过程中，尤其可贵的是对中国历史建筑的修缮工艺这种非物质遗产的传承做出不可磨灭的功绩。我们现在还有一些掌握着传统建筑知识和维修技巧的能工巧匠，不能不归功于这种理念的提倡。

对于文物古迹的另一类价值，也就是非建筑自身性质的历史留痕，很多情况下都不适合使用修缮的方法。因为修缮实际是这个建筑物结构材料特性的延伸，而由于历史的积淀存留在文物建筑上的"痕迹"则不是结构和材料的性质。严格地说，它更像是一种现象，或者是一种表征。由于它不是原有的建筑体系内的东西，因此无需用传统的手段去对待，可以采用其他适当的可以使其原样保留的方法和措施。如借用新的技术和新的材料手段。相对于传统修缮，权且将其称之为"标本加固"。标本加固的含义，在于将这种历史的痕迹当做历史上与不可变更的某个事件、场景、人物有关的标本。它具有唯一性而不是传承性。如世界著名的比萨斜塔，其倾斜是一种外界自然造成的现象，而且它曾经一"斜"出名。历史上关于是否要纠偏就进行了很长时间的论战，最后只是由于倾斜确实威胁到它的生存安全，才不得不进行了有限度的纠偏。这种辩论，实际就是对其哪种价值更大的比选，是建筑物本身的建筑科学与艺术，还是历史岁月的留痕。这一类的历史价值，在我们既往的保护中，没有得到应有的重视。但已经逐渐地列入了保护的日程，过去那种完全依赖传统修缮，动不动就落架的做法越来越受到更广泛的质疑。应县木塔保护中的争议就是最好的体现。不可否认，木塔是中国历史上最杰出的木结构建筑的代表，但同时也携带有丰富的历史留痕。这都是木塔的价值组成。

在具体的文物建筑保护维修中，传统的修缮和标本加固的运用有时候是相辅相成，互不干扰的，如用传统修缮的方法使建筑的结构和材料恢复其应有的安全和完整的形态，用标本加固的方法使一些历史的痕迹和现象得以永久保存。这是理想的状态。但往往也有着二者产生矛盾的时候，采用一种方法就会对另外一类价值产生影响或不利的作用。这时候我们就需要选择和比较。选择的最基本规则是：第一，最大限度地保证安全，如果一种方法不能保证安全，则也不必拘泥于定式。比如说传统的修缮已不能解决结构或材料的安全问题；或者为了保全某项历史留痕而损伤了保护对象的安全性。第二，价值取向的原则，也就是在研究的过程中明确什么是保护对象的最大价值或价值最大化。

可以看出，文物古迹保护的核心是价值，真实性、完整性是保护文物古迹的基本原则。价值是一个多元的选择，因此真实和完整也需跟随价值进行定义。保护和维修古建筑秉持的真实性原则不是一个简单的选项。也许是诸多因素的组合。这就使得我们的保护工作更加富有挑战和意义。

文物古迹的保护是人类正确认识自己，并不断取得共识的一个领域。中国作为全球文化遗产保护的重要组成部分，有自己独特的保护体系和理念，近年不断完善并逐渐发挥作用的《中国文物古迹保护准则》就是很好的体现。另一方面，文化遗产是人类的共同财富。他需要在世界大家庭中得到共同的认可，因此既有其文化的多样性，又要有基本一致的目标。我们应该感谢《威尼斯宪章》这一类的国际文件，在国际文物保护的平台上发挥了巨大的作用，并为中国文物古迹保护事业提出了诸多的思考和比较。《威尼斯宪章》的保护核心理念是得到国际同行的认可的，而且它也非常明确地提出了"绝对有必要为国际保护和维修历史建筑建立国际公认的原则，每个国家有义务按照自己的文化和传统运用这些原则"。中国文物建筑保护的历程虽然不长，但已经有了自己逐渐清晰的轨迹，我们需要不断地研究和提炼，从而使得中国的文物建筑保护可以在世界的保护之林有一席之地。

（原载《中国文物科学研究》2014 年第 2 期）

从国际主义到全球化

——试论《威尼斯宪章》和"世界遗产"概念的衍变

（美）李光涵

（全球文化遗产基金会）

摘　要： 遗产保护准则于20世纪后半叶的发展是国际文化遗产保护运动的一个重要里程碑。这些准则以宪章、建议、宣言、议案等等不同形式呈现，大都由诸如联合国教科文组织（UNESCO）、国际古迹遗址理事会（ICOMOS）等国际机构发起撰写以及采用，其目的就是试图在保护全人类的文化财产这一大议题上，寻求具有规范性和共通性的答案。在当时以西方欧洲列强国家为主的战后重建与和平反思的背景下，这股文化遗产保护热潮是国际主义思想的直接体现。本文希望通过回顾《威尼斯宪章》和"世界遗产"观念产生的这段特殊历史时期来更客观地看待其所蕴含的意义，并由此反思过去的数十年，在因社会和经济结构变迁，从民族主义、国际主义到全球化的现今，如何解读《威尼斯宪章》和《世界遗产公约》的当代价值。

关键词： 文化遗产保护　世界遗产公约　《威尼斯宪章》　国际文化遗产保护运动

　　遗产保护准则于20世纪后半叶的发展是国际文化遗产保护运动的一个重要里程碑。这些准则以宪章、建议、宣言、议案等等不同形式呈现，大都由诸如联合国教科文组织（UNESCO）、国际古迹遗址理事会（ICOMOS）等国际机构发起撰写以及采用。其目的就是试图在保护全人类的文化财产这一大议题上，寻求具有规范性和共通性的答案。这一目的的初衷可追溯到20世纪两次空前惨烈的世界大战对于文物、建筑和艺术品所造成的破坏，因而促使国家间为共同利益而开展的国际合作保护运动。人们开始认识到文化遗产的价值体现除了自身的民族主义情结以外，还应以更广泛的国际主义观念来扩展对待。这段期间影响国际遗产保护运动最深远的两个历史事件可说是《威尼斯宪章》以及"世界遗产"概念的产生。

　　《威尼斯宪章》作为文化遗产保护与修复的纲领性文件，为日后众多国际保护文书的发展奠定了重要的基础。另一方面，有关"人类共同遗产"这一概念更是通过《世界遗产公约》的制定开启了遗产保护从国际主义趋向于全球化的趋势。

本文希望通过回顾《威尼斯宪章》和"世界遗产"观念产生的这段历史时期来更客观地看待其所蕴含的意义，并由此反思过去的数十年，在因社会和经济结构变迁，从民族主义、国际主义到全球化的现今遗产保护语境下，如何解读《威尼斯宪章》和《世界遗产公约》的当代价值。

一　国际文化遗产保护运动的萌芽

"共同遗产"概念的发展初始就深根于国际政治形势。为了避免一战血腥的历史重演，以维护世界和平为主旨的国际联盟成立于1919年，其辖下的智慧合作国际委员会（International Committee on Intellectual Cooperation，ICIC）可被视为 UNESCO 的前身，而最早和推动文物古迹事务相关的国际组织——国际博物馆办公室（International Museums Office，IMO）就设立于 ICIC 的执行机构系统内。IMO 活跃的期间对后续文化遗产保护工作影响最深远的就是组织了1931年10月于雅典召开的"第一届历史纪念物建筑师和技师国际会议"，以及1936年完成的《历史建筑和艺术作品战时保护公约》（Convention for the Protection of Historic Buildings and Works of Art in Times of War）草稿。

与以往各国零散主张的文化遗产保护运动有别的是，这是在战后试图平息还笼罩在敌对民族主义气氛中，通过国际专业组织，有策略性地建立"共同遗产"的概念定义和推动系统性的国际保护运动。前者所产生的会议总结诞生了有关历史纪念物修复原则的《雅典宪章》。这是一个具有前沿性和关键性的文件。首先，《雅典宪章》明确否定了盛行一时的风格性修复的做法，在修复原则和对真实性的主张上更加接近罗斯金以及1932年意大利《修复宪章》的论点，并且鼓励现代技术资源和材料的运用[1]。这也是第一份正式为政府间所接受有关文化遗产保护的政策文书，由此开启了后来于20世纪六七十年代所涌现的国际保护宪章热潮，特别是对《威尼斯宪章》有着关键性的影响[2]。

1936年的公约虽然只是份草稿，但其中的文物保护措施内容在二战期间还是发挥了一定的指导性作用，并且成为 UNESCO 第一个重要的规范性文件——1954年通过的《武装情况下文化财产保护公约》或简称《海牙公约》的原型和基础。

二　战乱破坏后的转机

国际联盟随着二次世界大战的结束也彻底瓦解，并被新成立的联合国所接替。战后疲弱的国际社会再次积极寻求和平之道，他们相信通过建立人类的智慧和道德团结可以避免下一次的世界大战。本着协调和促进这些目标的 UNESCO 于 1945 年 11 月 16 日应运而生，而 IMO 也被成立于 1946 年 11 月的国际博物馆理事会（International Council of Museums，ICOM）所取代。面临遭大规模破坏的历史城市、建筑、文物和艺术品，对于二战后百孔千疮的欧洲来说，如何协调国际间合作来填补资金和专业技术的短缺是当务之急。这个时代背景也奠定了 UNESCO 从建立之始就对后来《世界遗产公约》里所定义的"文化遗产"，即文物、建筑群和遗址，格外关注和重视。承继着二战前文化遗产国际保护运动的脉络，UNESCO 的章程明确提出了要"保证对图书、艺术作品及历史和科学文物等世界的遗产之保存与维护[3]，并建议有关国家订立必要之国际公约"[4]。

在自然保护的领域里，1948 年国际自然保护联盟（International Union for Conservation of Nature，IUCN）的成立也开启了国际社会对于自然和环境保护运动的关注和推进。由于当时联合国体系里并没有和环境保护议题相关的机构，UNESCO 作为赞助机构主持了 IUCN 的创置。IUCN 是少数几个政府及非政府机构都能参加的世界性联盟组织之一，也在今后成为了对于自然保护没有公开合法委托权的 UNESCO 的顾问机构，负责对被提名和已有的世界自然遗产地和混合遗产地进行评估和技术支持。

20 世纪的 50 和 60 年代可说是文化遗产和自然环境保护理念演进的一个高峰时期。经历了 30 年代的大萧条和二战的阴影，以美国为主的西方国家迎来了新一轮的战后经济繁荣期以及随之的高消费理念，这也造成了诸如生态环境破坏和污染、自然资源耗竭等环境问题。而发展中国家在面临人口急速上升和经济滞后所带来的粮食和能源需求问题，也加深了人与自然、现代与传统文明之间的矛盾冲突。出于此种考虑，国际社会对自然和文化资源的保护也给予越来越多的关注。

最能代表这一时期新一轮国际文化遗产保护运动发展的事件，就是努比亚古迹保护的全球性行动。面对粮食和能源的上升需求以及旧坝洪水漫坝等问题，埃及政府在 50 年代决定兴建阿斯旺高坝。这个项目设计会使尼罗河的水位上涨 62 米，而许多珍贵的努比亚文化遗迹都将受到淹没的威胁。为了挽救这些重要的文化遗产，埃及和苏丹政府在 1959 年求助于 UNESCO 希望能获得财政、科学和技术协助。UNESCO 的总干事比托里诺·维罗内塞（Vittorino Veronese）在 1960 年 3 月 8 日向"各国政府、组织、公共和私立的基金会和一切有美好愿望的个人"发出郑重的呼吁为保护努比亚遗址提供所需的"服务、设备和金钱"[5]，并且立即获得了国际社会的热烈响应。超过了四十个成员国以及国际专家团队贡献了将近四千万美金的赠款和技术力量；上百个遗址得以在被淹没前进行了考古抢险挖掘和记录，而努比亚文明中比较重要的几座遗迹都得以被迁移到高地保留，其中包括为时最长、技术最复杂的阿布辛拜勒和菲莱神庙的保护工程。

努比亚项目最主要的意义在于，作为全人类共同文化遗产这一概念通过国际社会的关注首次获得了实质的体现。不论是作为向国际求援的遗产所有国、扮演统筹者身份的 UNESCO 和慷慨应援的各成员国，都以实际行动认可"少数几个文物组成了人类文化遗产不可或缺部分"[6]的理念。UNESCO 此次动员国际资源来保护文化遗产的成功经验，不仅带动了后续一系列的国际救援行动，也延续了基于国际联盟以及联合国这类由上至下的国际政府间合作制度，为后来"世界遗产"的概念在全球范围的推广建立了其官方合理性。

三 《威尼斯宪章》

项目上的巨大成功也让 UNESCO 越加意识到组织机构上缺乏一个专门由文化遗产保护和修复人员所组成的协会。于是在 1956 年的联合国教科文组织全体大会上首先通过成立一个研究保护世界文化遗产机构，亦即是国际文化财产保护与修复研究中心（International Centre for the Study of the Preservation and Restoration of Cultural Property，Rome，ICCROM）的决议。并且于 1957 年在巴黎召开的"第一届历史建筑建筑师和专家会议"上建议其所有成员国加入总部设在罗马的 ICCROM。第二届会议在 1964 年于威尼斯举行，会上通过了十三项决议。其中对国际遗产保护运动影响最深远的就是《国际古迹与修复宪章》，即《威尼斯宪章》的通过，以及由 UNESCO 提议创立 ICOMOS 的议案以贯彻宪章精神。

回归到学术思想层面，主导这段时期国际文化遗产保护运动的是以意大利为主的一小群欧洲精英保护专家。在面对因战争和民族主义而分裂的新世界，他们试图将遗产保护运动植根于人文理想以及理性主义思维之中，而他们所倡导的保护理念奠定了《威尼斯宪章》的核心思想。《威尼斯宪章》在《雅典宪章》的基础上，主要继承了以布兰迪为代表的意大利修复流派的观念[7]，并且延续着对风格性修复在遗产真实性问题上伦理的否定。宪章更进一步强调了修复前后的可识别性，亦即不同时代之间的区分来体现保护干预的"诚实性"。宪章对历史古迹概念的定义也突破了以往只侧重于单体建筑物和"伟大的艺术作品"的局限，扩充了对于历史古迹所处的周边环境，以及"随时光流逝而获得文化意义的过去一些较为朴实的作品"的关注。

《威尼斯宪章》对于遗产保护中国际主义的思想有着明确的阐述"人们越来越意识到人类价值的统一性，并把古代遗迹看作共同的遗产，认识到为后代保护这些古迹的共同责任"。宪章很快就被普遍接受为国际保护修复理论的基本原则，是众多国际保护准则、国家文物保护法规以及地方性宪章的发展基础。其成功的原因除了当时西方世界整体政治氛围的影响，还与 ICOMOS 的成立并且将宪章奉行为机构执行的伦理准则有很大的关系。随着 ICCROM 和 ICOMOS 的成立，《世界遗产公约》里指定的三个正式咨询机构终于成形。这三个机构里，IUCN 负责自然遗产方面的事项，其他二者则负责文化遗产。ICCROM 作为一个政府间组织其主要参与事项为培训宣传、研究出版和其他技术合作，尤其是其培训活动为《威尼斯宪章》的推广起了一定的作用。而 ICOMOS 作为一个由各国文化遗产专业人士所组成的非政府组织则负责根据世界遗产委员会所定制的条件对所有被提名列入《世界遗产名录》的文化遗产进行评估，这更促进了《威尼斯宪章》在世界范围内成为国际遗产保护事务主要参照的权威性。

四 《世界遗产公约》的诞生

世界遗产制度的产生与由美国兴起的自然遗产保护国际运动有密切的关系。其发起的缘由可追溯至并深植于美国国家公园的建立理念："认可有些地区的自然、历史或文化价值有着独特和突出特点因此应被视为国家拥有，以及整个国家的遗产。"[8]

美国政府于 1959 年首先向联合国经济和社会理事会提交了有关建立一份《联合国国家公园和类等保留地名录》（United Nations List of National Parks and Equivalent Reserves，以下简称《联合国名录》）的议案，并且促成了 1962 年 7 月于美国西雅图所举行的第一届世界公园会议（First World Park Congress）[9]。会议的一些出席者和讨论主题和后来《世界遗产公约》的演进有密切的关联，其中一位关键人物就是约瑟夫·费盛（Joseph L. Fisher）。费盛在会上要求发展一个国际公园系统作为促进国际合作的一种工具，而公园计划中除了自然保留区以外，也应"包括史前、历史和文化遗址"[10]。这份《联合国名录》和建立国际公园系统委员会的理念虽然是基于保护自然环境的出发点，但其实已经具备了后来《世界遗产名录》和世界遗产委员会设置的原型。

为了响应联合国成立二十周年纪念而订立的"国际合作年"主题，美国政府于1965年12月在华盛顿召开了国际合作的白宫会议，由费盛所主持的自然资源和发展委员会提呈了有关建立一个"世界遗产信托基金"（World Heritage Trust）的建议，以激励"为了现今和未来世界公民的利益"而进行"认定、建立、发展和管理世界杰出自然和风景区以及历史遗址的国际合作"[11]。费盛所提出的"世界遗产信托基金"并不只是一种单纯为遗产募集保护资金的平台，而应理解为一种植根于具有国际法形式的公约内，更广泛地为世界遗产保护服务的国际政府间的机制。

另一位《世界遗产公约》重要的推动者，也是后来的美国环境质量理事会（Council on Environmental Quality，CEQ）主席，罗素·崔恩（Russell Train）也开始向国际宣传"世界遗产信托基金"。他在1967年的"人与自然国际会议"上进一步拓展信托基金的概念，并且建议和IUCN以及刚成立两年的ICOMOS等组织密切合作。他同时也准确地预言了"世界遗产"的牌子将会被热烈追捧，而被挂名的遗产地将会成为世界迅速发展旅游业中的"五星级"景点[12]。

与此同时，UNESCO也在其文化部门和专家小组范围内开展了制定一份针对文化财产的国际公约文件的工作。在经过1968~1969年一系列的专家会后，UNESCO决议于1972年第17届全体大会上通过一份"保护具有普世价值文物和遗址的国际文件"[13]。随着联合国在1968年宣布将于1972年在斯德哥尔摩举办其第一个有关人类环境的大型会议后，这两股原本各自为营并行发展的自然与文化遗产保护运动就此正式交锋，并且经历了一连串的拉锯磨合，最终形成了1972年的《世界遗产公约》。

斯德哥尔摩会议对于推动国际保护运动有着极其深远的影响，对会议关注的热点很快在国际社会上形成了巨大的协同力量。自然保护界的代表机构IUCN首先敏感地意识到这是一次可贵的机会，在美国的支持下，希望能借此在大会上通过美方所提议的"世界遗产信托基金"提案。而以文化遗产保护为主任的UNESCO也开始认识到在这次会议上争取提呈"世界遗产公约"议案的重要性，于是两家国际机构开始了对于公约话语权的拉锯对峙。同时早在1971年2月份，美国的尼克松总统再次表达了对"世界遗产信托基金"概念的支持，并且美方所拟的"建立世界遗产信托基金公约"的草稿，由代表团带到了同年9月于纽约举办的斯德哥尔摩会议筹备工作会上发表。美方的文本还提出了另一个重要的概念：建立自然和文化遗址的世界遗产"名录"。

面对几方所提呈不同的世界遗产公约草稿提案的尴尬局面，会议筹备组的最终决议是UNESCO的文本只作为其组织内部文件，不予在斯德哥尔摩会议上列入考虑，而IUCN的文本则保留为会议考虑事项，但其主体调整为一个"主要（针对）自然地区，同时不忽略文化遗址"的含糊定调[14]。这份修改后的《有关世界遗产保护公约项目》的文本与原文有着根本性的差异，自然遗产的地位被显著拔高，主体保护对象定义为"自然地区，但可以包括被人类改变过的地区"，而信托基金的概念也被删除[15]。

作为最先提出完整"世界遗产信托基金"概念的美国政府，对此结果并不满意，而被排挤掉的UNESCO伺机派遣了代表奔赴华盛顿，成功争取到了美国政府对UNESCO世界遗产公约的支持，两方约定再各自修改公约草稿以体现自然和文化遗产并重的理念。至此，两条各自平行发展的世界遗产公约势力终于走到了交汇点。1972年11月16日《世界遗产公约》联合国教科文组织第17届全体大会上在75张赞同票、1张反对票和17张未列席票的情况下决议通过，从此开辟了国际保护领域的新境界。

五 后续：从国际主义到全球化

20世纪六七十年代随着世界遗产概念与制度的确立，一种精英式、由上至下的官方国际遗产保护网络组织基本建立完全，达到了遗产保护运动国际化的高潮。随着全球地理文化和政治气候以及经济结构的变化和开放，具有明确规范定义和权威性、源于西方历史文化背景的保护理念和制度也开始遭受不同程度的冲击。最明显的改变体现于文化遗产类型的扩增和对于真实性定义的解读，以及文化遗产经济效益所导致的产业化现象。

现代对于《威尼斯宪章》最常见的批评是其基于欧洲西方中心思想，以及将文化遗产定义狭隘地限于具有客观历史和艺术价值的纪念性文物。虽然这种观点一直被普遍接受为主流的修复原则，但在实际操作层面上，面对不同的保护对象和文化背景，如何最好地呈现保护主体的整体价值又要兼容保护干预的可识别性是一件更为复杂的事情。在很多情况下，并不是能够那么轻易地以宪章标准来评定所谓"好"或"坏"的保护干预方法。全球化的进程打破了这个以西方价值观为主的保护理念。尽管时代背景不同，世界上其他相较落后的地区也正经历着类似欧洲国家在 19 世纪末以及 20 世纪初的高速发展压力，但这些文明体系对于物质本体保存的理解并不一定和西方相同，于是纷纷涌现了基于地方文化的解读和诉求。国际上对于文化多样性的日益重视也强烈地推动了对于遗产类型和真实性定义的检视，后殖民与后现代时期文化遗产的人类学视野已经不再局限于历史古迹独大的纪念性价值。

1979 年《巴拉宪章》和 1994 年的《奈良真实性文件》的出现为文化遗产的普世性和地方文化特性的价值表达找到了一个新的平衡点。除了文化遗产所包含的客观历史和艺术价值以外，《巴拉宪章》里还增加了基于感性和相对价值的文化与精神价值，以及地方社区所共享的文化意义。《奈良真实性文件》更将原真性这个复杂的问题归于各自文化传统脉络的解读，彻底颠覆了《威尼斯宪章》中所代表的西方核心价值观。世界遗产操作指南中对于原真性评定标准的变化具体地反映了这些现象。1977 年第一版的操作指南中有关原真性的条件基本忠于《威尼斯宪章》的核心思想，文化遗产的原真性体现其客观的设计、材料、工艺、环境等元素，并且包含了具有历史和艺术价值的后代整改或增建。之后的操作指南随着时代趋势的变迁，逐渐加入了遗产的使用功能、管理系统、语言和其他非物质遗产，以及趋于主观模糊的精神和情感等标准。

文化遗产保护的理念和方法也从 20 世纪中叶以前的人文理想主义逐渐被资源经济效益的驱动所渗透，这和国际旅游产业的发展有直接的关联。世界遗产制度的产生最早是源于濒危文化遗产的国际救援行动，而现今《世界遗产名录》的牌子所能带来的旅游经济和发展效益才是遗产地主要保存动机和潜在破坏力量。遗产已经脱离其作为大众利益产品的单一功能，而更多被视为一种发展资源，因此遗产保护的参与模式不再为精英或权威管理机构所全面掌控，而是牵涉到多方利益集团的复杂运作。

在如今的大环境下，文化遗产保护不再是一个单纯的物理结果，而是一个文化与社会的进程。文化景观、文化线路和大遗址等新遗产类型的出现突显了现有管理体制和相应政策的局限性，同时也增加了对于遗产定义和保护理念的困惑。在面对更趋复杂的全球与地方性的形势，仍然植根于 20 世纪国际主义的主流遗产保护与修复理念在今日还有多少的适用性？遗产保护运动是否会继续朝着更为流动、分散和制宜化的方向发展，或是回归到更为明确和有普世权威性的理念模式？这些问题现在还未能回答。唯一可以确定的是如文化遗产保护学者尤嘎·尤基莱托（Jukka Jokilehto）所形容："现代保护运动是始于纪念性古迹和遗址的认识。从此，已经演化成对历史性建造和自然环境的整体性方法。"[16]而这整体性方法的订立是我们应该共同思考的方向。

（原载《中国文物科学研究》2014 年第 2 期）

---

[1]　约翰·罗斯金（John Ruskin 1819～1900），英国文学理论家和诗人。他的修复理论最充分地体现在 1849 年出版的《建筑七灯》（The Seven Lamps of Architecture）中。他认为："修复是对于一个

建筑最彻底的破坏。他的正面主张就是保持原状，尽量延长古建筑的寿命，而且他反对使用现代技术去修复古建筑。"参见李军《文化遗产保护与修复：理论模式的比较研究》，《文艺研究》2006 年第 2 期，108 ~ 109 页。

[2] 雅典会议产生的另一个影响是计划在国际联盟辖下成立一个国际历史古迹委员会（Commission internationale des monuments historique），但随着国际政治局势日益恶化，计划也随之搁浅。参见 Glendinning, Miles. *The Conservation Movement: A History of Architectural Conservation: Antiquity to Modernity.* Oxon: Routledge, 2013, p. 200.

[3] 章程这里所表述的"世界遗产"一词和后来《世界遗产公约》里的并不一样，章程英文里所使用的是 World's Inheritance 而不是 World Heritage，后者的词汇定义最早由美国政府于 1965 年正式提出，教科文组织章程里当时还未形成这一词汇。

[4] 《联合国教育、科学和文化组织基本文件》第一条，2012 年。

[5] 参见 Veronese, Vittorino. "Appeal by the Director – General of UNESCO." *The UNESCO Courier.* May（1960）: 7.

[6] 参见 "Records of the General Conference, Fourteenth session, Paris, 1966: Resolutions." UNESCO General Conference Document 14C/Resolutions, Fourteenth Session. UNESCO: Paris, 1966，第 3. 3411 条。

[7] 有关 20 世纪初意大利修复流派、布兰迪的修复理论，以及其对于《威尼斯宪章》具体的影响，参见李军《文化遗产保护与修复：理论模式的比较研究》，《文艺研究》，2006 年第 2 期。

[8] "···*based upon the recognition that certain areas of natural, historical, or cultural significance have such unique characteristics that they must be treated as belonging to the nation as a whole, as part of the nation's heritage.*" 参见 Items 22 and 23 of the Provisional Agenda: Draft Convention for the Protection of theWorld Cultural and Natural Heritage andDraft Recommendation Concerning the Protection, at National Level, of the Cultural and Natural Heritage. UNESCO General Conference Document 17C/18, Seventeenth Session. UNESCO: Paris, 1972. Annex 1 – 17.

[9] 参见 Stott, Peter H. "The World Heritage Convention and the National Park Service, 1962 – 1972." The George Wright Forum. Vol. 28, no. 3（2011）: 280, 281, 284.

[10] 同上。

[11] "···*international cooperative efforts to identify, establish, develop and manage the world's superb natural and scenic areas and historic sites for the present and future benefit of the entire world citizenry.*" 参见 National Citizen's Commission. "Report of the Committee on Natural Resources Conservation and Development." White House Conference on international Cooperation, November 28 – December 1, 1965.

[12] 同 [9]。

[13] "*Advisability of establishing an international instrument for the protection of monuments and sites of universal value.*" 参见 Item 21 of the Provisional Agenda: Desirability of Adopting an International Instrument for the Protection of Monuments and Sites of Universal Value. UNESCO General Conference Document 16C/19, Sixteenth Session. UNESCO: Paris, 1970.

[14] "···*principally with natural areas whilst not forgetting cultural sites*". Stott, Peter H. "The World Heritage Convention and the National Park Service, 1962 – 1972." The George Wright Forum. Vol. 28, no. 3（2011）: 285.

[15] "···*principally natural areas, but may include areas which have been changed by man*". IUCN Executive Board Minutes, 14 – 26 November 1962, p. 44.

[16] 参见 Glendinning, Miles. *The Conservation Movement: A History of Architectural Conservation: Antiquity to Modernity.* Oxon: Routledge, 2013, p. 424.

中国古建筑维修保护价值观

杨　新

（中国文化遗产研究院）

摘　要： 中国古建筑维修与保护自 50 年代国家层面的修缮与保护开始就遵循着不改变原状的基本原则，在大同小异的实践中，在不断总结的过程里，越来越彰显出不改变原状基本原则对古建筑特点保护的重要，而与之相关的维修要求，以及由此引申的价值关注，都体现出中国古建筑维修保护的价值追求。

关键词： 中国古建筑　不改变原状　传承　价值观

古建筑能留存至今，除建筑的自然寿命外，还和后来人的使用、修缮甚至重建有关。一座古建筑中大木梁架与屋顶、装修不是同一时代产物的情况是很常见的事情。对于任何建筑都存在不维修保护就难以为继的问题，只是木构古建筑尤其突出。

比较古今维修古建筑，基本方法类似，所不同的是后人有一些保护理念的影响，在维修做法的选择、施加时机、实施程度等等的权衡方面会关注价值因素，提出保护性要求。

一　新中国成立初期古建筑保护的相关要求

我国在新中国成立之初就把保护文物列为文化事业中的重要内容，并在 1950 年颁布《古文化遗址及古墓葬之调查发掘暂行办法》，同年又颁布《切实保护古物建筑的指示》，其中要求各级人民政府认真贯彻执行的四条中明确地规定了应该受到保护的古建筑的范围，明确了凡利用古建筑的单位必须承担起切实保护古建筑的责任，明确规定了改建或拆除古建筑的条件，并提出对保护与破坏古建筑应该进行奖罚的要求。

1952 年，由中国科学院、文化部、北京大学共同举办了考古工作人员训练班，关于训练班上的《关于古建筑保护法令》的讲稿，罗哲文先生在其论文集中注释表明是作为代表文化部文物局针对当时对古建筑保护、维修工作的意见撰写的，在"今天保护古建筑与过去的差别"章节中，有"过去修缮庙宇，多只重视外表，而忽视了保存历史的真实性，把古代的特征都破坏了……今天修缮一座古建筑，必须经过慎重的调查研究，再加以精密设计，尤其是有价值的建筑，绝对要保存原来的和每个时代的特征，并根据科学方法来处理"。在"古建筑修缮保养办法"章一节中有针对当时经济和人员匮乏的情况下提出的"普遍保养"和"重点修缮"的要求，并在重点修缮中指出"此种工程应先进行仔细的勘察测量，精确设计，在设计时尽量邀请工程、艺术及有关方面专家商讨，使设计工作更为完善"。在"古建筑修缮保养注意事项"中指出"古建筑的保养修缮工程，首先应以保存原状为原则。宫殿、寺庙、桥梁、塔、幢等古建筑修缮工程必须保持原来的形制，不能加以改动。其他，如雕刻、壁画、塑像等也绝对不能损坏，必须保持原貌。古建筑的修缮应以保固为主。其装饰、雕刻、彩画等的修缮，因与古建筑安全的关系较小，可视具体情况而定"。最后总结新中国成立后两年的保护古建筑的经验，要各级文化事业机构和负责干部必须在思想上把保护祖国古代文化遗产的任务重视起来。

从当时文物局的指导意见中，我们可以看到今天所倡导的多学科参与和宣传的文化遗产概念很早就有提出，缘于它们都与文物构成的多学科性质和文物的遗产属性密切相关，只是今天更有条件强调和关注。同时，也可以看到原状与原貌是对不同对象的要求以及"保存原来的和每个时代的特征"的明确要求。

二 "整旧如旧"的价值观

1955 年祁英涛先生陪同茅以升和梁思成先生参观考察河北省的隆兴寺和赵州桥，当看到赵州桥更换的石构件比较多时，梁先生提出了应该"整旧如旧"的看法。对于这个早于《威尼斯宪章》发布十年的"整旧如旧"观点，梁先生后来在《闲话文物建筑的重修与维护》一文中进一步解释道，"旧"是要体现建筑的"品格"和"个性"，修后建筑应给人以"老当益壮"，而不是"还童"的印象。

从审美角度切入的"整旧如旧"维修观，既关注到建筑的历史沉淀价值，也道出了建筑不修则难以为继的特点。同时"整旧如旧"暗含不改变之意，与当时"照原样修"、"不改变原状去修"的做法也很契合。"整旧如旧"所传递出的对旧貌要求也切合古建筑应有的沧桑感，切合与一般建筑维修要求的明显差异，"整旧如旧"很自然的在古建筑修缮保护领域被传播。1959 年罗哲文先生《关于发挥文物保护单位作用的几点意见》（《文物》第 11 期）中谈到保存文物古迹历史原貌时写道"如果把文物古迹的历史面貌改变了，就会丧失它的意义，甚至造成对历史的歪曲。"从其使用原貌而不是原状的表达看，罗哲文先生当时也很看重修后是否"如旧"的面貌。对于旧貌的保护要求，在《威尼斯宪章》中也有类似的表达。

时至今日，很多情况下人们仍会用"修旧如旧"来说明对一些古建筑修缮效果的要求，从这个意义上，"整旧如旧"开启了维修古建筑在审美层面保护建筑历史价值的视角。另一方面，"整旧如旧"通俗又形象的概念，很容易被人感知，从这个效果上，也相当于梁先生向全民播撒了一颗普及古建筑保护事业的种子。总而言之，从一开始，"整旧如旧"就传递出中国古建筑修缮与保护的价值观。

三 "恢复原状或者保持现状"

1960 年 11 月 17 日，国务院全体会议第 105 次会议通过的《文物保护管理暂行条例》，是对新中国成立十年文物保护管理工作的总结，其中明确提出了"必须严格遵守恢复原状或者保存现状"的原则。

比较恢复原状和保存现状两个方面，一直在一线主持维修工作的祁英涛先生在 1981 年的《中国古代建筑的维修原则和实例》（祁英涛古建论文集）一文中解释道："恢复原状是对修理工程的最高要求。所谓原状，应该是指一座建筑物或一个建筑群原来建筑时的面貌，不一定就是它最早历史年代的式样。"同时他指出"只有它的原貌，也就是开始建筑时的面貌，才能真正地、确实地说明当时的历史情况和科学技术水平，任何修改的、不按原来式样的，不论是好是坏，都不能说明当时的真实情况，从而也就有损于它作为实物例证的科学价值。""保存现状是指保存一座建筑物现存的健康面貌。"此外，祁英涛先生还认为"实际不论是恢复原状或者是保存现状，最后达到的实际效果，除了坚固以外，还应要求它有明显的时代特征，对它的高龄有一个比较准确的感觉。对这一感觉的来源，除了结构特征分析取得以外，其色彩、光泽更是不可忽视的来源。"对此他特别又指出，"对于一般参观的群众来讲，后者尤为重要"。总结以上论述，他把要达到上述修理效果的技术措施称为"整旧如旧"，并明确指出"整旧如新"缺乏特有的"古色"，与古建的高龄不协调。祁英涛先生上述关于"必须严格遵守恢复原状或者保存现状"的解释间隔《文物保护管理暂行条例》出台已有二十年。

1974 年 8 月 8 日以国发（1974）78 号文发布了《国务院加强文物保护工作的通知》，再次强调了在修缮中要保存现状或恢复原状。不要大拆大改，任意油漆彩画，改变它的历史面貌。对已损毁的泥塑、石雕、壁画、不要重新创作复原等等，应该是针对"文化大革命"十年之后容易出现的以保护为由的过度修缮做法。

四 "不改变原状"

1982 年公布《中华人民共和国文物保护法》（以下简称《文物法》），其中第十四条中规定"核定为文物保护单位的革命遗址、纪念建筑物、古墓葬、古建筑、研究石窟寺、石刻等（包括建筑物的附属）在进行修缮保养、迁移的时候，必须遵守不改变文物原状的原则"。与 60 年代《文物保护管理暂行条例》的"恢复原状，保存现状"修缮原则相对照，1982 年《文物法》没有提及恢复和现状问题。祁英涛在 1985 年《古建筑维修的原则、程序及技术》（《祁英涛古建论文集》）一文中解释，1982 年《文物法》的"必须遵守不改变文物原状的原则"和 60 年代《文物保护管理暂行条例》"恢复原状，保存现状"修缮原则精神是一致的。而且在这篇文章中，祁英涛先生解释《文物保护管理暂行条例》规定的"恢复原状，保存现状"修缮原则，"也是参考了世界各国的情况而提出的"，并指出，"此后的二十多年的实践中证明，'恢复原状，保存现状'修缮原则，是完全符合我国的现实情况的"。

五 "四个不改变"

1992 年颁布的《古建筑木结构维护与加固技术规范》，在 1982 年公布的《文物法》的基础上，又进一步从技术的角度提出了"在维修古建筑时应保存以下内容：一、原来的建筑形制：包括原来建筑的平面布局、造型法式特征和艺术风格等；二、原来的建筑结构；三、原来的建筑材料；四、原来的工艺技术。"此时曾参与编写《古建筑木结构维护与加固技术规范》的祁英涛先生已经过世，从 1985 年《古建筑维修的原则、程序及技术》（祁英涛古建论文集）一文中可以看到，他对于"四个不改变"的最初提法即"保持古建筑的原来造型、保持古建筑原来的结构法式、保持古建筑构件的原来质地、保持古建筑原来的工艺"，说明《古建筑木结构维护与加固技术规范》中的"四个不改变"，是吸收和凝练了老一辈古建专家的经验总结。

"四个不改变"要求抓住了中国传统木结构建筑得以永续传承的关键要点，缺少其一都不能从建筑构成的角度完整传承建筑的时代特征。"四个不改变"应该是对中国传统木构古建筑保护要点的概括和总结，是对不改变原状的理论发展和做法保障，遗憾的是我们在实践环节缺乏相应的制度性保障。

另一方面"四个不改变"所以在《古建筑木结构维护与加固技术规范》中首先提出，说明有它适用的对象。其次，"四个不改变"既是原则要求，也存在恪守的空间，它的核心意义在于体现了中国古建筑保护与修缮的价值观。

六 《准则》与 2002 年《文物法》

20 世纪末，国际古迹遗址理事会中国国家委员会顺应中国文物事业发展的需求，以《文物法》和相关法规为基础，参照以《威尼斯宪章》为代表的国际原则，制定适应中国国情的《中国文物古迹保护准则》（以下简称《准则》）。《准则》既从宏观的角度阐释了与国际公认的原则精神相一致的中国的保护理念，也综合了对中国文物保护对象的多样性和复杂性的认识，在微观方面给予了专业性解释。尤其是对"原状"和"现状"的深入释义，体现了对保护意义的追问和价值的判断。《准则》的诞生应该是中国文物保护事业发展的一个里程碑，其中关于原状的解释，突破了最先对原状理解的时间范畴。在《准则》颁布七年后，又产生了《北京文件》，其中关于"木结构油饰彩画的表面处理"章节中指出"建筑外表及其面层是古迹外观的重要组成部分，具有历史、审美和工艺价值"。并指出"在许多情况下，工艺技术和材料会历经多个世纪保持不变。尽管如此，每个阶段也都有其特殊的文化背景和价值"。这部分阐述进一步表达了中国古建筑维修保护的价值观和出自中国古建筑保护特点的理论诉求。

2002 年 10 月 28 日重新修订的《文物法》与《准则》产生于同一个时代背景，仍然沿用了 1982 年《文物法》中的"对不可移动文物进行修缮、保养、迁移，必须遵守不改变文物原状的原则"。文字依旧，但人们对"原状"的理解早已由关注原状的物质形态更上升到关注原状意义的范畴。

七 从维修工程实例看中国古建筑保护维修价值观

1983 年曾有机会聆听英国文物保护专家费尔顿先生关于欧洲文物保护的情况介绍，对其中的价值分类、比较价值以及历史信息的概念印象深刻。还有 1964 年的《威尼斯宪章》以及 1994 年的《奈良真实性文件》等等，虽然了解和理解均较滞后和有限，但其中闪烁着的保护思想还是对我们的保护认识有着很好的启发和促进作用，在我们现今的许多维修设计方案中也常可以看到对其中一些原则精神的引用。下面的一些工程实例，可以反映出中国古建筑保护理念框架下的维修保护价值观。

天津蓟县独乐寺维修工程开展于《中国文物古迹保护准则》诞生之前，也正值我国对古建筑落架维修方式的反思时期。独乐寺工程在局部落架的工程中，除遵守了不改变原状的基本原则外，还借鉴了《威尼斯宪章》所体现出的关于保护有价值的历史见证信息的要求，尝试对观音阁的历史沿革信息、壁画与建筑歪闪关系的信息、曾经的维修方式及维修深度的信息、地震对建筑影响等等信息的特别关注与保护，使修缮后的观音阁仍然具有很好的实证价值和丰富的可研究线索，观音阁维修工程应该是对中国古建筑维修与保护理念的一次深入探索与实践。

青海塔尔寺九间殿维修工程中，墙体拆砌项目涉及室内墙面1959年宗教民主改革时期的纹饰壁画是否保留的问题。该部分纹饰壁画是因停止宗教活动，寺内组织僧人利用空闲时间自己绘制的。单从这些纹饰彩绘的年代和绘制技法衡量，它们既算不上塔尔寺的精品，也不具有绘制上的特别技巧，但是它们却是寺院发展历程中一个重要转折时期的产物，它们饱含了那个年代的真实记忆。鉴于这样历史背景下留存的纹饰壁画，我们认为具有一定的史证价值，值得保存，同时，由于当年参与绘制的僧人还有存在，情感价值也十分突出，当我们对一向希望"修旧如新"的寺院方提出并耐心解释我们拟实施的保护意图后，他们欣然放弃了重新绘制的想法并积极参与、配合整个维修与保护工程，尤其是参与1958年彩画绘制的僧人，当他们亲身经历了这样一次由保护理念到保护实践的完整过程后，对那些需要付出很大代价才能保留下来的历史遗存更加充满感情，对文物保护的意义有了真实和切身的感受。

类似实例还有西藏大昭寺主殿二层入口处梁枋抽换的维修工程。该项目同样涉及80年代在水泥抹灰层上由传统老艺人绘制的壁画是否保留，单就壁画的水泥基层，一般价值概念是没有保留意义的，但该壁画至今已三十余年，当年绘画的老艺人已经去世，僧人们对此深怀感情，不舍得放弃。同时80年代对于中国乃至西藏同样都意味着是文化复苏的年代。保护80年代的这个壁画，意味着留存了这段历史记忆，更凝聚了僧人与建筑的情感。为此，我们及时调整维修做法，在壁画原位不动的状态下，对断裂的主殿梁枋进行更换。尽管这一调整极大地增加了工程难度和工程风险，但得到所有参与者的共识和支持。施工期间，有僧人一直在现场旁监督，用录像机记录施工过程，最终僧人与参与工程的人员共同用墨书在隐蔽处新更换的大梁上记录了这次维修事件。大昭寺这部分壁画的保护，再一次让我们体会到尊重和保护人与建筑之间关联是文化遗产实现持久保护的重要源泉。

西藏小昭寺始建于唐代，7世纪中叶由文成公主督饬藏汉族工匠建造，与大昭寺同期建成，也是深受藏族人民敬仰的一座古寺。曾是黄教格鲁派上密院的修法之地。初建时仿汉唐格式，极为精美壮观。小昭寺具有的历史、文化价值，使其在藏传佛教寺庙中具有特殊地位，也寄托了藏族人民深厚的宗教情感与珍贵的藏汉情谊。

但是小昭寺建筑历史上几度遭受火灾，又几经修复，只有底层神殿保留有早期的建筑的遗存，殿内的 10 根柱子还依稀可见吐蕃遗风，其余建筑大多是后来重新修建的。尤其是大殿内墙壁已是一片空白，丧失了一般藏传佛教建筑室内墙面装饰的习俗，与小昭寺在藏传佛教建筑中的身份和地位不相符。

在现场调查时我们偶然获悉寺内还保存有小昭寺所藏五世达赖喇嘛时期与十三世达赖喇嘛时期的佛像、壁画目录。它们分别著录了这两个时期小昭寺大殿内的部分佛像与壁画内容。通过对两个目录的对比研读，可以认为，五世与十三世达赖喇嘛时期小昭寺佛像、壁画的目录是反映小昭寺真实性、完整性的重要文献，是小昭寺修缮工作的重要基础资料和可操作的依据。

对于一般古建筑，壁画失毁后原则上是不允许再修复的，但依据对两个目录的整理和解读，考虑小昭寺的特殊历史背景和大殿原有的宗教氛围，我们对小昭寺壁画重绘的必要性和修复的可行性进行了探讨，认为有条件和有必要进行重点修复，基于这一认识思路的设计方案顺利得到了评审专家的认可。小昭寺的壁画修复，既是一次历史拾遗，又是新传承的开启。

青海玉树新寨嘉那嘛呢堆所在玉树新寨村在 2010 年"4·14"地震中受到很大破坏，新寨嘉那嘛呢堆的自然有序扩展遭到严重挫折。对于这样一组具有不同时期和不同类型的保护对象，我们经历了最初观念上的拘泥，到最终对活态文化遗产在维修做法上的灵活变通。在维护古迹的同时，尊重和接纳随着时代变迁与核心价值密不可分的活态遗产的发展，成为把握这个项目的特别视角，项目最终获得当地僧众的广泛认可。

近年，我们在清东陵裕陵维修项目的建筑彩画价值评估时，发现仅仅以局部真实与完整的角度观照还很不够。首先陵寝建筑有明确的建造年代，且清陵寝彩画都是旋子彩画，因此每座陵寝的彩画都具有不同时代的样本价值。由此推及，裕陵彩画又存在于清陵彩画的序列中。这种单体是整体的一部分，整体是序列的一部分的概念，是清陵建筑具有的特殊的文化背景形成的彩画关联。其次裕陵建筑彩画配置存在等级差异，比较其他清代陵寝建筑彩画，清代陵寝建筑彩画的总体配置似有传承古制的观念影响。清陵彩画背后的文化承载，既有彩画发展脉络可寻，又有皇家陵寝建筑文化的诉求可探，我们认为有必要对有依据的失毁部分的彩画进行补绘，因为彩画是皇家建筑的重要组成，传承这些彩画不仅对传承建筑技艺十分重要，对完整的保护与传承陵寝建筑文化同样非常重要。

总之，几十年的保护实践证实了不改变原状基本原则越来越显现出它的针对性和中国特色，同时不断追问保护的文化意义与传承的文化价值，使人们在价值认识的视野中，不再局限于对文物本体历史、艺术和科学系列的价值判断，从文化遗产的角度，把文物本体所裹挟的和所能唤起的所有有价值的相关信息也纳入到文物价值判断的要素中。包括对"修旧如旧"的认识也不仅仅是审美层面的理解，还有比较价值的判断等等，从本质上都指向遗产保护的最终目标，即发现和保护更多的与文化背景以及人的密切相关。

尽管从国家和设计层面对保护理念的探讨在不断深入，尽管对历史信息之类的历史遗存的保护并没有跳出不改变原状原则的保护框架，从宏观的角度都属于原状价值的涵盖范畴，但是有些价值判断却不是局部层面可以揭示的，而一时的疏忽有可能意味着永远的失之交臂，尤其是物质与非物质之间的内在联系。因此，有必要从保护对象的价值角度，从保护传承的价值角度，进一步阐明中国古建筑保护的价值观，提高从业人员的专业共识和价值评判的能力是提高中国文物保护整体水平的基础。

另一方面，理论与实践的发展还有失偏颇。虽然中国古建筑保护理念有传承传统技艺的意思，但缺乏相应的保障制度，技术工人缺少专业资格认证，得不到应有的尊重与发挥，传统的修缮材料越来越因为各种因素受到现代材料的冲击，保护实践与理论相比相对较弱。不能不承认，保护理念很美好，传承现实不太甚。

在多学科参与方面，彼此渗透还很有限，互为利用大于互为促进，如何共同发展还有很大的探讨空间。

今天借纪念《威尼斯宪章》发布五十周年的日子，回顾中国古建筑保护所走过的历程，我们保护的基本原则依旧，我们没有生搬硬套《威尼斯宪章》的条款，但《威尼斯宪章》的保护精神已经深深影响到我们的价值评估和保护实践。正如得自于《威尼斯宪章》精神的《奈良真实性文件》所希冀的那样，中国古建筑保护正在不断拓展对其文化和遗产属性的关注视野，尊重文化与遗产多样性的存在，重视真实性与价值的关系和其发展、变化。总之，我们今天许多关乎价值方面的认识，对于那些国际公认保护原则和章程，在精神层面其实是异曲同工。让更多的世人分享到我们真实的历史、独特的文化和中国人的创造与智慧，这不仅是中国古建筑维修保护的价值观，也是人类文化遗产保护的共同追求和心愿。

（原载《中国文物科学研究》2014 年第 2 期）

---

[1]《梁思成文集》第四集，原载《文物》1964 年第 7 期。

《威尼斯宪章》的足迹与
中国遗产保护的行踪

——纪念《关于古迹遗址保护与修复的国际宪章》问世五十年

朱光亚

（东南大学建筑学院）

摘　要： 本文总结了《威尼斯宪章》对文物古迹保护运动的前瞻性贡献，梳理了五十年来文化遗产保护运动不断深化与开拓的轨迹，讨论了中国和东亚各国在近几十年来引入普适性价值后的保护路径，就其中真实性的问题结合中国和东亚文化的背景做了专门的剖析，指出了继续学习普适性价值和提高文化的自信心与自觉性并解决好自己面临的历史性课题的重要性。

关键词：《威尼斯宪章》　东亚　保护　杰出的普遍价值　真实性

当《威尼斯宪章》迎来了它诞生五十周年纪念日的时刻，人类社会已经发生了许多变化，壁垒分明的外部世界已经被历史进程打碎，新的壁垒却又渐显端倪。人类进入了 21 世纪的以经济全球化和包括文化危机在内的多重危机的新时期，中国也在摆脱整体贫困的状态和取得骄人经济成就的同时却又遭遇着环境、社会、生态问题的新的困扰。在这样的时刻讨论《威尼斯宪章》和我们的文化遗产保护运动，这不仅能够认清过去，还可以以史为鉴的眼光思考一下未来。

一　《威尼斯宪章》的光辉

在二十多年的东亚文化遗产保护运动中，不断被探讨也不断被意识其重要性的第一个关键词就是真实性，而第一次明确将之写入国际共同的指导性文件的就是 1964 年在威尼斯制定的《关于古迹遗址保护与修复的国际宪章》[1]，欧洲学者在经历了几个世纪特别是两次大战后的修复实践，将"真实的"这一形容词或副词概括出来用一个抽象的名词表达，这显示了由感性、经验到理性观念的飞跃，决定了此后它成为保护运动价值探讨的光辉闪耀的核心。

《威尼斯宪章》影响文化遗产保护运动此后三十年进程的还有一系列的概念和阐释，例如关于历史是层积的，历史信息是由多个时期累积而成的观点[2]，关于可识别性的阐释[3]，关于对改建和重建的态度的阐释[4]，这些原则在中国先通过加入世界遗产组织的承诺后又通过《中国文物古迹准则》的制定这一打通中外保护理念和经验的行动给予了确认。

值得注意的是，《威尼斯宪章》讨论到文物古迹的历史见证作用时不经意间提到了一种保护对象扩展的可能性：一种"随时光流逝而获得文化意义的过去一些较为朴实的艺术品"[5]。21世纪，随着人类工业化的进程和经济全球化对发展中国家城市化的影响，大量的"较为朴实的艺术品"——民间建筑和20世纪才发展起来的建筑类型成为了过去这个世纪的历史记忆而开始获得人们重视，文化遗产的概念在中国不断取代文物类建筑遗产的概念，新的遗产类型被不断的介绍和引入，这显示了宪章编制者的眼光。宪章的第十一条还提到了"评估由此涉及的各部分的重要性以及决定毁掉什么内容不能仅仅依赖于负责此项工作的人"则指导了后来直到今天的遗产评估的方法论的路径，也为后来的改善管理吸收公众参与的5C模式埋下了伏笔。

所有这些思想皆非一得之功和短期实践的浅层经验，我们不能将之简单地看成先走一步的欧洲学者的先行成果，而是要认识到它凝聚着欧洲学者对其文化保存的长期研究与思辨的共识，是和欧洲文明的理性主义的传统与几个世纪的保护实践探索与争论密切相关的。

二　后来的发展路径

文化遗产保护运动在此后半个世纪的发展经历了我们这代人目睹了的历史进程：一系列的概念和领域的拓展，一系列的操作层面的深化与慎思。它们的发展路径始终与《威尼斯宪章》关联且处处留有《威尼斯宪章》的印迹，正是在这样坚实的基础上文化遗产保护运动拓展成全人类的社会发展与文化复兴的事业。其中有几点特别值得剖析。

首先是价值评估。"value"和"evaluation"这两个术语在《威尼斯宪章》中都已经出现，但是后来的实践发展与理论深化不仅使得价值评估成为一种保护程序中的关键环节，使价值评估成为完善的方法论，而且使得通过价值评估将涉及遗产保护的诸多要素揭示出来，从而制定保护措施的过程使人类对于自身的文化的多样性和多层次性有了更深刻的认识，使得欧洲的工具理性与文化人类学和社会人类学的人文科学的方法论获得了结合，避免了绝对理性的片面，同时也使得文化遗产保护获得了更为广阔的背景和视野。

经过价值剖析后的文化遗产评估将非物质遗产和物质遗产的保护结合了起来，无论是 2005 年的"setting"的讨论，还是此前已经出现在欧美建筑界而后又在保护界中予以讨论的"spirit of place"以及文化线路和文化景观概念的提出，使得作为物质遗存与文化载体之外的精神与观念性的遗产被放置在世纪之交的人类先进分子的面前。本来就不曾将物质与非物质割裂开来且本来就青睐非物质遗产的中国文化传统不仅迎来了知己的新的环境，也为不知弥补自己缺陷的得鱼忘筌提供了机会。

最重要的沧桑巨变使冷战的壁垒分明的对峙格局不复存在，往日的意识形态对垒和冲突被亨廷顿称之为文明的冲突取代。2001 年的"9·11"事件除了让世人看到渗透穿插的新的恐怖分子的防不胜防的新型威胁之外，也唤醒了世人的良知，在欧洲和全人类的先进分子认识到多元世界格局和人类历史文化的多元性之后，尊重和保护人类文化的多样性且将这种多样性看成人类发展的资源成为先进人士的共同认识和工作目标。联合国教科文组织 2001 年《文化多样性宣言》，2005 年关于保护文化内容和艺术表现形式多样性的《实施"保护世界文化和自然遗产公约的操作指南"》国际公约就是这种认识的结晶。这种从保护界外部的宏观展望与保护界内部通过价值评估剖析到的微观认识不期而遇并相互吻合自然会对文化遗产保护运动本身的深化与优化产生良好的作用。在《威尼斯宪章》时代的以欧美案例为范本的论域被世界遗产公约签字国的丰富多彩的建筑遗产保护研究对象与类型所取代，推动了上文提到的各种发展和开拓。

东方和西方的相遇与碰撞已经产生了积极的成果，1994 年《奈良真实性文件》的讨论与成果的诞生，世纪之交《中国文物古迹准则》的制定，2005 年韩国关于皇龙寺复建问题的国际研讨会，2007 年关于北京故宫修缮中彩画保护的国际研讨会等至少使我们看到，《实施"保护世界文化和自然遗产公约的操作指南"》中的杰出的普遍价值不仅是获得承认的，而且是有着客观和广泛的基础的。即使是在技术操作层面，东、西方遗产保护实践中的差异性远远小于他们的共同性，保护实践中的差异有时与其说是观念体系的差异不如说是外部经济条件和工作目标的巨大差异。这种差异性常常被借口文化差异和材料等的差异而被放大到极限，有时则因引进技术应用技术而被有意无意缩小，在文化多样性成为保护对象与发展资源之际，研究和把握好这种差异性就成为必须要做的功课。

三　东方背景下的真实性、完整性讨论

例如关于真实性的讨论，这种讨论自从《奈良真实性文件》诞生之日起就一直在进行。奈良会议中日本神社修缮的案例从此被东亚学界反复引用，而 2005 年中国曲阜会议和通过的《曲阜宣言》则以木结构有自己另外的损毁规律为由强调了复建和更换构件之于古代属于传统，和《中国文物古迹准则》阐释中的部分相比，它至少反映了那些以明、清时期遗存和清末工艺为代表的一类修缮经验，但仍然缺少文化层次的剖析。让我们比较一下《威尼斯宪章》和中国文化的审美的差异，为了显示真实性，《威尼斯宪章》第十二条在提及新旧协调之后用一个"但是"清晰地把重点放在强调修补的可识别性上[6]。可以说这种审美观是不同而和，重在不同，而中国文化的基本精神则是和而不同，重在和，总体上是相近的和相通的，但那首先的第一时间的选择取向其实影响着一系列的结果差异。罗哲文先生曾经著文阐释过他眼中的可识别性，即远看一样，近看有差别，清楚地说明了传统的和而不同的大致标准。

和《威尼斯宪章》相比，《实施"保护世界文化和自然遗产公约的操作指南"》中的体现文化价值的真实性被具体地解释为八个以上的方面[7]。这显然提供了多种的可能性，例如大运河的申遗就强调了功能的真实性，而不是物质遗存的载体本身的真实性。加上《实施"保护世界文化和自然遗产公约的操作指南"》对非物质遗产的涵盖，作为国际的真实性的阐释显然有广阔的适应性，但是作为中国的学者，我们实际上除了应该深入认识对仗式的文字及各个词在此种语境下的真实的所指之外，更应该根据我们自己文化的特质予以说明和补充。例如，我们应该看到，在中国漫长的封建社会中，维持社会稳定的礼制是比欧美的礼仪重要得多稳定得多的制度文化，形制或规制说明了该建筑在社会关系中的地位，和物质的真实性相比，形制或规制这一介乎物质和精神间的文化介质更整体地体现着遗产的社会定位，因而形制的真实性在总体上是高于局部的物质载体的真实性的；完整性也只有在清晰地保护了遗产所能显示的形制，从而显示其社会定位的历史信息后才算表达了完整性的重要方面。

和形制这一概念相似，另一个非常中国化并影响东亚对真实性评价的概念是意境。自王国维先生将之拈出，国人对于自己文化传统的一大特征豁然开朗，但从若有所悟到具体研究建筑遗产保护范畴中的意境问题，囿于历史环境的制约，这一问题直到西湖申遗才显露出来。欲认识中国的意境概念，必须认识中西文化背景下环

境与人的关系的差异性，意境毕竟是中国文化极为重要的大概念，古人从幼年开始就是在"天地玄黄，宇宙洪荒"的整体思维和天人同构的认识论框架下成长，中国人心中的意境是什么？它有无西方文化的对应的表达？意境的英文译法在若干汉英词典中为译为"artistic concept"，"the mood of a literary work or a work of art"。显然译者未得其中三昧，在真实性的八个领域中，setting 似与之相关度最高，spirit 也构成了它的一部分，但显然都不完整，即使是 spirit of place 也远未体现意境一语中的整体性与主客、物我的一体性，站在中西文化比较的高度，在园林、文化景观等涉及艺术的遗产领域中，真实性和完整性的讨论不能离开对意境的研究，意境的本质是什么，它似乎既是物质的又是非物质的，这恰恰是体现了东方特有的整体的和直觉的思维形式和透过形而下的载体对形而上的追求，即弘一法师所说的"执象而求"。

在中国文化中，"一生二，二生三，三生万物"，"有之以为利，无之以为用"，"大象无形，大音希声"[8]，以及"易有太极，是生两仪，两仪生四象"[9]。这些古人的观念清楚地说明，和物质载体相比，那被载之物往往更重要，更具有生命力，遗产保护实践已经清楚地显示，由于技艺的失传，由于社会生活形态在历史街区的丧失，物质载体成了尸体标本。物质文化和非物质文化的密不可分在中国本来是天经地义的，却在这碎片化了的新世纪中显得各自飘零、突兀并被碎片化了的行政管理部门和专业人士操办着。如今国际上的保护运动再次向整合的方向发展，为了那被载之物的生存和延续，我们的管理能否做些调整，对遗产中的物质载体能否允许做些适应延续性的变更？

四　从了解和学习开始，建立文化的自信与自觉

面对着当代经济全球化的世界，解决保护文化多样性的任务必须和社会发展的任务相整合，东西方之间不需要也不可能长久隔绝，在东西方文化的对话中最需要的是打通而不是阻隔，我们必须改变对遗产保护实践中将文化差异任意放大或者强行抹平的两种做法，要注重差异和把握好差异的度，如同注重普世价值和把握好普世价值的度一样。吴良镛先生说："中国人居环境的发展，离不开吾土吾民的时代创造，离不开中国的哲学思想基础，离不开中国哲人……作为一种理论，应该是不断发展不断完善的。世界上不可能会有某种一成不变的理论。我们不会，也不应该简单地接受某种既成的理论，并且不假思索地套用在我们的建筑创作之中，我们应该学会分辨，学会批判。但是分辨与批判的前提是了解与掌握。只有对影响了西方

历史上两千年，包括现代西方一百年建筑历史的理论范畴，以及对于中国的建筑与历史及其思想理念之精华有一个比较透彻的理解与把握，才有助于我们有所判断，有所选择，有所创新。"[10]这里只要将文中的"创作"换为"遗产保护"，"建筑历史"改为"建筑遗产保护历史"就完全适用于对中国当前文化遗产保护的需要的分析。这要求我们从知己知彼开始，从学习和认识国际文化遗产保护的历史及其理论结晶开始，也从学习和认识自己的保护对象和自己的文化结晶开始。这样一种认知和学习的前提和归宿都是来自对人类文化多样性的认识和对一个有着几千年连续的文明史的民族文化的自信和自觉。

上述的分析都是从学术层面切入，一旦面对中国的保护现实，特别是文物保护单位之外的城镇遗产，管理的层面和决策的层面呈现的问题要严峻得多，问题的性质也与其他东亚国家完全不同。虽然保护的成果巨大，但对遗产的严重的威胁依然来自政治、经济目标代替文化目标，业绩代替理念，权力决策代替技术决策。眼下的视觉追求代替历史的曾经的真实，记忆被抹去，记忆被戏说和玩弄，心灵的眼睛被蒙蔽。在大量的这类问题面前，重温《威尼斯宪章》关于真实性等观念的阐释，启宪章之蒙，救遗产真实性之亡仍然是我们的基本任务。

（原载《中国文物科学研究》2014 年第 2 期）

［1］ 《威尼斯宪章》的导言的第一段最后一句："It is our duty to hand them on in the full richness of their authenticity."

［2］ 《威尼斯宪章》第一条："The valid contributions of all periods to the building of a monument must be respected，since unity of style is not the aim of a restoration……"

［3］ 《威尼斯宪章》第十二条："Replacements of missing parts must integrate harmoniously with the whole，but at the same time must be distinguishable from original……"

［4］ 《威尼斯宪章》第十五条："All reconstruction work should however be ruled out 'a prior' Only anastylosis, that is to say，the reassembling of existing but dismembered parts can permitted……"

［5］ 中文译文见国家文物局编印，《国际文化遗产保护文件选编》，文物出版社，2007 年，英文原文是："more modest works of the past which have acquired cultural significance with the passing time."见傅朝卿编译，《国际历史保存及古迹维护》，建筑与文化资产出版社（台湾），2002 年。

［6］ 同［3］。

［7］ 《操作指南》第 82 条，其英文原文是："Depending on the type of cultural heritage，and its cultural context，property may be understood to meet the conditions of authenticity if their cultural values（as recognized in the nomination criteria proposed）are truthfully and credibly expressed through a variety of attributes including：form and design；materials and substance；use and function；traditions, techniques and management systems；location and setting；language，and other forms of intangible heritage；spirit and feeling；and other internal and external factors."

［8］ 以上引语分别见《道德经》第四十二章、第十一章和第四十一章。

［9］ 《易经·系辞上》第十一章。

［10］ 吴良镛《建筑理论与中国建筑的学术发展道路》，《建筑学报》2007 年第 2 期。

从我国石质文物保护的历程看
《威尼斯宪章》 的影响

黄克忠

（中国文化遗产研究院）

摘　要：《威尼斯宪章》1964 年公布，但对于中国石质文物保护领域的真正了解来说已经到了 20 世纪 80 年代的后期。在此之前，在大量实践文物保护工程的基础上，我国已经形成了相对完善的保护理念。《威尼斯宪章》主要是由欧美的文物保护专家起草的，里面阐述的原则主要涉及欧洲文化遗产保护实践，反映的是西方文物保护和管理的历史过程。但是也要看到，《威尼斯宪章》是多年来西方文物保护专家实践的总结，也是人类文明共同的财富，从中我们可以得到许多有益的借鉴，并应用于中国的文物保护实践。在石质文物保护的原则和方法上，当今东西方的差别不多。一个成熟的文物保护理论，必须要有深厚的历史文化沉淀为背景，因此在中国文物保护领域进行价值评估以及保护程序实施或技术措施应用时，都要考虑中国文物古迹的特点以及中国传统文化固有的观念等。

关键词：石质文物　《威尼斯宪章》　文物保护与修复

一　回忆走过的历程

1964 年公布《威尼斯宪章》时，我还是刚工作四年的实习研究员，真正了解它已经到了 1988 年，费尔顿等专家代表世界遗产中心来考察中国世界遗产保护状况并进行评估时，用《威尼斯宪章》的精神，提出了不少改善、提高保护管理状况的建议。当时给我印象最深的是对敦煌莫高窟提出做保护规划和如何保护石窟所在的环境等建议。并指出将水泥作为文物保护材料的八大害处。而之前的三十多年，我们已经独立自主地走上文物科技保护之路。就以我熟悉的石窟保护来说，50 年代，莫高窟只能做到看护，用砖、土坯支顶；简单的防沙障，无法阻挡沙子的堆积，做到不塌不漏，是当时的主要保护措施。60 年代，三年困难时期刚过，国家就动用铁道部门的力量，对莫高窟前立面进行挡墙的设计、施工，做到保证石窟的稳定和参观、管理。对方案讨论、争议了多年，最终在"鱼和熊掌不能兼得"的妥协下，批准了此方案。70 年代，云冈石窟抢险工程，请来科学院化学专家指导与文物部门的科技人员共同努力下，在对危岩加固中使用了化学灌浆和石雕防风化试验。80 年代麦积山石窟，也是采用了岩体工程科学家推荐的，当时属于先进的喷锚加固和灌浆技术，恢复了栈道通行。尽管存在混凝土喷层掩盖了不少历史信息，增加了窟内湿度等弊病，但在当时地震威胁，提出搬迁方案与大柱子支顶方案都不具可行性时，此项锚固技术成功地做到原地现状保护，也成为后来石窟加固的重要方法。

在这个时期我们在大量实践文物保护工程的基础上，已经形成了相对完善的保护理念，如强调文物建筑原有形制研究及修复原则，提出了不改变文物原状的原则和修旧如旧的保护理念等。

到了改革开放的 90 年代，龙门石窟的防水、窟檐和栈道工程，明显地改善了石窟的保存环境。尤其是申请列入世界文化遗产名录的过程，极大地优化了石窟周边的环境。其他，如克孜尔千佛洞、炳灵寺石窟、大足石刻等许多大型石窟、摩崖的抢救加固工程，也是在此段时间完成的。

21 世纪的保护，可以说进入突飞猛进的阶段，无论在理念上还是保护技术上都有长足的进步。如开始建立起评估体系；动用各种科技方法，对石窟及其所依存的环境，进行细致的勘测、调查、检测；重视多学科联合攻关等。应该说，这些成就也与我们开展多种形式的国际合作、交流是分不开的。

二 《威尼斯宪章》的精神，有利于建立具有中国特色的文物保护理论

应该看到《威尼斯宪章》主要是由欧美的文物保护专家起草的，里面阐述的原则主要是涉及欧洲文化遗产的保护，反映的是西方保护和管理的历史发展过程，尚未考虑其他地区的文化观点，文化差别等综合因素。但是也要看到，《威尼斯宪章》是一百多年来西方文物保护专家实践的总结，共同探索的成果，我们可以从中得到许多有益的借鉴，取其精华为我所用，但它不妨碍而且完全有必要根据中国的国情，文化传统和建筑特点等总结出我们自己的文物建筑保护理论和原则。目的是能够使我们更严密、更细致的理解、执行这些原则。

在石质文物保护的原则和方法上，当今东西方的差别不大。如西方展示早期的石构建筑，大多是残存现状，一般不作恢复。而中国石构建筑遗迹的展示，尽管有不少争论，但大多数文物工作者也是这种观点。如北京圆明园遗址，承德避暑山庄内的建筑遗址。过去做过较多的复原式修复，也不认为是恰当的。其他如要求尽量保存文物古迹的真实性、完整性；要求遵循少干预、可逆性的原则，观点都是一致的。如果要说有差别的话，西方在石构建筑保护中，新添配的构件与原构件有较明显的差异，反差较大。而中国修复人员则要求"远看差不多，近看有区别"。更追求修复后要与环境协调。要求通过尊重古迹的内部意义来保护外部特征，以便达到形式和内涵的和谐平衡。此外，由于我国石质文物多样复杂，因此要求制定的维修原则包容性大，适应面广。

2002 年《中国文物报》上对胡雪岩故居维修的大讨论，引发了对国际文化遗产保护准则包括对《威尼斯宪章》的再认识，甚至有人提出批判。如果这些理论上的问题不能很好地解决，获得广泛的共识，其维修的方法和原则，就会无所适从，甚至出现混乱。

一个成熟的文物保护理论，必须要有深厚的历史文化沉淀为背景，我们要保护的就是文物所携带的历史信息、民族文明史等完整的信息系统。以确定它们的重要性、典型性、独特性和它们整个信息体系的地位。所以保护文物的真实性和原生态，也就是不改变文物的原状，是我们理念中必不可少的。我们保护的对象，这些历史文物包含着几千年文化生活精髓，它反映了文字语言体系、精神生活、文化艺术等文化独特个性的中华文明，体现了这个国家、民族的历史传统及生活形态。就以我国的石窟寺为例，它以独特的风格和完整的体系而见称于世界，同时也在长期的实践中积累和形成了与之相适应的自然体系的营造技术，产生了我国独特的传统修缮保护方法。例如，龙门石窟的开凿与云冈石窟一样，是有总体规划与设计的。从奉先寺可以看到，它不采取全部开凿洞窟的方式，而就在露天雕造佛像，可利用山势减少开凿山崖的时间。奉先寺的九躯雕像，作为各自独立的圆雕，都不同程度地具有性格的表现，达到了很高的艺术水平。这些不同的人物被组织在以卢舍那佛像为中心的一组群像里。这种联系一方面是依靠形象的神情、姿态所达到的，另一方面也利用了构图等形式上的因素，使分散的形象联成相互呼应，相互结合的有变化的整体。奉先寺的凿窟规模，艺术设计以及雕刻形象的塑造等方面的成就，代表着唐代所达到的高度的艺术和营造的水平。

因此，在进行价值评估、保护程序、技术措施时，都要考虑中国文物古迹具备的文化、哲学和历史的观念。

此外，这些保护理论和原则的信息积累又是动态的、不断发展变化的过程，认识观念的变化，也会影响保护方法的形成和发展的内在因素，所以我们的保护理念又是在一个动态开放、吸取精华、融古纳新理论的整体化保护模式中发展。正因为先进的文物保护理念是文物保护事业发展的基础，所以建立具有中国特色的文物保护理论是十分必要的，但它不妨碍与国际文物保护的理论接轨。

我国早在 1985 年就加入了《保护世界文化和自然遗产公约》，然后又相继加入了有关文化遗产保护的公约和组织，因此，不应过多地强调自己的国情而不去遵守世界通则。而且只有从他们那里吸取更多更好的经验才能不断完善充实我们的保护理论，从我们与国际上许多文物保护组织合作与交流的过程中发现，基本的理念和原则是相通的，只是在思想方法、表述的方式和保护方法上有所不同。我国的文化遗产保护是按照"不改变文物原状"的原则进行保护修缮，并且与国际上的最小干预、可识别等原则是一致的。如果说有不同的话，是中国的古建筑需要按照它传统的方法进行维修，贯彻"可识别"原则时不主张黑白分明，而更主张和谐。

三 回顾《中国文物古迹保护准则》的编制过程，说明我们已经登上了国际文物保护的舞台，并在发挥着重要的作用

中国的国际古迹遗址理事会在编制《中国文物古迹保护准则》时，美国盖蒂保护所和澳大利亚遗产委员会的专家们也参与了此项工作，三方经过细致的考察和充分的论证，成功地克服了语言的障碍，都充分理解了各方所表达的意见，尤其是对一些理论概念取得了共识。对国际公认的文物保护工作应遵循的共同原则和根据本国实际制订的宪章和准则产生了共识。中方在制定准则的过程中，采纳了美、澳方的有益建议，如将价值评估、保护程序和重视档案记录等内容作了必要的修改和补充。三方合作的成功表明，尽管彼此的政治、历史、文化背景有很大差别，但保护文化遗产的目标、原则都是相通的。我们相信即将完成的《中国文物古迹保护准则》修改本，将会更符合当前文物保护工作者的需求，并在国际文物保护界获得良好信誉。

在保护文化遗产方面进行的各种形式的国际合作具有广阔的前景。近年相继与多国合作举办各类文物保护培训班，也是一个交流互相学习的极好机会，更是培养新一代文物保护科技人才的良好典范。通过广泛的国际合作交流将我国的文物保护理论和有特色的传统与现代保护技术介绍给世界，也向各国学习先进的文物保护技术和理论。建立起国际间文物保护信息和交流的网络。为保护人类共同的世界文化遗产作出应有的贡献。使我们在 21 世纪的世界文物保存科学领域成为重要的一员。

从《威尼斯宪章》到《中国
文物古迹保护准则》

——莫高窟的保护实践

王旭东[1,2]

（1. 敦煌研究院　2. 国家古代壁画与土遗址保护工程技术研究中心）

摘　要： 自1944年国立敦煌艺术研究所成立至今，敦煌莫高窟已经历了七十年的保护历程。在这个进程中，莫高窟既见证了中国文物保护理念的形成与发展，也可看到《威尼斯宪章》和《中国文物古迹保护准则》对莫高窟保护工作的指导实践。本文从莫高窟抢险加固工程、重层壁画揭取、景观环境保护、洞窟壁画科学保护、日常管理与预防性保护几个实例出发，阐明了《威尼斯宪章》和《中国文物古迹保护准则》保护理念在莫高窟保护中的应用过程，更加验证了《中国文物古迹保护准则》对石窟类文物古迹科学保护具有十分显著的指导作用。

关键词：《威尼斯宪章》　《中国文物古迹保护准则》　莫高窟　保护

　　敦煌莫高窟因其满足世界文化遗产的全部六项标准，于1987年被联合国教科文组织列入世界文化遗产名录，它的保护更加受到了国际社会的关注。

　　莫高窟历经一千多年的自然和人为破坏，洞窟围岩和壁画彩塑存在各种工程地质问题和病害。自1944年成立国立敦煌艺术研究所至今，莫高窟已经历了七十年的保护历程。从20世纪40年代的看守阶段、50年代和60年代的抢险加固阶段、80年代以后的科学保护阶段，到21世纪初开始逐步迈向预防性保护新阶段。在这个过程中，既见证了中国文物保护理念的形成与发展，也可看到《威尼斯宪章》和《中国文物古迹保护准则》（以下简称《中国准则》）指导莫高窟保护工作的实例。

　　《威尼斯宪章》在20世纪80年代初被介绍到中国文物保护领域后[1,2]，指导了包括莫高窟在内的中国古迹遗址的保护与管理。而威尼斯宪章颁布的1964年，正是实施莫高窟抢险加固工程的关键时期，保护工程设计与实施过程中完全可以看到威尼斯宪章所阐述的保护理念的踪影。2000 年《中国文物古迹保护准则》正式颁布[3]，从此，中国有了自己的文物保护专业性纲领。在它的指导下，大量的文物古迹保护工程得以规范实施，莫高窟的保护与管理受益匪浅。下面从莫高窟崖体加固工程、重层壁画的揭取、景观环境保护、科学的保护修复、日常管理与预防性保护几个方面，阐述从《威尼斯宪章》到《中国准则》对莫高窟保护管理工作的指导作用。

一　关于莫高窟崖体加固工程

莫高窟崖体加固工程包括南区崖体和北区崖体两部分。南区经过了 20 世纪 50 年代的试验加固和 20 世纪 60 年代到 80 年代初的全面加固，21 世纪初完成了北区加固工程。

五六十年代的崖体加固属莫高窟的抢救性保护阶段，那个时候威尼斯宪章还没有颁布，但却受到了我国古建筑研究与保护大师梁思成先生的指导。早在 1932 年，他就提出了中国古建筑保护的基本理念：以保存现状为保存古建筑之最良方法，复原部分非有绝对把握，不宜轻易施行。按照这一原则，1951～1956 年，对莫高窟 5 座木构窟檐进行了整修，对 60 米长的崖体及木栈道进行了试验性加固。1962 年，梁思成先生专门针对莫高窟的全面加固提出了"有若无，实若虚，大智若愚"的保护设计原则[4]。在这一原则的指导下，工程设计人员，施工人员和文物专家共同实施了这一在莫高窟保护史上极其重要的工程。整个工程采用了重力挡墙"挡"、梁柱"支顶"和清除危岩"刷"的工程措施[5,6]，施工过程中注意了崖体可能从上面坍塌、新墙可能沉降的问题[7]，经过反复研究，多次试验，制成了砾岩状的挡墙，体现了"修旧如旧"的精神[8]。尽管按照今天的认识，该加固工程过多地改变了莫高窟的崖体形貌。但客观上讲，它不仅解决了崖体乃至洞窟的坍塌问题，而且从材质和结构型式上最大限度地与崖体的岩石结构和形貌保持相似或相近（图 1、2）。由此可见，当时的中国，其文物保护的理念还是受到了西方古建筑保护理念的影响，或者也可以说有些保护原则具有普适性，英雄所见略同。

到了 21 世纪初，北区崖体的加固则根据《中国准则》的原则，采用当时比较成熟的锚固技术、裂隙灌浆技术和 PS 材料防风化加固技术，解决了崖体形貌坍塌、裂隙渗水、崖体表面风化等问题，加固后崖体形貌几乎与加固前一致（图 3、4）。

图1 南区崖体加固前形貌（1957年摄）

图2 南区崖体加固后形貌（1966年摄）

图3 北区崖体加固前形貌

图4 北区崖体加固后形貌

二 关于重层壁画的揭取

　　莫高窟的壁画因经过了不同历史时期的改造，存在大量的重层壁画，少则两层，最多的达四到五层（图5、6）。20世纪50年代前，有人揭取了一些重层壁画，露出唐代甚至更早时期的壁画，让他们非常兴奋。但随着保护理念的提升，开始检讨揭取重层壁画的行为。《威尼斯宪章》第十一条指出：各个时代为一古迹之建筑物所做的正当贡献应予以尊重。当一座建筑物含有不同时期重叠作品时，揭示底层只有在特殊情况下，在被去掉的东西价值甚微，而被显示的东西具有很高的历史、考古或美学价值，并且保存完好足以说明这么做的理由时才能证明其具有正当理由。评估由此涉及的各部分的重要性以及决定毁掉什么内容不能仅仅依赖于负责此项工作的个人。《中国准则》也指出：修复工程应当尽量多保存各个时期有价值的痕迹，

图 5　莫高窟第 130 窟多层壁画　　　　　图 6　莫高窟第 220 窟重层壁画

恢复的部分应以现存实物为依据。据此，自 20 世纪 80 年代以来敦煌研究院在对待重层壁画揭取问题上更加慎重，到目前为止，没有实施过任何形式的揭取活动。

三　关于景观环境的保护

《威尼斯宪章》第六条指出，古迹的保护包含着对一定规模环境的保护。第七条进一步阐明，古迹不能与其所见证的历史和其产生的环境分离。正是在这一原则的启发下，20 世纪 80 年代以来，敦煌研究院将莫高窟重点保护区内的生活设施和办公设施逐步搬迁至其对面的一个山沟里，借助一个小山包，将莫高窟与办公生活区自然地物理隔离。原计划在窟前平地兴建的陈列中心选在大泉河东岸的一个山包上，通过开挖兴建了一座半地下的建筑，其建筑形式与景观环境十分协调，建筑体量对景观的破坏减小到了最低程度。该项目的选址和建筑设计受到了各方的赞誉（图 7）。

到了 2003 年，为了莫高窟游客中心的选址，我们邀请各方专家做了认真细致的比选论证，最终将该建筑建在了距莫高窟核心保护区 15 公里以北的建设控制地带内，其建筑形式、体量也满足建设控制地带的管理要求（图 8）。

当然，我们也把敦煌研究院在创业初期的一些建筑作为莫高窟保护史的一部分予以保留，体现第一代莫高窟人在各方面条件极其艰难的情况下，为莫高窟的保护与研究所付出的艰辛，激励后代沿着他们的足迹继续前行。

图7 陈列中心外景图

图8 莫高窟游客中心外景图

图9 第85窟壁画保护中外专家讨论现场

图10 第85窟壁画保护试验现场

四 关于科学保护

《威尼斯宪章》第十条指出：当传统技术被证明为不适用时，采用任何经验证明为有效的现代建筑及保护技术来加固古迹。《中国准则》指出：按照保护要求使用保护技术，独特的传统工艺技术必须保留，所有的新材料和新工艺都必须经过前期试验和研究，证明是最有效的，对文物古迹是无害的，才可以使用。

自20世纪80年代以来，莫高窟的保护进入到科学保护阶段。这个时期，敦煌研究院充实了保护的科学手段，引进了先进技术，扩大了国内外合作交流[9]，开展了壁画颜料的分析、环境监测、风沙防治研究、壁画病害机理研究[10]、游客承载量研究[11]等，为洞窟壁画的科学保护与修复奠定了基础。尤其是与美国盖蒂保护研究所合作完成的莫高窟85窟保护项目[12,13]，堪称这一时期的典范，也可以说是中国壁画保护具有里程碑意义的项目[14]（图9、10）。这个项目作为《中国准则》的试点，用来检验准则在壁画保护领域的适应性。它通过价值评估、现状调查评估、环境监测、病害机理分析、保护修复材料与工艺研发、保护修复实施到保护效果评价、长期监测等手段[15]，不仅解决了长期困扰莫高窟空鼓壁画、酥碱壁画保护的难题，更重要的是建立了一套比较科学的壁画保护工作程序。项目形成的成果已推广应用到了包括敦煌石窟在内的许多石窟寺、殿堂、墓葬壁画的保护实践中。

在中国文物古迹保护准则的应用过程中，我们逐步懂得了针对保护对象，重要的不是我们能做什么，而是我们应该做什么。

五 关于日常管理与预防性保护

日常管理包括遗址的日常监测与日常维护保养，预防性保护就是通过对遗址存在的各种风险进行监测、评估，进而提前做好预防控制或及时处理那可能造成更大破坏的问题。

《威尼斯宪章》和《中国准则》都将日常维护置于非常重要的位置。《威尼斯宪章》第四条指出：古迹的保护至关重要的一点在于日常维护，《中国准则》第二十条提出定期实施日常保养，日常保养是最基本和最重要的保护手段，要制定日常保养制度，定期监测，并及时排除不安全因素和轻微的损伤；第二十九条又强调日常保养是及时化解外力侵害可能造成损失的预防性措施，适用于任何保护对象，必须制定相应的保养制度，主要工作是对有隐患的部位实行连续监测，记录存档，并按照有关的规范实施保养工程。

80年代之前，莫高窟的保护除了抢险加固工程之外，做的大量工作就是日常维护。之后，日常维护与大量的保护修复项目并行。而日常监测则在90年代以来作为遗址保护管理的重要工作之一，主要包括风沙活动监测、气象环境监测、洞窟微环境监测、裂隙位移监测、地震监测、游客行为监测、壁画保存现状定点定时监测[16]等。目前，在科技部与国家文物局的支持下，我们已初步建立了莫高窟风险监测预警体系（图11），随着这个体系的逐步完善，莫高窟将正式进入预防性保护阶段，以实现变化可监测、风险可预报、险情可预控、保护可提前的世界文化遗产保护管理目标。

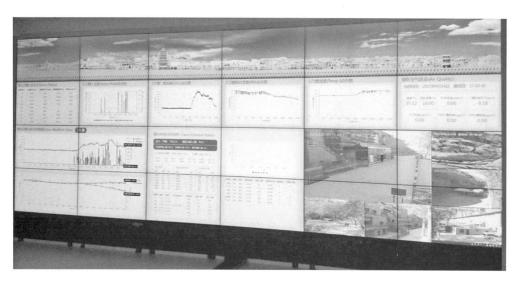

图11　莫高窟风险监测预警体系显示终端

六　关于《中国准则》

　　《中国文物古迹保护准则》是在中国文物保护法规体系的框架下，借鉴了1964年颁布的《威尼斯宪章》的保护原则和澳大利亚《巴拉宪章》的实践经验，总结了我国几十年来文物古迹保护的成就的基础上制定的。它是对文物古迹保护工作进行指导的行业规则和评价工作成果的主要标准，也是对保护法规相关条款的专业性阐释，同时可以作为处理有关古迹事务时的专业依据[17]。由于《中国准则》把国际文化遗产保护的原则与中国文物古迹保护实践相结合的特点，自制定以来，被中国的文物古迹保护工作者广为接受。我个人认为，《中国准则》的核心内容可用五个词来概述：评估、研究、程序、监测、保养。所谓评估就是对遗址的价值、保存现状管理条件进行全面系统的评估。所谓研究就是对遗址的价值进行不断的探究与挖掘，对保护与管理技术进行多学科研究，以支撑最终的保护实践与科学的日常管理。所谓程序就是所有保护管理工作必须建立在准则制定的工作程序中，而且要针对不同类型的遗址制定出更详细的保护流程。所谓监测就是要监测所有影响遗址保存的自然与社会风险因素，以及遗址本体的各种变化，为科学保护修复与预防性保护提供依据。所谓保养就是及时化解影响文物古迹保存的微小病害，以免发展成大问题。否则，不仅需要更多的精力，而且需要更多的费用，造成不必要的文物损失和资金的浪费。因此，遗址地管理机构和保护人员应在遵守《中国准则》基本原则的前提下，高度重视评估、研究、程序、日常监测、日常保养维护等核心内容，并将其付诸实践。

七　结语

从《威尼斯宪章》到《中国准则》，无论是国际上还是我国，文物古迹保护的理念在不断发展与完善，《威尼斯宪章》对中国文物保护的指导是有目共睹的，它的基本理念与原则也体现在了《中国准则》中。而《中国准则》作为一个地区准则更符合我国的实际，也必将作为中国文物古迹保护的纲领性文件，为文物保护从业人员提供工作指南。当然，事物是发展变化的，人们的认识水平也在不断提高，《中国准则》也会随着时代的发展增加一些新的内容，但其核心的保护原则和程序是不会改变的。

敦煌莫高窟的保护不仅受益于《威尼斯宪章》，更受益于《中国准则》。在未来的保护管理实践中，我们将遵循既具有国际化又具有中国特色的《中国准则》的基本要求，创造性地开展工作，确保莫高窟这一人类共有的文化遗产真实、完整地传给下一代。

基金项目：国家科技支撑计划项目（2013BAK01B01）；甘肃省科技重大专项计划项目（1102FKDF014）

[1] 吕舟《〈威尼斯宪章〉的精神与〈中国文物古迹保护准则〉》,《建筑史论文集》2002 年第 15 辑,192 ~ 198 页。

[2] 《国际保护文化遗产法律文件选编》,文物出版社,2007 年,52 ~ 54 页。

[3] 国际古迹遗址理事会中国国家委员会,《中国文物古迹保护准则》,2000 年。

[4] 梁思成《闲话文物建筑的重修与维护》,《梁思成全集》第五卷,中国建筑工业出版社,2001 年,441 ~ 447 页。

[5] 孙儒僩《敦煌莫高窟加固工程的回顾》,《敦煌研究》1994 年第 2 期,14 ~ 29 页。

[6] 李最雄《敦煌石窟保护工作六十年》,《敦煌研究》2004 年第 3 期,10 ~ 26 页。

[7] 梁思成《关于敦煌维护工程方案的意见》,《梁思成全集》第五卷,中国建筑工业出版社,2001 年,413 ~ 413 页。

[8] 段文杰《莫高窟保护工作进入新阶段》,《敦煌研究》1988 年第 3 期,1 ~ 2 页。

[9] 樊锦诗《敦煌石窟保护五十年》,《敦煌研究》1994 年第 2 期,7 ~ 13 页。

[10] 孙儒僩《敦煌石窟保护八五规划中保护研究课题可行性论证会在兰州召开》,《敦煌研究》1991 年第 1 期,114 页。

[11] 樊锦诗《莫高窟保护和旅游的矛盾以及对策》,《敦煌研究》2005 年第 4 期,1 ~ 3 页。

[12] Neville Agnew, Li Zuixiong. Objectives of the Cave 85 project // Proceedings of the second international conference on conservation of ancient sites on the Silk Road. Dunhuang, June 28 – July 3, 2004: 397 ~ 398.

[13] Michael R. Schilling, Joy Mazurek, David Carson, Su Bomin, Fan Yuquan, Ma Zanfeng. Analytical research in Cave 85 // Proceedings of the second international conference on conservation of ancient sites on the Silk Road. Dunhuang, June 28 – July 3, 2004: 439 ~ 449.

[14] Neville Agnew, Martha Demas and Wang Xudong. The enduring collaboration of the Getty conservation institute and the Dunhuang Academy in conservation and management at the Buddhist cave temples of Dunhuang, China, The Public Historian. California: University of California Press, 2012: 7 ~ 20.

[15] 王旭东《基于中国文物古迹保护准则的壁画保护方法论探索与实践》,《敦煌研究》2011 年第 6 期,1 ~ 7 页。

[16] 樊锦诗《基于世界文化遗产价值的世界文化遗产地的管理与监测——以敦煌莫高窟为例》,《敦煌研究》2008 年第 6 期,1 ~ 5 页。

[17] 同 [3]。

贰 理论、研究与探讨

对文化遗产"合理利用"的反思

晁　舸[1]　王建新[2]

（西北大学[1,2]）

摘　要： 本文从审视"合理利用"的方针被纳入《中华人民共和国文物保护法》（以下简称《文物法》）之后在我国文化遗产保护实践中所起的负面影响和作用出发，结合对我国的思想文化传统和国际文化遗产保护的基本理念的探讨，对文化遗产"合理利用"的理念和实践进行了反思。本文认为，对文化遗产的"合理利用"是在我国特定历史和现实条件下形成的错误的理念和实践，我们必须认真反思和纠正。在新一轮修订《文物法》的过程中，应在原来的十六字方针中去除"合理利用"，将其更正为以"保护为主，抢救第一，加强管理，传承共享"为内容的文化遗产保护工作的新的十六字指导方针。

关键词： 合理　利用　传承　共享

从 2002 年起被修订写入《中华人民共和国文物保护法》（以下简称《文物法》）以"保护为主，抢救第一，合理利用，加强管理"为内容的十六字方针，在指导我国文化遗产保护的实践中影响重大。从这十六字的内容看，"保护为主"和"加强管理"应该是文化遗产保护长期的工作方针。在我国目前还处于经济高速增长期，基本建设规模还很大的现实情况下，"抢救第一"的工作方针显然也是正确的。但是，从"合理利用"的方针出台十几年来的实际情况看，这一方针是否合适需要认真反思。

一

从十一届三中全会确立以经济建设为中心以来，我国的经济建设迅速发展取得了举世瞩目的成就。在经济高速发展的过程中，基本建设的规模日益扩大与我国大量存在的历史文化遗产的保护形成了矛盾。20 世纪 90 年代到 21 世纪初，一些地方政府和开发商将文化遗产视为开发建设的拦路虎、绊脚石，有的官员甚至公然提出"死人要给活人让路"。在这样的形势下，大规模破坏文化遗产的政府行为和法人行为十分普遍。

国务院 2005 年 12 月发布的《关于加强文化遗产保护工作的通知》，将文化遗产保护工作的重要性提升到前所未有的高度，并明确了文化遗产保护是各级政府的责任。这一通知的发布，使明目张胆地大规模破坏文化遗产的势头得到了遏制。在这样的新形势下，"合理利用"的方针很快就成为一些政府官员和开发商为了取得"政绩"和获利而改头换面地继续破坏文化遗产的借口和掩护。当前，在开发建设中大规模破坏文化遗产的行为几乎都是打着"合理利用"的旗号。面对这样的现实，使得我们不得不反思"合理利用"的方针究竟是否正确。

二

与"合法"相比，"合理"缺乏可评价的客观尺度和标准，任何人都可以认为自己的行为是合理的。在《文物法》这样一个法律文件中不说"合法"而说"合理"，本身就十分荒唐。在法律文件中之所以出现这样明显的失误，与我国长期缺乏法制制度的历史传统密切相关。

在我国几千年的文明史中，血缘家族一直是社会的基本单元和基础。儒家思想是先秦血缘社会的产物，在汉代确立中央集权、君主专制加郡县制的政治体制和血缘家族的社会形态之后，儒家思想借助皇权成为两千多年来维系社会稳定的道德规范和行为规范。在中国传统社会中，缺少维护社会和民众权利的公法和民法，只有维护帝王统治的王法和刑法。同时，在血缘家族中，还普遍存在主要基于儒家思想的家法和家规。由于王法并不能保障民众的权利，而血缘家族则是民众生存的依靠，因此，在中国人的传统观念中，基于儒家思想和家族关系的合情合理远远重于合法。时至今日，中国已经进入地缘社会，传统的血缘家族社会格局已基本不复存在，但曾与之共生的传统思想依旧根深蒂固，整个社会还普遍缺乏法制观念。上至政府，下至民众，解决问题的思路依然是先考虑是否"合情合理"，其次才是是否"合法"。《文物法》中出现"合理利用"的说法正是这种传统思维的产物。

三

文化遗产可以利用吗？要回答这个问题，我们首先要搞清为什么要保护文化遗产。

文化遗产是世界各国、各民族精神家园的载体，它们不仅是人们回归传统的寻梦之地，而且是现代文明、现代民族文化特色和人文精神的象征。最早开始文化遗产保护实践的欧洲，工业革命前的文艺复兴运动兴起了回归古典的热潮，以古代希腊罗马遗留下来的艺术品和建筑物等文化遗产所承载的民主、自由、共和、人性、博爱等人文精神为思想武器，冲破了欧洲中世纪封建统治的束缚。从那以后，这样的人文精神就成为欧洲近代和现代社会发展的精神基础，而承载了这种人文精神的历史文化遗产，也成为欧洲精神家园、精神故乡的象征和标志。

以黄河流域和长江流域为核心区域发展起来的中华文明，在世界各大文明中具有显著的特色。首先，以汉族为主体族群的中华民族生活在欧亚大陆东部相对封闭的区域内形成了独具特色的文化传统。历经几千年来的社会变动和王朝更替，中华文明连绵不断，中华民族的主体族群延续至今，这在世界各大文明中是独一无二的。另一方面，中华文明并不是在完全封闭的环境下发展起来的。在中华文明形成和发展的过程中，主体族群与边疆地区的少数民族不断交流与融合，中华文明不断与其他文明交往与互动，因此形成了多元一体的中华文明特色。在我们争取中华民族复兴崛起的今天，不仅需要政治、经济的发展，也必须有人文精神的支撑，必须有中华民族共有的精神家园。而那些承载了中华文明多元一体特色和多民族文化交流融合的文化遗产，正是中华民族共有精神家园的载体。文化遗产保护的根本目的就是要使这些文化遗产所承载的优秀的人文精神得到传承，并使之成为现代和未来社会发展的人文精神基础。

从根本上说，文化遗产保护是人类社会发展的精神需求，而不是物质需求。因此，文化遗产应该是神圣的，应该得到全社会普遍的尊重。而在实际生活中，当我们以利用的态度来对待文化遗产的时候，文化遗产就失去了应有的尊严，沦为赚钱的工具。

在我国文化遗产保护的实践中出现"合理利用"的说法和做法，首先与我国两千多年来缺乏宗教信仰的功利主义传统有关。大多数中国人进寺庙、道观、教堂的主要目的不是信仰神、崇拜神，而是通过贿赂神、收买神来实现自身的物质性愿望，如金榜题名、升官发财、早生贵子、祛病免灾等。连神都已成为"利用"的对象，又有什么是不敢"利用"的呢？于是，不论是自然资源，还是不可再生的文化遗产都可以被人们视为攫取实利的对象而遭到严重破坏。

还应该看到，在当前仍处于经济高速增长期的我国，急功近利已成为普遍的社会氛围。因此，在许多"利益相关者（政府、企业、居民）"的眼中，"文化遗产"

是与诸如"经济效益、利润、收入"等现实因素相挂钩，甚至是完全画等号的。对经济价值片面、狂热的追求，所带来的是对更为重要的文化、社会等价值的忽视。"合理利用"引发出的触目惊心的社会现实是：曾经雄伟壮丽的古城被改造得支离破碎，曾经静谧的古刹被开发成灯红酒绿的商业中心，曾经无数曲径通幽的古老巷弄在繁花似锦的现代生活中寂灭，中国人的精神家园、精神故乡正在被推土机的铁铲和钢筋混凝土的"森林"毁灭和淹没……显然，"合理利用"被列入法律条文，使"过度开发"获得了合法性，文化遗产也因此承受着"理所当然"的破坏。

四

"合理利用"是否也如"原真性"、"完整性"等原则一样来源于国际文化遗产保护运动的共通理念呢？我们看到，在关于文化遗产保护的国际文件的中译本中，确实出现了"利用"的用语。但是，如果对从1931年第一届历史纪念物建筑师及技师国际会议颁发的《关于历史性纪念物修复的雅典宪章》到2008年国际古迹遗址理事会颁布的《关于文化遗产地的阐释与展示宪章》为止的50余份包括宪章、公约、宣言、建议、指南等重要国际文件的英文原文进行认真阅读就会发现，明确提到"use"一词的有1964年的《威尼斯宪章》、1981年的《佛罗伦萨宪章》和1999年的《巴拉宪章》三份文件。

在《威尼斯宪章》第五条的中译本中，"use"一词被翻译为"使用"。这一段的内容是："为社会公用之目的使用古迹永远有利于古迹的保护。因此，这种使用合乎需要（Such use is therefore desirable[1]），但决不能改变该建筑的布局或装饰。只有在此限度内才可考虑或允许因功能改变而需做的改动"[2]。

在《巴拉宪章》的中译本中，则将"use"统一译为"用途"。如第一条"定义"中的1.10"用途"一款中明确指出："用途是指地点的功能，以及可能发生在此处的活动或实践（Use means the functions of a place, as well as the activities and practices that may occur at the place[3]）。"[4]在2013年公布的《巴拉宪章》最新的英文修订版中，更明确地将这种"实践"限制为"traditional and customary practices（传统及惯常实践）"，且在注释中对其进行了进一步说明，即"Cultural practices commonly associated with indigenous peoples such as ceremonies, hunting and fishing, and fulfillment of traditional obligations（文化实践通常与当地居民相关，如仪式、渔猎，以及传统义务的履行）"[5]。

只是在《佛罗伦萨宪章》的中译本中才将"use"译为"利用",参见该宪章中译本的第十八条至第二十二条的"利用"一节。

"利用(Use)……

第十九条 由于历史园林的性质和目的,历史园林是一个有助于人类的交往、宁静和了解自然的安宁之地。它的日常利用概念(conception of its everyday use[6])必须与它在节日时偶尔所起的作用形成反差。因此,为了能使任何这种节日本身用来提高该园林的视觉影响,而不是对其进行滥用或损坏,这种偶尔利用历史园林的情况(the conditions of such occasional use)必须予以明确规定。

……

第二十一条 根据季节确定时间的维护和保护工作,以及为了恢复该园林真实性的主要工作应优先于民众利用(public use)的需要。对参观历史园林的所有安排必须加以规定,以确保该地区的精神能得以保存"[7]。

同样是"use"一词,不同的中译本却分别翻译为"使用"、"用途"和"利用",究竟哪个是国际文件的原意,哪个是翻译者的错误理解呢?

从语言学角度看,"use"的出现可上溯到历史上日耳曼语族对拉丁语族词汇"uti"的引入,uti 意指"使用、运用",同词根的词还有 utilis(有用的),以及 util-itas(用途)等[8]。而 uti 一词的词根 ut – 在拉丁文中沿用广泛,本身带有"以某种方式/方法/途径/渠道"等意,即含有突显"功用、作用"之意。显然,不论是英语中的 use,还是其拉丁词源 uti,都主要表示的是"使用"之意,在一些场合下翻译为"用途"也是合乎原意的。而将"use"翻译为"利用",不仅是涵义的扩大,而且是对国际文件原意的歪曲和误解。我们曾就此与欧美的一些考古学家和汉学家进行过讨论,他们都完全赞同我们的看法。因此,对文化遗产的"利用"和"合理利用",与国际共通的文化遗产保护理念并无直接关系。

五

综上所述,对文化遗产的"合理利用"是在我国特定历史和现实条件下形成的错误的理念和实践,我们必须认真反思和纠正。在修订《文物法》的过程中应该如何处理这一问题呢?

如前所述,在十六字方针中,"保护为主"和"加强管理"无疑应长期保留,"抢救第一"在当前和今后相当长的一段时间内也是正确的选择。但应预见到,在我国从经济高速增长期转入平稳增长期后,基本建设的规模将逐渐缩小。同时,随着社会发展的精神需求日益提高，全民对文化遗产的保护意识和保护行动也会逐步发展。到那时候，经济建设对文化遗产威胁和破坏的程度将会大大降低，"抢救第一"的方针也许就应改变为"预防第一"了。

在去除了"合理利用"后，《文物法》中的文物保护工作的指导方针会显得十分不完整，那么，用什么来替代更为合适呢？我们认为，"传承共享"是最佳的选择。这是因为，文化遗产价值的"传承"和"共享"，都是文化遗产保护的根本目标，也是文化遗产保护工作实践必须贯穿始终的指导思想。

文化遗产价值的传承，主要是指文化遗产本体及其所具有的历史、文化、科学、艺术等价值内涵的保存和传续；文化遗产价值的社会共享，不仅包括文化遗产的价值内涵，还可包括文化遗产的价值外延，文化遗产保护衍生的社会价值和经济价值，就是在共享的过程中实现的。

例如，以文化遗产地为目标的旅游活动，从本质上说是实现遗产（也包括自然遗产）价值社会共享的重要途径。享受人文和享受自然，是人们出外旅游的主要动机，也是每一个人的权利。但为了实现这个权利，交通、食宿等需要花钱，这样就发生了经济行为。对遗产地的占有者、使用者和管理者来说，真实完整地保护和传承遗产价值，应该是首要责任。同时，为实现遗产价值的社会共享提供方便和服务也是重要的责任和义务。这种服务可以是无偿的，因为遗产保护本身就是社会公益事业，政府和全社会可以为此买单。目前我国许多博物馆实行免费开放就是基于此理。另一方面，在一些博物馆、遗产地、景区收门票和缴费使用旅游设施等有偿服务也应该是允许的，这样也发生了经济行为。旅行社作为沟通旅游者和旅游目标地的中介，提供有偿服务也是合理的。所谓旅游经济就是这样构成的，也确实可以产生一定的经济效益，并可以成为一些地方发展经济的选择。但我们在发展旅游经济的同时不能忘记，传承和共享才是文化遗产保护的根本目的，也是旅游活动的本质特征。如果我们发展旅游只是为了赚钱，为了赚钱而对文化遗产进行过度开发，对文化遗产本体和周边景观造成了破坏，而根本不去考虑为实现文化遗产价值的传承和共享而应尽的责任和义务，这就是本末倒置，背离了文化遗产保护的根本目标。

所以，无论从文化遗产保护的根本理念还是从我国的现实状况来看，将传承和共享确立为我国文化遗产保护工作的指导方针，都是十分必要的。

总之，我们建议在新一轮修订《文物法》的过程中，应在原来的十六字方针中去除"合理利用"，将其修正为以"保护为主，抢救第一，加强管理，传承共享"为内容的文化遗产保护工作的新的十六字指导方针。

［1］　The Venice Charter，Article 5，见 ICOMOS 官方网站 http：//www. international. icomos. org/charters/
　　　　venice_ e. pdf

［2］　《关于古迹遗址保护与修复的国际宪章》（《威尼斯宪章》）第五条，国家文物局编译《国际文化
　　　　遗产保护文件选编》，文物出版社，2007 年，53 页。

［3］　The Burra Charter，Article 1. 10，见 ICOMOS 官方网站 http：//australia. icomos. org/wp － content/up-
　　　　loads/BURRA － CHARTER － 1999_ charter － only. pdf

［4］　《巴拉宪章》第一条 1.10，国家文物局编译《国际文化遗产保护文件选编》，文物出版社，2007
　　　　年，163 页。

［5］　The Burra Charter 2013，Article 1. 10，见澳大利亚 ICOMOS 官方网站 http：//australia. icomos. org/wp
　　　　－ content/uploads/The － Burra － Charter － 2013 － Adopted － 31. 10. 2013. pdf

［6］　The Florence Charter，Article 18 ～ 22，见 ICOMOS 官方网站 http：//www. international. icomos. org/
　　　　charters/gardens_ e. pdf

［7］　《佛罗伦萨宪章》第十八至二十二条，见国家文物局编译《国际文化遗产保护文件选编》，文物
　　　　出版社，2007 年，125 ～ 126 页。

［8］　见《牛津拉丁语词典》（Oxford Latin Dictionary），牛津大学出版社（Oxford University Press），1968
　　　　年，2112 ～ 2117 页。

文物产权制度与大遗址保护

——从殷墟问题谈起[1]

于 冰

（中国文化遗产研究院）

摘　要： 殷墟遗址保护与民生发展之间的矛盾，反映出我们虽然制定了很好的文物保护法规和政策，但是一遇到与经济建设的矛盾，与居民生产生活的矛盾，与开发利用的矛盾，执行起来却软弱无力。殷墟问题是制度问题的体现。产权制度是所有法规和政策落实的土壤，有助于形成自发的约束机制和激励机制。考古遗址属于国家所有，遗址产权的核心是土地产权。中央政府应当承担国有文物资产保护管理职能，在国家层面建立国有遗址土地确权、征收、补偿等综合制度，而不是将责任全部推给地方政府。对于殷墟这样重要而脆弱的遗址，对于长期为殷墟保护作出牺牲的村民们，国家应该有所作为。

关键词： 文物产权　制度　大遗址　殷墟

一　从殷墟问题谈起

2014 年初，河南安阳村民在世界文化遗产殷墟遗址核心区内私搭乱建住房的消息[2]被广为转载。据报道，遗址保护区内大部分村庄二十多年未批建房，安居乐业的正当民意得不到满足，政府强行执法于理不容。然而，村民们直接在商代文化层上建房，遗址遭到"有史以来最大规模破坏"。

文物保护与民生发展之间产生这样的矛盾冲突并不鲜见，尤其是像殷墟这样保护范围在几十平方公里的大遗址更为普遍。个别遗址在高层领导的指示或巨额资金的推动下局部矛盾得以解决，大部分遗址却天天上演着这样的冲突，法律没有尊严，民生没有保障，破坏与贫困成为众多大遗址地区长期走不出的困境。

殷墟这样的典型困境说明，"脆弱而不可再生的"考古遗址最为迫切需要思考的不仅仅是技术问题，而首先是考古遗址保护的制度问题，特别是应当纳入"土地、开发和规划"等综合制度[3]。这是国际古迹遗址理事会发布的《考古遗产保护管理宪章》最先讨论的问题，也是这份"受威尼斯宪章原则和理念启发"[4]而制定的文件所增加的重要内容。

回到殷墟。殷墟曾经"鼓舞了实施大遗址整体保护的信心，取得了可贵的经验"[5]，为什么仍然上演着村民"抓了也要建房"[6]的激烈冲突？近年国家大遗址保护政策强调管理体系建设、规划先行和展示优先[7]等方面的工作，殷墟都可谓是成功典范。早在 1995 年和 2001 年，安阳市和河南省就相继颁布了《安阳市殷墟保护管理办法》和《河南省安阳殷墟保护管理条例》，给殷墟遗址保护提供了法规保障。2003 年，殷墟在全国大遗址中较早公布了《安阳殷墟保护与利用总体规划》，2012 年修编后保护范围扩大近 10 平方公里，建设控制地带也制定了更为严格的管理措施。殷墟创造性地探索了中国土质遗址文物展示的新途径，同时整合地方和中央单位的出土文物进行展示，解决了考古成果社会化、普及化的问题，被誉为"安阳模式"[8]。2006 年，殷墟成为我国第一个大型土质遗址成功列入世界遗产名录，赢得广泛世界声誉。

那么，像殷墟这样考古资源禀赋优秀、地方政府高度重视的遗址都难以有效解决文物保护与民生发展的矛盾，更何况中国绝大多数观赏性不强，展示利用潜力欠佳的考古遗址。对于地方政府而言，是投入巨资保护遗址，还是开发土地招商引资发展经济惠及民生，在法与理之间普遍存在着两难抉择。

普遍性问题，意味着制度存在系统性偏差。地方政府"属地管理"下的"五纳入"[9]原则是我国文物保护管理体制的基本要求，中央政府则主要承担文物行政审批和项目经费补助职责。因此，像殷墟这样面积巨大而又极为脆弱的大遗址保护，必须由地方政府在其辖区内协调城乡规划和财政预算。在现行中央和地方分税体制[10]下，地方政府，尤其是基层地方政府的财政责任原本就已捉襟见肘，大遗址保护的土地征收、搬迁安置、居民补偿、日常巡护等巨额资金需求更成为困扰地方政府的沉重财政负担，却得不到中央政府任何救济和托底政策支持。遗址保护的长期利益被迫让位于经济发展的短期利益，传承历史的全局利益无奈让位于民生改善的局部利益，成为大多数地方政府的被动选择，只有退路，没有出路。

还以殷墟遗址为例，其保护区内现有 15 个自然村，约 2.7 万人，大型企业 2 家，小企业二十余家。遗址核心区所在的殷都区保护范围近 30 平方公里，几乎占据该区国土面积的一半。为保护遗址需要进行土地利用调整、环境整治、人口搬迁和聚落改造等，经费投入需求巨大，仅靠中央文物保护专项经费和地方政府财政投入远远无法满足。安阳市作为经济欠发达的中小城市又不可能像西安那样通过土地开发融资，在极度稀缺的土地资源内人口增长与遗址保护发生尖锐矛盾在所难免。

这就是殷墟的处境。安阳市政府多次呼吁："保护好这些大遗址，不仅是地方政府和人民的责任与义务，更是国家对世界的承诺和担当。因此，国家应该尽快建立大遗址保护补偿机制，在土地利用、搬迁安置、新农村建设、环境保护等方面出台大遗址保护支持政策。总之，只有建立稳定的投入和保障机制，大遗址保护才能真正落到实处。"[11] 对此，中央政府至今难有回应。

正如安阳市政府所呼吁的，大遗址保护真正关键的，是法规可否有效实施，规划能否得到执行，保护展示利用如何可持续的问题。换句话说，大遗址保护的法规建设、规划编制以及保护展示利用等各项工作，不仅仅要从文物保护的角度"看上去很美"，还要让这些工作"做起来合理可行"。如果合法不合理，合理又没人没钱做，那么法人违法、法外行为必然会成为普遍现象。我们应该清醒地认识到，当国家大遗址保护专项行动成功地扩大了大遗址影响、提升了大遗址形象、加强了大遗址保护专业工作的同时，还有很多基础性的、体制性的问题亟需解决。

二 文物产权，从历史属性到当代属性

这就谈到文章的主题。从文物法规政策到执行落实，有一项基础制度安排，就是文物产权制度。就好比种庄稼，庄稼品种再优良，缺乏适宜的土壤也难获丰收。产权制度决定着人们行使权利和履行义务的行为方式。扭曲的产权制度必然导致扭曲的执法后果。

文物产权制度，并不像文物保护规划或保护技术那样可以看到直接作用，长期以来对文物工作是一个陌生的领域。相关的研究成果很少，主要涉及文物资源旅游经营中的产权问题，以及建筑类文物或社会文物等私人文物产权的研究[12]。从文物工作整体角度研究文物产权基础制度，特别是国有文物产权的管理体制几乎是空白。

在展开论述文物产权制度之前先做个概括说明，以便对这个陌生话题在总体上有个初步认识。

提出文物产权概念，首先希望强调中央政府作为国有文物产权主体的责任和义务，强调其在履行文物行政管理职责的同时，应当加强国有文物资产管理的资源配置职能。而且，建立文物产权制度，可以借助国家综合法律体系的约束和激励手段，自下而上地保障文物产权各项权能的依法实现，而不是仅仅依靠文物部门行政命令或文物行业专门法规或专项规划单方面强力推行，从而有助于实现全社会自觉参与

文物保护与利用，有助于大大降低文物保护制度运行成本和监督成本。

遗址作为特殊类型的文物，其内含的土地产权问题在我国土地制度下尤其容易被忽视。考古遗址属于国家所有，遗址所有权与其附着土地产权制度之间的矛盾是导致遗址保护痼疾的主要根源，中央政府有责任从国有资产保护的大局出发将遗址保护纳入土地等制度的改革顶层设计。

后文将按照这样的逻辑展开：首先说明文物与产权之间的关系；然后分析当前文物产权制度如何缺失；接着从文物产权制度的角度解析一些长期制约文物工作的问题；另外介绍其他行业和国家可资借鉴的经验；最后提出加强文物产权制度建设的建议。

在本文中，产权即与财产相关的各种权利，既包括狭义的所有权，也包括占有权、使用权、收益权和处置权等一系列权能和利益。与所有权不同，产权强调动态的、变化的权利关系。

产权制度可以理解为在资源稀缺条件下人们使用资源的权利规则[13]。这个看似简单的定义至少包含三层深意。首先，产权制度是资源稀缺条件下约束人们恶性竞争行为而形成的理性规则，以避免资源的破坏或非建设性浪费。第二，产权制度既是对权利侵害行为的遏制，也是对权利行使行为的鼓励，从而保护和激发人类无限的智慧和创造力。第三，产权制度是现代文明的基础。保护自我财产是动物的天性，但建立社会规则保护全民财产才能避免弱肉强食，是人类从野蛮走向文明的标志。引申之，如果一个行业还只能依赖封闭式的自我防范措施保护其管理的资产，其成本之高、遭受侵害之深可以想象。由此可以推论，产权制度可以说是衡量一个行业管理体制发展水平的标尺。

文物是文化财产[14]，是具有特殊历史属性的实物资产和财富。产权体现的是文物的当代属性，即现行财产主体对其财产行使权能和享受收益的主客观关系。它既反映人与物的关系，也反映人与人的关系，是管理体制的基底制度。尽管数十年来文物行业一直强调文物的"不可再生"物质属性，成为文化领域中的独特范畴，然而其立足点仍是体现文物历史、科学、艺术价值的物质属性，历来仍被归于"精神文化"工作范畴。文物作为国家实物资产和财富的当代"财产"属性却受到忽略。

我们需要在国家宏观产权制度下来审视文物资产的性质和地位。对应于《中华人民共和国物权法》中所称的"物"，文物包括"不动产和动产"[15]。不可移动文物对应于不动产，可移动文物对应于动产。不可移动文物主要包括古代和近现代遗址，墓葬，石窟寺及石刻，以及建筑与园林等四大类。其中遗址、墓葬和石窟寺及石刻基本对应于土地类不动产（海域、陆地土地、山岭、草原、荒地、滩涂），建筑与园林基本对应于房屋类不动产（建筑物及其他定着物、建筑物的固定附属设备）。

《文物保护法》对文物所有权有所界定，但与其他通用法律制度，如《物权法》的规定有所不同。首先是分类不一致。《物权法》详细规定国家所有权、集体所有权和私人所有权三种所有权类型；《文物法》中主要规定了国有文物的范畴，对"集体所有和私人所有的纪念建筑物、古建筑和祖传文物以及依法取得的其他文物"并无具体说明，且在相关规定中一般统称为"非国有文物"。其次是文物所有权与物权法中土地所有权是分离的。考古遗址、墓葬和古窟寺等类文物全部属于国家所有，但农村地区的土地大都属于集体所有，因此有大量国有遗址、墓葬所有权与其附着土地所有权分离。另外，文物所有权与其所附着土地使用权也是分离的，目前我国土地使用权主要实行划拨、有偿分配和承包经营制度，国有文物所附着土地和房屋范围内有着众多政府机关、企事业单位、城市居民和农村居民等各类使用权人。

在文物权属与其附着的不动产权属关系如此错综割裂的情况下，以文物历史价值管理替代文物产权管理，困难重重，隐患无穷。

三 文物所有权空置，文物产权管理制度缺失

文物产权制度不仅应该包括文物所有权的规定，同时应当包括文物产权的划分、界定、确认、保护和行使等一系列规则，做到划分清晰、主体明确、保护严格、流转有序。然而，我国现行文物法规除对文物所有权作出粗略界定外，缺乏配套完整的文物产权制度。

宏观体现在文物产权管理职能缺失。《文物保护法》赋予各级文物行政部门"主管"、"监督管理"文物保护工作的行政职能，却没有明确文物资产的性质和分类，明确文物产权管理职能，特别是没有明确国有文物和集体文物产权权能的行使主体，明确相应产权管理机关与管理程序。国有文物作为国家最为珍贵的国有资产，在整个国有资产管理体系中却是空白。

《物权法》规定："法律规定属于国家所有的文物，属于国家所有。"（第五十一条）但在我国国有资产分类中，基本没有国有文物的位置。我国将国有资产主要分为三大类：经营性国有资产（含国有金融资产）、行政事业性国有资产（国有公用财产）和资源性（主要指土地、矿藏、水流、森林等自然资源）国有资产[16]。不同类型国有资产，都有不同的产权管理制度。针对经营性国有资产，有《中华人民共和国企业国有资产法》（2008）；针对行政事业性国有资产，有财政部颁发的《行政单位国有资产管理办法》（2006）和《事业单位国有资产管理办法》（2006）；针

对资源性国有资产，则有各类自然资源[17]专门法规，如《中华人民共和国土地管理法》、《中华人民共和国矿产资源法》、《中华人民共和国水法》、《中华人民共和国森林法》等，并规定有明确的相应国有自然资源资产产权管理机关和产权管理制度。

微观体现在文物产权登记确权评估等法定程序缺失。仅从登记确权程序分析，《物权法》规定："不动产物权的设立、变更、转让和消灭，经依法登记，发生效力；未经登记，不发生效力，但法律另有规定的除外。"（第十条）但文物的登记确权却尚未纳入国家法律体系。对于行政性国有资产，在我国的行政和事业单位中，仅仅《文物事业单位财务制度》（财政部，2012）中将"文物藏品"[18]纳入固定资产范畴，除此之外中央及各级各类地方行政单位、事业单位的国有资产仅指其"占有、使用的，依法确认为国家所有，能以货币计量的各种经济资源的总称"[19]，文物似乎并不符合其定义。现实中由各地各级行政事业单位收藏、占用、使用的大量国有不可移动文物和可移动文物都没有纳入固定资产登记范围，因而也未纳入相应的固定资产盘检、维护、变更、转让、处置等管理制度。对于自然资源，尤其是土地、林地等资源，我国几十万处遗址、墓葬、古窟寺、古建筑等国有和集体不可移动文物登记基本游离于国家土地、林地、房屋等不动产登记系统之外，而各地的发展规划、建设、交易等活动的审批、登记和监管都是建立在后者的基础上，使文物管理工作存在严重的信息不对称。

目前，我国文物登记制度法律效力不强，形成内部信息孤岛。新中国成立以来，我国不可移动文物仅开展过三次全国性普查登记，登记内容包含文物历史信息、大致位置以及登记时的用途状况，缺乏产权登记基本的依据公证性、界限精确性、主体唯一性和变更时效性。可移动文物调查登记工作更是难以开展，特别是国有文物因缺乏固定资产登记等法定制度的常态化保障，即使花费高额代价组织一次性普查也难以为文物管理工作提供及时准确有效的动态信息。以项目方式摸清文物"家底"与国家产权登记系统完全脱节，依靠文物部门行政力量另行组织涉及全国各地各行各业的文物登记可以说成本非常高，而信息效率非常低，在这个基础上支撑的整个文物保护管理决策运行的效果可想而知。

四　通过产权制度提高信息效率降低执法成本，保障文物保护法规有效落实

执法难，政策落实难，恐怕是文物工作者长期以来最感头疼的问题。我们的文

物保护制度——文物保护法规、文物保护专项规划等等——都制定了很好的文物保护措施，但是一遇到与经济建设的矛盾，与居民生产生活的矛盾，与开发利用的矛盾，执行起来就显得苍白无力。我们马不停蹄地忙于"抢救"，却在整体上有失预防性策略，结果越忙越无力预防，越无力预防就有更多的地方急需"抢救"。从制度经济学的角度来看，文物保护制度设计存在着激励不相容和信息成本过高问题。

所谓激励相容，是指每个人在追求自己利益的同时也能满足集体利益或实现制度目标。如果一个制度的设计对于大多数执行者而言存在自我目标和制度目标的矛盾，那么后果是将会产生非常高额的执法监督成本，或者将会产生法不责众的普遍违法行为。

所谓信息效率，就是制度的有效运行不依赖于掌握完全的信息。换句话说，如果决策者必需依靠自行完全采集所有相关信息才能做出正确决策，那么这个制度的信息效率就极低。在信息不对称情况下，决策者会在复杂环境中茫然不知所措，或者产生重大决策失误。

文物保护利用管理工作恰恰是一个高度复杂化的体系。文物资源不同于连续成片的自然生态保护地等自然资源，呈现出多形态、不规则、不连续和埋藏不可预见等特性，而其实际占有人、使用人、管理人又涉及社会众多机构和个人，文物管理制度既不能一厢情愿，又必须守住文物保护底线，传统依靠行政手段的管理模式已经很难奏效。

现行文物保护管理体制由地方政府承担主要责任，实行"属地管理"下的"五纳入"原则，这可以理解为中央政府试图解决文物保护与社会经济发展的激励相容问题和信息不对称问题。然而，"属地管理"实际上是将困难逐级往下推托，将效益逐级向上收拢[20]，结果越到基层的确更了解文物保护存在的问题和需求，由于整个文物行业缺乏与其他行业沟通的信息渠道，从而缺乏将文物保护"纳入"综合决策的依据，而且在整个国家财税分权体制下，基层政府也缺乏配套的资金、队伍等各种资源保障去解决这些文物保护问题，使得"属地管理"成为"属地不管"，"五纳入"成为"无纳入"。在国家层面，虽然中央财政投入越来越多的专项经费，却由于信息不对称而在经费安排和经费使用效果上存在问题，而且有很多应当中央层面统筹协调解决的政策，如社会发展规划、土地政策、财税体制、人事制度等，却因"属地管理"原则而无人问津，导致从中央到地方的文物保护与社会经济发展目标均很难融合与协调，往往由于人口、资源压力而产生尖锐的矛盾。殷墟所面临的困境，以及各级政府面对困境的束手无策，是非常具体和生动的写照。

我们的文物保护法规、保护规划难以落实，存在着两个主要原因，都与文物产权制度相关。第一个原因是文物保护法规和保护规划与其希望"纳入"的其他法规与政策缺少共同语言，从而缺少"纳入"的基础和媒介。现代产权制度正是一切法律法规的基础，是不同权利之间进行平衡、约束和保障的"共同语言"。不学会这门语言，文物工作就没有在国家决策和法律体制内的发言权。第二个原因是文物保护法规和保护规划没有落地，缺少操作层面的责任主体以及相应的保障政策，依靠强迫命令或道德训诫执行，往往在"一抓就死"与"一放就乱"之间反复摇摆，任意解读和法人违法现象普遍，难以形成以产权主体为基础的责任、义务、补偿、收益等责权利体系，形成对权利安全和稳定收益的长期预期，形成自觉的、良性的、可持续的保护和激励机制。

遗址、墓葬等不可移动文物属于国家所有，其产权最核心的就是土地权属问题。遗址保护表面看似土地用途管制问题，实质却与土地权属问题密不可分。为遗址保护而采取的土地用途管制政策，是对现行土地使用者权利的限制。从权利与义务对等的角度出发，最理想的方式是政府征收重要遗址土地，根除文物保护与经济建设和生产生活的矛盾；若难以避免遗址与人混居情况，则应当对受影响居民企业给予适当补偿，但这种退而求其次的措施管理难度极大，监管成本极高。因此，对于重要遗址，土地征收是确保土地利用服从遗址保护的根本解决方式，在很多国家不乏相应法律规定。考古专家在实际工作中也深切地体会到，"政府统征遗址区土地是最根本、最彻底的办法"，而且"这个问题的解决，还要靠中央政府和地方政府的共同努力"[21]。然而，我国缺乏建立在国有文物产权保护基础上的国家土地和财政保障制度，中央财政仅给予遗址本体修缮等工程项目经费补助，将土地征收、移民安置、居民补偿和遗址日常管护等国有产权管理职责连同文物的社会行政管理职责统统推给地方政府，使地方政府不堪重负，或靠遗址开发筹集资金，或对居民生产生活侵害遗址行为束手无策。我们习惯于将板子狠狠地打在地方政府身上，却较少追问中央政府是否尽其职责。对于像殷墟这样重要而脆弱的遗址，对于长期为殷墟保护作出牺牲的村民们，国家应该有所作为。

五 建立文物产权管理制度的经验借鉴

建立文物产权管理制度涉及产权的取得、确权登记、运营维护、转让、收益分配、处置等完整体系，难度很大，但并非天方夜谭，可以借鉴我国其他行业和国际文物行业的经验。由于篇幅有限，本文仅就文物产权管理最为迫切的国家土地和财政政策为例，对相关经验进行重点介绍。

其实，利用中央经费征收遗址土地在我国早有先例。秦始皇陵遗址在发现初期就十分重视征地保护工作，并得到国家支持。1984 年，国家计委指出"秦陵在我国历史上具有特殊价值，对秦陵应给与特殊地位"，随后拨专款920 万元一次性统征已探明遗址土地484 亩，从根本上解决对秦始皇陵文物核心区的人为破坏[22]。1999年，陕西省政府再次报请国家对秦始皇陵外城内 193.47 公顷[23]范围进行保护性征地并得到批准。秦始皇陵遗址风貌一直得到较好保护，与其土地产权问题得到较好解决不无关系。遗憾的是，秦始皇陵的经验并未上升到制度层面，难以复制。因此，我们只得参考其他行业与国外的制度经验。

我国在交通、能源、水利等重点行业，对相关土地征收与移民安置都有国家土地和财政政策的特别支持。文物保护同样关乎国计民生，也理应得到国家专项土地和财政支持，为地方政府提供坚强后盾。

针对行业用地的国家政策。早在1992 年，原铁道部与国家土地管理局[24]就联合颁布《铁路用地管理办法》，对铁路用地的规划、建设、利用、保护和管理做出明确规定，其中明确："铁路用地属于国家所有，由铁路部门利用和管理，受国家法律保护"（第三条），并对铁路用地分类、建设用地征（拨）土地费用、铁路用地利用规划和年度计划报备、土地登记、铁路沿线两侧用地的利用、用地执法和争议处理等作出具体规定。

征地拆迁安置的中央经费政策。水利是农业的命脉，近年国家重点支持"三农"，每年安排中央水利投资 1000 亿元以上，其中"新增建设用地有偿使用费等用于农田水利建设的投入也有较大规模的增加"[25]。在以中央投入为主体的水利工程建设中，建设征地和移民安置是工程概算的三大内容之一[26]。例如"经国家正式批准的三峡工程初步设计静态概算（1993 年价格）为900.9 亿元。其中枢纽工程投资500.9 亿元，水库淹没处理及移民安置费用400 亿元"[27]。

土地指标的国家优惠政策。国土资源部《土地利用年度计划管理办法》（2006年修订）明确规定：国务院及国家发展和改革等部门审批、核准和备案的能源、交通、水利、矿山、军事设施等独立选址的重点建设项目，新增建设用地计划指标不下达地方，在建设项目用地审批时直接核销（第四条第二款、第十条第二款、第十二条第二款）。

国际上，开发建设同样是文物保护的最大威胁。西方国家从土地增值收益分配理论[28]出发，制定一系列土地和财税政策，在因社会公共资源投入而获利的土地权人与因维护社会公共利益而受损的土地权人之间进行利益再分配。各国在中央（联邦）层面的财政和土地制度并不罕见，如意大利、法国、美国和日本。在美国、英国等国家，政府（公有）文物财产都有明确的产权登记和资产管理职责，由文物保护专业机构提供业务指导。

国家专项基金用于土地保护。美国国家公园管理局代表联邦政府受托管理401处国家公园，49处遗产地区，68561处考古遗址，27000处历史建筑，1.216亿件博物馆藏品，拥有34万平方公里土地所有权[29]。为尽守法律赋予的"保护和保存国家公园体系内的资源和价值不受侵害"职责，国家公园管理局认为"当公园范围内存在非联邦土地时，收购这些土地和/或相关权益可能是保护管理自然文化资源的最佳方式"，其次是与土地所有者签署合作协议，最后才是依靠土地利用规划加以约束[30]。管理局可以申请联邦政府"水土保持基金"，经国会批准后收购公园内的非联邦土地。在有些情况下"当公园以外土地上的开发活动威胁过于严重时，国会可以、也的确批准过扩大公园范围将受到威胁的土地予以征收"[31]。2012年管理局获得1.019亿美元联邦资金用于土地征收，2013年预算为1.194亿美元[32]。

六　加强文物产权管理制度建设的初步建议

建立文物产权制度，是改革和完善错综复杂文物管理体制机制的万法之宗。健全国有文物资产管理职能，强化国有文物资产取得与保持的资源调配手段，形成文物资产确权登记评估转让等法定机制，对文物工作具有"润物细无声"的长久益处。文物工作中长期存在的难点问题，诸如健全文物法规，落实文物执法督察，转变文物行政职能，建立文物社会机构法人治理机制，鼓励和规范市场参与，加强文物基础工作和基础能力建设，提高文物日常维护与运营管理水平，保障文物合理利用与文化产业发展的健康有序可持续，都离不开完善的文物产权管理制度。

文物产权制度的建立，涉及文物财产的取得、维护、使用、转让、处置等各种行为中的产权登记、评估、检查、监督等管理环节和资金保护机制，需要开展大量调查研究工作。对于大遗址保护工作而言，至少有两个方面的工作亟需得到国家文物行政部门的优先推动。

文物确权是文物产权管理制度的首要环节。对于不可移动文物，特别是分布分散、管理分散的大遗址而言，积极参与全国不动产统一登记非常重要。建议由国家层面组织协调，将不可移动文物作为特殊内容纳入不动产统一登记，并争取与国土资源部联合发布政策性文件，指导和支持各地文物部门与国土部门做好文物产权登记工作。

土地政策是保护遗址类国有文物的核心制度。土地政策涉及国土规划、用地指标和巨额资金投入，对于遗址规模巨大而当地居民生产生活情况复杂的部分地区，地方政府仅凭自身协调很难解决。对此国家应参考其他重点行业和其他国家的做法，给予文物保护特殊的土地和财政政策支持，或调整现有中央财政文物保护专项经费的使用限制，或增设文物产权保护性征收专项基金，用于遗址土地征收、居民补偿和移民安置，让殷墟这样的遗址得到持续的保护，让遗址地的居民不再为追求生活条件的改善而付出违法的代价。

[1]　本文为国家社科基金重大项目"大遗址保护行动跟踪研究"（11&ZD026）阶段性研究成果。

[2]　桂娟《私搭乱建蔓延 河南殷墟遭有史以来最大规模破坏》，新华网，2014 年 2 月 26 日；侯伟胜《安阳殷墟内村民建房被指"破坏文物"村民感委屈》，中国新闻网，2014 年 2 月 28 日。

[3]　国际古迹遗址理事会《考古遗产保护管理宪章》（1990），第二条。

[4]　同上，引言部分。

[5]　单霁翔《大型考古遗址公园的探索与实践》，《中国文物科学研究》2010 年第 1 期。

[6]　桂娟《私搭乱建蔓延 河南殷墟遭有史以来最大规模破坏》，新华网，2014 年 2 月 26 日。

[7]　国家文物局、财政部颁发《"十一五"期间大遗址保护总体规划》（文物办发 [2006] 43 号），主要内容和任务有四项：初步完成大遗址保护管理体系建设，包括开展大遗址保护专题立法及宣传，完善大遗址的"四有"建设；编制重要大遗址保护规划纲要和保护总体规划；继续实施中央主导和引导的大遗址保护示范工程，将具有普遍指导性意义的保护理念和技术运用于大遗址保护实践；建成 10～15 个大遗址保护展示示范园区（遗址公园）和一批遗址博物馆。

[8]　单霁翔《大型考古遗址公园的探索与实践》，《中国文物科学研究》2010 年第 1 期。

[9]　所谓"五纳入"，是指《国务院关于加强和改善文物工作的通知》（国发 [1997] 13 号）文件中的要求，即"各地方、各有关部门应把文物保护纳入当地经济和社会发展计划，纳入城乡建设规划，纳入财政预算，纳入体制改革，纳入各级领导责任制"，以"建立适应社会主义市场经济体制要求、遵循文物工作自身规律、国家保护为主并动员全社会参与的文物保护体制"。

[10]　1994 年我国实行财税分权以来，存在着严重的中央与地方财政收入与财政支出责任不对等状况。财权层层向中央集中而事权层层向地方下放，地方政府特别是县乡政府履行基本职能面临巨大的财政压力。通过土地开发增加财政收入的"土地财政"现象普遍存在，使地方政府成为最积极的土地开发商。相关文献见孔善广《分税制后地方政府财事权非对称性及约束激励机制变化研究》，《经济社会体制比较》，2007 年第 1 期；吴群、李永乐《财政分权、地方政府竞争与土地财政》，《财贸经济》2010 年第 7 期；Chunli Shen, Jing Jin, Heng–fu Zou, Fiscal Decentralization in China: History, Impact, Challenges and Next Steps [R], World Bank Research Group, 2006 等。

[11]　殷墟管理处《殷墟遗址保护利用的探索与实践》内部资料，2012 年。

[12]　代表性成果可见郑玉歆、郑易生主编《自然文化遗产管理——中外理论与实践》一书中的相关论文，如张晓《遗产资源所有与占有：从出让景区开发经营权谈起》，彼德·福希斯《所有权与

国家公园的定价：澳大利亚的经验》等，社会科学文献出版社，2003 年；叶浪《旅游资源经营权论》，四川大学博士论文，2004 年；许抄军等《古村落民居保护与开发的产权分析》，《衡阳师范学院学报》（社会科学）2003 年第 4 期；屈茂辉《关于物权法制定中动产所有权原始取得方法的探讨》，《湖南师范大学社会科学学报》1997 年第 3 期等。

[13] 刘世锦《关于产权的几个理论问题（上）》，《经济社会体制比较》1993 年第 4 期。

[14] 国际上，一些与文物保护相关的国际宪章、国家或地区法律即以文化财产指称文物或文化遗产，如联合国教科文组织制定的《关于发生武装冲突下保护文化财产的公约》（又称《海牙公约》，1954）；《关于禁止和防止非法进出口文化财产和非法转让其所有权的方法的公约》；《意大利文化与景观遗产法典》（2004）规定，文化遗产由文化财产和景观资产组成（第二条）；《日本文化财保护法》等。

[15] 《中华人民共和国物权法》（2007），第二条。

[16] 王勇《完善各类国有资产管理体制》，《经济日报》2012 年 11 月 19 日。同样的分类也可见于马俊驹《国家所有权的基本理论和立法结构探讨》，《中国法学》2011 年第 4 期。马文根据《物权法》的国家所有权列举内容将国有财产按其不同的经济和社会功能进行分类，归纳为（1）国有自然资源，如矿藏、水流、海域、城市土地、无线电频谱资源，以及属于国家所有的森林、山岭、草原、荒地、滩涂、野生动植物等；（2）国有公共用财产，如国家所有的铁路、公路、电力设施、电信设施、体育和娱乐设施、油气管道设施和国家机关财产、国防财产等，以及国家兴办的学校、医院、公园、研究机构、博物馆等事业单位的财产；（3）国有营运资产，是指那些能够由国务院和各级政府代表国家用以出资并取得收益的财产。其中博物馆只是作为事业单位的财产，博物馆收藏的文物显然并不包括在内。

[17] 自然资源除土地分为国有和集体所有外均为国有。

[18] 此处文物藏品是否包括单位土地使用权登记范围内的古建筑、遗址等不可移动文物不甚明确，文物事业单位是否计入固定资产，如何计量固定资产帐面价值仍需调研。

[19] 财政部《行政单位国有资产管理办法》（财政部令第 35 号），《事业单位国有资产管理办法》（财政部令第 36 号），2006 年。

[20] 具体分析见中国文化遗产研究院《中国文物工作研究报告》（2012）（2013 年 9 月 6 日，内部报告）中篇"资源分配倒置，机构建设和人才队伍不匹配"一节。

[21] 刘庆柱《秦始皇陵遗址公园建设的思索》，《群言》2003 年第 7 期。

[22] 摘自陕西省人民政府《秦陵博物院项目建议书》，2002 年。

[23] 刘庆柱《秦始皇陵遗址公园建设的思索》，《群言》2003 年第 7 期。

[24] 已于 1999 年机构调整中变更为国土资源部。

[25] 据 21 世纪经济报道，中央水利建设投资 2011 年完成 1141 亿元，2012 年预计投入 1400 亿元，http：//jingji. 21cbh. com/2013/10 - 24/xMNjUxXzg3OTgxMA. html

[26] 见国家经济贸易委员会公布的《水电工程设计概算编制方法及计算标准》（2002），第 2.1.1 款规定："水电工程建设项目划分为枢纽建筑物、建设征地和移民安置、独立费用三部分。"

[27] 中国长江三峡集团公司官网 http：//www. ctgpc. com. cn/sxgc/newsdetail2. php

[28] 西方土地增值收益研究认为，当代城市规划和政府基础设施建设投资对土地增值的贡献很大。该部分属于公共收益，应由政府获取并用于公共事业，而不应由私有土地所有权人全部获取。土地增值收益重新分配，是社会公共利益和可持续发展的重要保障。参见刘守英《直面中国土地问题》，待出版，2014 年。

[29] 数据来源：美国国家公园管理局网站，网站内容注明为 2008 年底数据。

[30] National Park Service，Management Policies 2006，www. nps. gov/policy/MP2006. pdf

[31] Joseph L. Sax，Buying scenery：land acquisitions for the National Park Service，Duke Law Journal，1980：709

[32] 数据来源：美国国家公园管理局网站 http：//www. nps. gov，2014 年 4 月 25 日查询。

长城概念的认定方法

——兼谈《长城保护条例》的适用对象

张依萌

（中国文化遗产研究院）

摘　要： 本文通过对几种长城认定标准，以及对当前长城概念的主要争论进行分析探讨，提出了认定长城概念的方法问题，并将长城的概念划分为两个层面。第一层面的长城认定，以学术研究为目的，这一层面的长城概念属于历史文化的范畴。历史文化层面的长城，应该包括中国历史疆域内用于政权之间防御的古代线性军事工程。其构成包括城墙及墙体设施、壕堑、关堡、敌情侦查与预警系统、辅助防御设施。第二层面的长城认定，则以长城的保护管理为目的，这一层面的长城则属于文物的范畴。保护管理层面的长城概念，应当涵盖中华人民共和国境内的长城资源。包括现存的古代或近代修建的线性军事工程遗存及相关设施、与之有密切关系的历史城镇和村庄、地理环境等共同构成的文化与自然遗产。

关键词： 长城　认定标准　历史　管理

一　长城的认定标准问题

学术界对于长城的认定并无明确统一的标准，或以文献记载，或以遗迹的建筑形态，或以功能为依据，或同一定义中，几种标准兼而有之。

我们认为，尽管历史文献是长城概念的渊源，但长城的认定不宜以文献记载为标准，因其所指过于狭窄，且自身标准就不统一。如秦《战国策》将长城与"钜防"并称，宋太宗诏定"潴水为塞"时有云："筑长城，徒自示弱，为后代笑。"是就其地理位置与建筑形式而言。到了明代，《全辽志》等文献在计算边墙长度时则明确将自然险隘归入其范畴。汉蔡邕《难夏育上言鲜卑仍犯诸郡》有"秦筑长城，汉起塞垣"之论，则又以时代作为区分，将汉塞看作与长城并立的建筑类型。《文选·鲍照〈东武吟〉》记载："始随张校尉，占募到河源；后逐李轻车，追虏穷塞垣。"（唐）张铣注释："塞垣，长城也。"据此，则唐人将长城、塞垣视为同一概念。此外，长城在明代改称"边墙"，如果以"长城"二字作为认定长城的标准，则现存最好、类型最为丰富的明长城将要被排除在长城的概念之外。《康熙朝实录》载："至于甘肃、凉、庄一带南山，原无边墙，俱系铲山掘壕为陡岸作界。"又将山险墙与边墙相区别。由此看来，若以文献为标准认定长城，则势必造成概念混乱。

此外，若以建筑形态为认定长城的依据，虽然可以最大程度涵盖长城的概念，但势必忽略长城建筑与其他线性军事工程的区别，抹杀其特殊性。因此，我们认为认定长城应当从建筑形态与功能两个层面综合考虑。

通过分析，我们可以将历代线性军事工程按照上述两个标准分类如下：

建筑形态上，可分为墙体及墙体设施、壕堑、关堡、敌情侦查与预警系统、辅助防御设施五类。争论焦点有二：一是自然险是否属于长城；二是壕堑是否属于长城。在功能上，或者说防御性质上，可分为外防、内防两种。外防，即政权之间的相互防御。内防分为民族区域隔离、叛乱防御。争论焦点也有二：一是地方政权修建的用于防御中央政权或中原政权的线性军事工程是否属于长城；二是用于内防的线性军事工程是否属于长城。

二　历史文化层面的长城概念认定

根据清华简《系年》第二十章的记载："晋敬公立十又一年……齐人焉始为长城于济，自南山属之北海。"晋敬公十一年即公元前441年。此为关于长城出现时间最早的文字记载。此后，长城的修建几乎贯穿整个中国历史。关于长城修建的最晚记载，见于左宗棠《西四城流寓各部落分别遗留并议筑边墙片》奏疏。疏云："若南自英吉沙尔……改筑边墙，于要冲处间以碉堡，则长城屹立，形势完固。"时惟光绪四年（1878）。据此，我们选取公元前5世纪至19世纪作为长城概念的取值范围。

在历史文化的层面上，具体到长城建筑而言，根据历代线性军事工程的特点及各家观点的总结，中国古代"大一统"时期中央政权（包括秦汉、隋唐、明代）在北方边境地区修建的以人工墙体为主的线性军事工程，是众人认同的长城概念，姑且命名为"典型长城"。

在建筑类别层面上，有学者认为长城沿线的自然险阻当被排除在长城概念之外。

笔者不以为然。首先，长城建筑的原则在于因地设险。自然险阻是长城人工建筑的依托，也是其功能发挥的基础。第二，在古人的观念中，就有以自然险阻作为长城组成部分的证据。《全辽志·边防志》在描述明代辽东边墙铁场堡至锦川营小河口台一段塞防时曾列举各类墙体长度："共二万五千二百丈土墙九千五百二十丈石墙九千二百五十丈木柞河口二千八百七十丈山险无墙三千五百六十丈。"据此计算，"山险无墙"段的长度是明确被计算在内的。因此，至迟在明代，已将自然险阻看作长城的一部分。若自然险阻可以纳入明长城的范畴，则其他时代与长城人工墙体相接的自然险阻并无排除之理。

关于壕堑的问题，以景爱先生为代表的一派意见坚持认为，这些长壕并不属于长城的范畴。就目前所掌握的实地调查材料来看，所谓"壕堑"散见战国、秦汉、北宋、辽、金等朝代的线性军事工程中，而以后三者最为常见。之所以有此争论，一是由于先前考古工作的不到位，二是文献所见古人观念与对线性军事工程称谓不一致。

依照字面意思解释，"壕"、"堑"均指向下挖掘的建筑形式，但具体到线性军事工程所指，并不尽然。目前已发现的壕堑，可分两类，一类与线性军事工程中的人工墙体首尾相接，另一类则与墙体并行。前者因地制宜，与墙体融为一体，或可看作山险墙的一种；而后者，与墙体相辅相成，在功能上二者仅有主次之分，并无本质区别。例如，分布于黑龙江[2]、内蒙古[3]等地的金界壕，沿线多见夯筑墙体，墙上甚至有数千座马面清晰可见。又如，位于吉林省境内的延边边墙，墙体高耸，遗迹清晰，据考古研究考证为金代修筑[4]。但《金史》同样只描述了"浚界壕"一事，而对于城墙的修筑记载则语焉不详，其与界壕的关系亦不明确。据此推知，《金史》对于金代线性军事工程，通以"界壕"相称。

从防御性质方面，除大一统王朝中央政权所建造的外防性线性军事工程外，春秋战国、南北朝、隋唐地方政权以及辽代建立的线性军事工程，因文献明确称其为"长城"，且有考古材料相印证，因此学界也无甚异议。争论较多的为宋、西夏、后金、清等朝代所建立者。审视前二者的性质，皆属于政权互防。所不同者，一是工程修建时政权之间的关系；二是文献有无明确记载。宋代"水长城"以水道为防线，材质与典型长城迥异，但作为边境大防，无论军事功能还是寨堡、烽燧的设置，都无法与长城截然分开。西夏长城，文献无明确记载，但考古材料与学者考证较为详细，现存遗迹从建筑形式与功能上，与长城并无不同，且在线路的选择上，很可能沿用了汉代长城[5]，因此也应纳入长城的范畴。

后金、清代线性军事工程性质较为复杂。建筑上可分为两大类，一为沿用前代，一为新修。沿用者包括对战国齐长城的重新利用以及对明代边墙的全面整修利用；新修者包括辽东、陕南、鄂西北以及山西省黄河东岸、新疆等地新修的边墙。其长度相加，超过千里。防御对象上，则可分为外防、内防两类。用于外防者，主要是后金政权入关之前在辽东地区兴筑的用于防御蒙古与明朝的边墙。其余部分学界一般全部归为内防，即防御政权内部的叛乱势力。笔者认为，长城的概念不宜无限扩大，以内防为目的的线性军事工程其性质与外防工程迥异，不能作为长城来看待。因此，后金、清代修建的线性军事工程中，防御明朝的部分，应当纳入长城的范畴，而其他部分则应当排除。同理明代"苗疆边墙"亦当排除。

综上所述，历史文化层面的长城，应该包括中国历史疆域内用于政权之间防御的古代线性军事工程，其始建年代不晚于战国（约公元前 5 世纪），结束修建的年代不早于明朝灭亡（1644）。其构成包括城墙及墙体设施、壕堑、关堡、敌情侦查与预警系统、辅助防御设施，具有人工与自然相结合、点线结合、纵深梯次的特点。

三 保护管理层面的长城概念认定与《长城保护条例》的适用对象

需要说明的是，保护管理层面的长城概念以历史文化层面作为基础。由于目的不同，保护管理层面的长城与历史文化层面的长城也就截然不同。后者就功能而论，是军事工程；而前者是文化遗产资源。因此，这里我们要讨论的是长城资源的构成问题，认为长城资源至少应包括长城本体、长城相关遗存、类长城遗存三个部分。

长城本体遗存属于文物古迹。作为文物的长城，城墙及墙体设施、壕堑、关堡、敌情侦查与预警系统、辅助防御设施等可以被称为长城本体。其内容并不局限于文献与考古研究所印证的部分，还应当包括消失段落的走向线路。对这部分内容的保护，即是对长城遗产体系完整性的保护。

除此之外，长城沿线一些重要的遗迹，虽然并不与长城本体一样直接发挥军事功能，但与长城关系十分密切。包括城墙之上的城楼、铺舍、暗门、水口、水关等非军事设施、用于军事交通的运河[6]、驿传系统，作为后勤保障的屯田，与长城修建直接相关的砖瓦窑、关堡内的衙署、庙宇等公共建筑、戍卒墓葬等等，这些内容应属于长城相关遗存。

长城包含了文物的多重价值。《中华人民共和国文物保护法》第二条将文物分为五大类。其中："（一）具有历史、艺术、科学价值的古文化遗址、古墓葬、古建筑、石窟寺和石刻、壁画；（二）与重大历史事件、革命运动或者著名人物有关的以及具有重要纪念意义、教育意义或者史料价值的近代现代重要史迹、实物、代表性建筑。"上述两条被归为不可移动文物,为长城所适用。

长城作为文物,主体部分分属古建筑、古遗址两大类。在长城建筑之上,常见古人镌刻的石质匾额、记工碑、界碑等,已与长城建筑融为一体。因此,长城文物又包括了石刻。

长城作为一项军事工程,直至20世纪三四十年代仍在发挥军事功能。1933年,宋哲元将军所部曾与日军激战于长城沿线,并利用明长城义院口、冷口、喜峰口、古北口、罗文峪、界岭口等重要关隘设防据守。京北"高楼长城"敌台至今可见当年留下的机枪弹孔,河北抚宁县境界岭口附近敌台内壁还留有日本侵略者占领时留下的题刻。因此,长城的这一部分遗产当属于"与重大历史事件、革命运动或者著名人物有关的以及具有重要纪念意义、教育意义或者史料价值的近代现代重要史迹"。

作为世界遗产的长城,其概念更加宽广。目前国内外其他主要的文化遗产保护文件中,尚无一种遗产类型能够概括长城的全部价值。

1964年通过的《关于古迹遗址保护与修复的国际宪章》强调"历史古迹的概念不仅包括单个建筑物,而且包括能够从中找出一种独特的文明、一种有意义的发展或一个历史事件见证的城市或乡村环境"[7]。长城遗产的文化景观体现了中国古人的世界观。通过对长城选址、规模、建设理念等的研究,能够使我们更好地理解中国文化。

长城不是"死"遗产,其沿线2000余座关堡当中有相当一部分从古至今都是人口聚居地区,其中又有很多保留了延续数百年的街巷布局与传统民居建筑群。宋代"水长城"、明代辽东镇"路河"作为长城的组成部分,虽然最初是以军事目的而兴修,但在和平时期也作为运河发挥着民间交通与商业往来的功能,成为国家或地区经济与文化交流的纽带。

比照《实施世界遗产公约的操作指南》的标准,长城的概念覆盖了文化景观、历史城镇、传统运河与遗产线路四种遗产类型,甚至还包括自然遗产的某些元素[8]。长城规模宏大、内涵复杂、特殊。《长城保护条例》的颁布是对长城特殊属性与特殊价值的强调与肯定。我们应当最大限度地将与长城有关的遗存纳入保护管理。其对象应当是全部长城资源。在历史文化层面被排除在外的那一部分线性军事工程,可称为类长城遗存,同样属于长城资源。

作为文物建筑,从形式上看,这些非长城线性军事工程的形式与长城并无二致,其中相当一部分直接沿用了旧有长城的遗迹,如清代就曾对明长城进行全面的修缮与利用，虽然功能性质发生了根本变化，但从建筑的形态、种类、尺度等都与明长城完全相同，二者已无法截然分开。一些重要的关口，如山海关、嘉峪关城楼则全部为清代重建[9]。我们不能只保护明代遗存，而把形制完全相同的清代遗存弃置不顾。《长城保护条例》的适用范围也不应局限于长城本身，还应包括非长城线性军事工程。

此外，在长城资源调查过程中，各地均发现时代和性质不明的线性军事工程遗存。由于长城规模异常庞大，对于这部分遗存，应当先保护，后研究，留待日后渐行甄别。

同时，我们还应当注意到与长城相关的文献，包括经史子集等传世文献、青铜器铭文、简牍等出土文献，以及从古至今以长城为主题的文学作品等不可移动文物，为我们提供了关于长城的丰富历史记录，这些也属于长城资源的组成部分，并且充分符合《文物保护法》第二条"（四）历史上各时代重要的文献资料以及具有历史、艺术、科学价值的手稿和图书资料等"的规定。还有比长城本身更为重要的——生活在长城脚下的人，他们口耳相传的关于长城及其守卫者、入侵者的传说、他们的宗教信仰、生活习俗、地方戏曲等等。

从《长城保护条例》的内容看，其主要针对的是作为不可移动文物的长城本体。而上述内容或属于可移动文物，或属于非物质文化遗产，均不适用于《长城保护条例》。这一部分内容，我们建议在《长城保护条例》中加入相关内容，或制定专门的《长城相关遗产保护条例》对其进行保护管理。

综上所述，保护管理层面的长城概念应当包括中华人民共和国境内的长城资源。包括现存的古代或近代修建的线性军事工程遗存及相关设施以及与之有密切关系的历史城镇与历史村庄、地理环境等共同构成的文化与自然遗产及其景观。始建年代不晚于公元前5世纪，结束修建的年代不早于1878年。

谨以此文纪念《威尼斯宪章》颁布五十周年。

［1］ 李学勤等《清华大学藏战国竹简》（贰），上海文艺出版集团、中西书局，2010 年。

［2］ 黑龙江省长城资源调查队《黑龙江省长城资源调查工作收获体会》，《长城资源调查工作文集》，文物出版社，2013 年，77 页。

［3］ 内蒙古自治区长城资源调查队《内蒙古自治区长城概况及保护工作报告》，《长城资源调查工作文集》，文物出版社，2013 年，59 页。

［4］ 吉林省长城资源调查队《发现与探索——吉林省长城资源调查总览》，《长城资源调查工作文集》，文物出版社，2013 年，72 页。

［5］ А·А·科瓦列夫、Д·额尔德涅巴特尔《蒙古国南戈壁省西夏长城与汉受降城有关问题的再探讨》，《内蒙古文物考古》2008 年第 2 期。

［6］ 张士尊《明代辽东路河考》，《东北史地》2008 年第 5 期。

［7］ 第二届历史古迹建筑师及技师国际会议《关于古迹遗址保护与修复的国际宪章》（《威尼斯宪章》），威尼斯，1964 年。

［8］ 联合国教育、科学及文化组织保护世界文化与自然遗产的政府间委员会《实施世界遗产公约的操作指南》，巴黎，2007 年。

［9］ （清）许荣等《甘肃通志》卷三十：镇绥将军潘育龙"捐资修复嘉峪关七层城楼"，商务印书馆（台湾），1986 年。

文化遗产国际原则与新型遗产保护思路研究

——以地方实践活态遗产理论为例

刘彦伶

（清华大学建筑学院）

摘　要： 从《威尼斯宪章》开始，人们关注到人类价值的统一性，并把古代遗迹看作共同遗产，为后代保护这些古迹是人类的共同责任。这意味着将它们真实地、完整地传承下去是我们的职责。自《奈良真实性文件》之后，许多学者越来越意识到小区和文化传承的价值远远超过传统既有的价值，例如历史价值、纪念价值与艺术价值。而传统的保护决策模式（CA，VBA，IHA）已经不能满足这一趋势。因此，由 ICCROM 于 2009 年创立一种新的以关心遗产地居民（核心社群）活态维度为主的遗产理论，即活态遗产保护理论（LHA），一种新的文化遗产保护决策模式。对于考察新决策模式思路是本文研究的重点，本文主要分为三个部分：首先介绍"活态遗产理论"决策模式的概念、体系、原则以及界定范围。将定义其关键保护原则，梳理活态遗产理论与其真实性原则的发展脉络，并针对保护原则的标准变化进行阐释与评价。其次，以活态遗产保护理论决策模式为基础探讨其保护的核心，例如重视遗产地居民（或是简称为核心社群）的活态维度，亦可解释为一种源自于遗产地核心社群所重视的核心文化以及核心空间。此保护理论将赋权于遗产地核心社群作为保护中最重要的原则。而关于遗产价值中所谓的真实性，在这决策模式下将以来自遗产地核心社群文化体系中的内在评价标准为主，即遗产地精神。一种能代表遗产地核心社群传统的、民俗的活动或仪式，甚至是具有信仰基础的朝圣历程（提供参与者深刻的精神体验）。将通过莫斯塔尔、波斯尼亚和黑塞哥维那实际案例中对真实性问题的探讨，提取抽象标准来解释活态遗产保护理论中关于真实性的实质含义。最后，采用 2014 年 5 月 5 日、6 日由清华大学国家遗产中心以及中国古迹遗址保护协会所举办的纪念《威尼斯宪章》50 周年系列活动——文化遗产保护国际原则和地方实践国际研讨会的部分观点，阐释文化遗产国际原则中的真实性。并以被列入世界文化遗产名录武当山古建筑群之遇真宫保护规划为例，试图将活态遗产保护原则的框架等内涵运用到国内的文物保护实践案例。

关键词：活态遗产保护理论　生态补偿　连续性　利益相关者

一　概念界定

在人类历史更迭变化下，劫掠殆尽是战争进程中习以为常的事。论古今中外掠夺者野心，不乏有些人在毁坏之先，便将具有价值的文化财产占为己有；将战利品作为胜利之时的炫耀之物，例如古罗马时期，惯常展示掠夺来的艺术品作为庆祝战争胜利的一种方式。另外，在拿破仑战争时期，亦曾发动不少扩张领土、掠夺大量珍贵文物的行动，包含当时法国军队在欧洲搜罗各种珍品，将这些具有艺术价值的文化财产进行前所未有、具有明确组织性的掠夺。当时，甚至是几千吨的艺术珍品就这样从一座座被征服过的殿堂、图书馆以及天主教教堂中运出，移至巴黎。其中最重要的掠夺依据为1794年5月法国公共安全委员会设立贸易与供应委员会专门负责掠夺比利时的艺术品。同年5月在法国所建立的艺术委员会设置了一所分机构，以"收集、整理法国将要入侵的国家的主要艺术品目录"为核心。1795～1815年期间，比利时（当时荷兰称之为尼德兰王国）由法国占领统治。军队在第一次入侵以掠夺金、银等贵重金属为主的同时，也掠夺了1500张珍贵手稿，而第二次入侵就以掠夺艺术珍品为主要；1796～1797年，入侵意大利；1798～1799年，入侵埃及；1806～1807年，入侵普鲁士；同年1806～1813年，入侵奥地利、意大利（威尼斯、罗马）、西班牙、葡萄牙；1812年，入侵俄罗斯。其野蛮行径震惊欧洲各地，反观入侵历史一战至二战仍是如此。

于是对文化财产的关注就在这样冲突基础下产生。战争对于各民族具有崇高意义的文物及艺术珍品产生了极大的影响；严重的毁损集聚人类智慧、历史、文化，与寄托民族精神之文化财产，是一种具有毁灭性的行为，是人类文明巨大浩劫。

1. 何谓文化遗产国际原则

1792～1815年间，欧洲各国为了对抗新兴法国势力而结为同盟，称为反法同盟。虽说起初的共识以对抗法兰西第一共和国为主，但随之而来由拿破仑所带领的法兰西帝国却成为反法同盟的头号敌手。在反法同盟与其进行长达二十多年战役屡屡皆败的情况下，法兰西帝国遂成为欧洲大陆的霸主，权倾一时。直到第六次反法同盟取得胜利，推翻以拿破仑为核心的帝国神话，复辟了法国波旁王朝；第七次则彻底击败了欲东山再起的拿破仑。战后，各国纷纷要求法国归还战时所掠夺的文物，并主张战时掠夺是非法之国际原则。同盟此举宣告了文物珍品对于每个民族具有无法取代的重要性。而拿破仑搜罗各种珍品的行为也间接的启动了欧洲各国对文化财产价值的认识以及日后文化遗产保护的策略。时至今日，因武装冲突所造成的严重毁损与流失之文化财产仍不在少数，是国际社会面临的突出性问题。因此，客观上来讲，将一战以前所建构的保护条约作适当的梳理，为理解文化遗产保护国际原则未来的趋势乃是必然的研究。

初以武装冲突情况下保护文化财产的国际法树立，于海牙公约（1899）条约中规定禁止战时轰击被标示为历史纪念物的建筑；禁止掠夺寄托民族精神的文化财产视为重要的基本原则。然而，到了罗里奇公约（1935）中，则强调无论是战时或平时都应给予尊重及保护。进而延伸了文化财产保护的概念，扩大保护的时间范围。通过逐次公约的确立渐而加强保护措施与完善法律规范，使文化遗产的概念在 1970 年以后得到迅速发展。故环视武装冲突情况下关于文化财产为起点的保护原则，仍是国际法中不可绕过的重要环节。

（1）始于武装冲突情况下的文化财产保护

国际法上有关文化财产条款的公约最早出现于 19 世纪末。1899 年 7 月 29 日海牙和平会议所签署的《陆战法规和惯例公约》（俗称海牙第二公约）和 1907 年 10 月 18 日签署同名为《陆战法规和惯例公约》（俗称海牙第四公约）。两次海牙和会均有条约涉及 "在战争期间" 占领地维护义务与易于识别的标志标明抢掠文化财产的规定。故在 1899 年海牙第二公约附件和 1907 年海牙第四公约附件《陆战法规和惯例章程》均在第二十三条规定："除各公约规定禁止者外，特别禁止毁灭或没收敌人财产，除非此项毁灭和没收是出于紧迫的战争需要。" 第二十五条规定："禁止攻击或轰击不设防的城镇、村庄、住所和建筑物。" 第二十七条规定："在包围和轰击中，应采取一切必要的措施，尽可能保全专用于宗教、艺术、科学和慈善事业的建筑物，历史纪念物。被围困者有义务用易于识别的特别标志标明这些建筑物或场所，并须事前通知敌方。" 第二十八条规定："禁止抢劫即使是突击攻下的城镇或地方。" 第四十六条规定："个人的生命和私有财产应受到尊重。私有财产不得没收。" 第五十五条规定："占领国对其占领地内属于敌国的公共建筑物、不动产、森林和农庄，只是被视为管理者和收益的享用者。占领国必须维护这些产业并按照享用收益的规章加以管理。" 第五十六条规定："市政当局的财产，包括宗教、慈善、教育、艺术和科学机构的财产，即使是国家所有，也应作为私有财产对待。对这些机构、历史性建筑物、艺术和科学作品的任何没收、毁灭和故意的损害均应予以禁止并受法律追究。"故这两个公约规定禁止攻击不设防的城镇和建筑，包括了对历史性建筑物的任何毁灭；在包围和轰击中应采取一切必要的措施，尽可能保全专用于宗教、艺术、科学的建筑物以及历史纪念物。另外，在章程中还规定了占领地内属于敌国公共建筑物的维护义务，包含市政当局的财产应作为私有财产对待。并且禁止战争期间抢夺财产，包括文化财产，无论这些财产属于私人所有还是国家所有。而且违反这些规定抢掠财产，故意损坏的人及政府应受法律追究。一些西方主要国家，如法、德、英、意、日、俄、瑞以及中国等均签署和批准了这两个条约，因此，其对这些国家发动或参与的战争是有法律拘束力的。

1935 年 4 月 15 日于华盛顿签署的《关于保护艺术和科学机构及历史纪念物条约》（俗称罗里奇公约，又称华盛顿条约）。笔者在 1954 年海牙公约的中文翻译数据见称其公约为华盛顿条约，但查明后发现与历史纪念物相关的条约中，以 1935 年由美国"罗里奇博物馆"首倡的公约最为著名，故于 1954 年海牙公约中提及的 1935 年 4 月 15 日的华盛顿条约应为著名的罗里奇公约（1935）。罗里奇公约提出在危险时保护构成民族文化宝藏的国家或个人所有的不可移动之纪念物。其宗旨在战时和平时尊重与保护文化宝藏。该公约在第一条规定："历史纪念物，博物馆，科学、艺术、教育和文化机构应视为中立，依此受交战国尊重与保护。上述机构之人员也应受同样尊重与保护。历史纪念物，博物馆，科学、艺术、教育和文化机构在平时及战时也应受同样尊重与保护。"第二条规定："上条所及纪念物和机构中立地位及由此对其尊重与保护适用于签约国和加入国主权范围内全部领土，不应对该纪念物及机构人员对国家忠诚有任何歧视。各国政府同意采用必要的国内立法措施确保上述保护与尊重。"内容中指出这些历史纪念物机构应视为中立，对于武装冲突情况下，无论是战时或平时都应给予尊重及保护，禁止对历史性建筑物的任何毁灭或故意损坏。

第二次世界大战爆发后，二战中法西斯国家大肆掠夺和毁坏被占领国的文化财产，促使在战后的 1954 年联合国教科文组织于海牙签订了《关于在发生武装冲突时保护文化财产的公约》（俗称海牙公约）。该公约基于 1899 年和 1907 年海牙第二和第四公约，以及 1935 年 4 月 15 日的罗里奇公约所确立的关于在武装冲突中保护文化财产的各项原则发展而来，并且认为在和平时期应采取国内和国际措施，以便于以上各项原则的实施。缔约各国决心采取一切可能步骤以保护文化财产。该公约在第一条规定："文化财产的定义，即对每一民族文化遗产具有重大意义的可移动或不可移动的财产，例如建筑、艺术或历史纪念物而不论其为宗教的或非宗教；考古遗址；作为整体具有历史或艺术价值的建筑群；艺术作品；具有艺术、历史或考古价值的手稿、书籍及其他物品；以及科学收藏品和书籍或档案的重要藏品或者上述财产的复制品。"随后，从文化财产的保护（对文化财产的保障和尊重）、设置的明显标记、特殊保护、运输等方面作了规定，并将其适用范围扩及缔约国内的非国际性冲突，同时在该公约第二十八条对违法者规定了缔约国承担的制裁义务，即"缔约各方承允在其普通刑事管辖系统内对违反或教唆违反本公约的任何人，不论该人属何国籍，采取一切必要步骤予以追诉并施以刑罚或纪律制裁。"该公约是第一个专门规定在发生武装冲突时如何保护文化财产的专用公约，海牙公约（1954）的产生使得文化财产保护在国际法上提高到一个新的阶段。

1970 年在联合国教科文组织主持下通过了《关于打击和防止非法进出口文化财产和非法转让其所有权的方法的公约》。该公约首先对"文化财产"下了一个明确的定义。即每个国家根据宗教的或世俗的理由，将明确指定那些具有重要考古、史前史、历史、文学、艺术或科学价值的财产。并与缔约国同时承诺，在本国建立一个或一个以上关于保护文化财产的国家机构，对一切有关文化财产的出口发放适当证件，采取必要措施。并且防止本国有关机构获取来源于另一缔约国非法出口的文化财产，对违犯公约规定者给予刑事或行政制裁等。

（2）始于国际主义人道法对宗教习俗的保护

以上几个公约是国际上目前保护文化财产的最重要的国际公约。此外，还有1949 年 8 月 12 日在日内瓦会议签署的《关于战时保护平民之日内瓦公约》（俗称日内瓦第四公约）以国际主义人道法约束战争和冲突状态下敌对双方行为规则，强调针对战争受难者、战俘、敌方平民应受到人道待遇。该公约首次就宗教习俗和文化遗产相关的保护内容在国际法中人道主义定下了标准。其中，第二十三条规定："各缔约国对于纯为另一缔约国平民使用之宗教礼拜所需物品之一切装运物资，均应许其自由通过，即使该另一缔约国为其敌国。"第二十四条规定："冲突各方应采取必要措施，俾十五岁以下儿童因受战争影响成为孤儿或与家庭分离者，不致无人照管，并使彼等之扶养，宗教与教育之进行，在一切情形下均获便利。彼等之教育，应尽可能委托于具有相似的文化传统之人。"第二十七条规定："被保护人之人身、荣誉、家庭权利、宗教信仰与仪式、风俗与习惯，在一切情形下均获便利。彼等之教育，应尽可能委托于具有相似的文化传统之人。"第五十三条规定："占领国对个别或集体属于私人，或国家，或其他公共机关，或社会或合作组织所有之动产或不动产之任何破坏均所禁止，但为军事行动所绝对必要者则为例外。"第五十八条规定："占领国应允许牧师对其本教教徒予以精神上之协助。"以上的条例皆为日内瓦第四公约人道法中组成部分，其内容涉及了宗教信仰上应尽给予人道上的尊重，私产破坏的禁止，宗教仪式活动给予便利，同意神职人员对教徒进行信仰上的协助等。由此可见本公约对于人类的人身安全、民族荣誉、家庭权利、宗教仪式和风俗习惯，及信仰予以尊重。是约束战争和冲突状态下敌对双方行为规则的权威法律文件。

（3）继《威尼斯宪章》后关于文化与遗产多样性原则的保护

1994年《奈良真实性文件》基于1964年《威尼斯宪章》精神之上加以延伸。在《奈良真实性文件》中提出其全球化影响下的世界，维护实务中必须考虑真实性的基本原则；并且重视世界的文化与遗产多样性的人类发展面向。其中特别需要重视"对其他文化及其信仰系统之所有面向加以尊重"以及"确保相关的价值是受到尊重的"以及"强调每一个文化遗产就是所有人的文化遗产，这一项联合国教科文组织之基本原则，是重要的事"等内容，在这样原则基础上探讨其经营管理的责任首应归属于其原有产生之文化社区。这体现出《奈良真实性文件》更加重视关心其文化社区。除此之外，其提出了文化社区需严守国际公约，并且以"不伤害到他们的基本文化价值"的前提之下为首要原则。另外，文件中关于史托维亚所提议，"以一种尊重文化与遗产多样性之态度来决定真实性之力"，并且"努力确保真实性的评估包含有跨领域合作与适当的利用所有可以取得之专门技术与知识"，确保相关价值，便于完整的、真正的来代表一个文化。在文化纪念物将清楚地记录其真实性之特殊本质，"以作为未来处置与监控之实用性指引，从变迁的价值与环境之观点努力更新真实性评估"。

另外，关于1964年5月25日至31日在威尼斯会议中所形成的文件《关于古迹遗址保护与修复的国际宪章》（《威尼斯宪章》）是当初由第二届历史古迹建筑师及技师国际会议中所通过的内容。此宪章准确订立关于文物古迹的保护原则，包含其保护的意义、保护的目的、真实性原则、价值保护原则、最小干预原则、可识别性原则、保护文物环境原则以及保护文物古迹的背景环境等方面作了规定。在该宪章保护文物环境的内容中，以第一条规定（国家文物局版本，下同）："历史古迹的概念不仅包括单个建筑物，而且包括能从中找出一种独特的文明、一种有意义的发展或一个历史事件见证的城市或乡村环境。这不仅适用于伟大的艺术作品，而且亦适用于随时光流逝而获得文化意义的过去一些较为朴实的艺术品。"将环境一词的概念作为"本体环境"[1]来看待所谓的文物古迹环境。然而，在宪章中第六条规定："古迹的保护包含着对一定规模环境的保护。凡传统环境存在的地方必须予以保存，决不允许任何导致改变主体和颜色关系的新建、拆除或改动。"第七条规定："古迹不能与其所见证的历史和其产生的环境分离。除非出于保护古迹之需要，或因国家或国际之极为重要利益而证明有其必要，否则不得全部或局部搬迁古迹。"将环境一词的概念阐释为"背景环境"来看待。两种不同方向的阐释直接影响了国内对于环境保护的定义，前者将其概念作为后来历史城镇与历史地段保护概念的核心；后者直接影响了 2005 年《西安宣言》关于环境保护在国际上的意义。该宪章在关于价值保护原则的概念上和文化与遗产多样性原则的保护相关的内容尚有第三条规定："保护与修复古迹的目的旨在把它们既作为历史见证，又作为艺术品予以保护。"第五条规定："为社会公用之目的使用古迹永远有利于古迹的保护。因此，这种使用合乎需要，但决不能改变该建筑的布局或装饰。只有在此限度内才可考虑或允许因功能改变而需做的改动。"第十一条规定："各个时代为一古迹之建筑物所做的正当贡献必须予以尊重，因为修复的目的不是追求风格的统一。当一座建筑物含有不同时期的重叠作品时，揭示底层只有在特殊情况下，在被去掉的东西价值甚微，而被显示的东西具有很高的历史、考古或美学价值，并且保存完好足以说明这么做的理由时才能证明其具有正当理由。评估由此涉及的各部分的重要性以及决定毁掉什么内容不能仅仅依赖于负责此项工作的个人。"故该原则指出古迹具有时间累加的特性，既为历史作见证又必须尊重各个时代的作品，还强调了使用古迹永远有利于保护、使用合乎需要等重要性。

由此看来，从威尼斯宪章开始，人们关注到人类价值的统一性，并把古代遗迹看作共同遗产，为后代保护这些古迹是人类的共同责任与原则。这意味着将它们真实地、完整地传承下去是我们的职责。自《奈良真实性文件》之后，许多学者越来越意识到小区和文化传承的价值远远超过传统既有的价值，例如历史价值、纪念价值与艺术价值。而传统的保护决策模式（CA，VBA，IHA）已经不能满足这一趋势。因此，由 ICCROM 于 2009 年创立一种新的以关心遗产地活态维度为主的活态遗产理论（LHA），文化遗产保护的决策模式。

2. 何谓新型遗产保护思路

要了解何谓活态遗产保护方法，首先介绍"活态遗产理论"的概念、体系、原则以及界定范围。将定义其关键的保护原则，梳理活态遗产理论与其真实性原则的发展脉络，并针对保护原则的标准变化进行阐释与评价。

（1）活态遗产保护方法的概念界定：

活态遗产保护方法（Living Heritage Approach）概念界定取自罗马 2009 年活态遗产保护方法手册，一个新的以关心遗产地的活态维度的文化遗产保护的决策模式。活态遗产保护方法中的 Living 一词为形容词，具有幸存或是尚在使用（或实施）的含义。heritage 一词为名词，即传统文化。活态维度，指涉及遗产地实际上跟人现存的日常生活有关的面向。活态遗产保护方法概念的发展：活态遗产保护方法（Living Heritage Approach）概念出现很晚，ICCROM 于 2002～2003 年提出。其具体概念虽出现得很晚，但对遗产活态价值的关注却由来已久。1877 年，莫里斯（William Morris）起草了《古建筑保护协会宣言》，认为建筑遗产所携带的艺术的、如画的（picturesque）、历史的、文物的（antique），或其他巨大的价值都值得我们去保护，这些价值正是人类保护建筑遗产的原因所在。大约在 14 世纪以前，对建筑遗产的保护多源于建筑的使用功能。到了文艺复兴时期，古典艺术受到广泛的重视，遗产保护开始关注遗产的艺术价值。在 18 世纪下半叶，工业革命带来社会生活的巨大变迁，怀古之情（nostalgia）使人们更多关注遗产携带的历史信息与记忆信息，转而关注遗产的历史价值；那时还未有过关于活态遗产（Living Heritage）概念出现。一直到了 19 世纪末，人们试图解决纪念物修复（restoration）与保护（preservation）的争论。因此，逐步将过去的建筑作品大致地分为"已经死去的（dead）"与"活态的（live）"两类。那时对建筑遗产的认识更多局限于纪念物，以纪念物泛称各种建筑遗产。拉·克洛凯（L. Cloquet，1894）将活态纪念物（Living Monuments）定义为仍旧为社区所使用的建筑，例如主教堂、宫殿与住房等。其"使用价值"为这种活态纪念物类型中重要的价值，对这类型建筑物的保护与修复，其目的着重在功能使用上的延续。因此，实用价值的探讨逐步区分了活态纪念物以及已死去的纪念物两类，其使用价值的意义越来越受到人们的关注。总的来说，20 世纪的保护理论，尤其是对建筑遗产的类型划分是根据某种遗产最为突出的价值。针对不同的价值，不同遗产的保护手段与目的各不相同。而使用价值成为活态纪念物的一个重要的表征，作为早期人们关注具有纪念价值与艺术价值的建筑遗产的一个重要的突破。然而，对历史价值的关注与一般历史建筑的延续性也受到重视，其中包括作为当代使用空间的遗产功能的延续。综上所述，20 世纪初期即出现了活态纪念物的遗产类别，遗产的活态性与功能性在遗产理论中的阐释并不少见，但未能就此提出活态遗产（Living Heritage）的概念并将之划为一种独立遗产的类型。

在国际上所提到关于活态的定义。国际古迹遗址理事会（ICOMOS）加拿大前主席狄努·邦布鲁（Dinu Bumbaru）在会议中以"全球的妙计，和国家组织方，和与当地居民的活动关联及使用的特许，和宪章与其他保护指导文件"为主题，在会议的一开始谈到保护需重视一个整体性的"保护生态系统天平和规则"（Conservation Ecosystem Scales & Roles）其内容需包含有全球化、国家层面、当地居民、个人四种视野。全球化（global）所指的面向是从灵感妙计（inspiration）、团结一致

（solidarity）、人性化（humanity）三个角度入手；而国家层面（national）则重视组织（organisation）与社会（society）两项指标；当地居民（local）则强调与当地居民的活动关联及使用的特许情况（Action Notes on the Relevance and Use of Charters）核心是在活动（action）本身和社群（community）之间的关联性；最后，个人（personal）的部分则以体验（experience）和人类（human）为方法。活态遗产（Living Heritage）在阐释上，已避免用最初活的遗产和死的遗产两种视角来论证遗产的价值。更强调的是遗产一直都是活着的（alive），未被使用的时期称之为睡着（sleep）。从中再提炼出活态维度（Living Dimension）的视点。在上述四种层面所构成具有规则且制衡的保护系统中，核心在于建构观察"维度"本身，而活态维度就是建构在这样的基础之上，面向国家政策与社会运作彼此间的合作到当地居民的活动及其个人的体验，形成一种交互影响的系统。观察的过程中，强调每一个维度都被包含在内（every dimension be look at），其中也包含了痕迹的维度（Traces Dimension）、无形的维度（Intangible Dimension）都具有其意义与价值。

（2）遗产保护原则对关键定义的阐释

建构活态遗产保护原则对真实性的阐释方法。本文着重于活态遗产理论赋权于核心社群的保护原则，也就是说来自遗产地居民文化体系内在的评价标准，即遗产地精神（非普适性原则）。定义活态保护方法的关键概念中的"连续性"。文化遗产被看做是现代性的受害者。在 CA 设想过去是一个完整的发展，可以从时间距离来思考。

VBA 认识到，很多人不想像以往那样从目前的切断，而是承认现在和过去作为一个整体连续性之间的连接，而不在两者之间尖锐的分裂。虽然这种连续性可以被看做是时间的线性概念的一部分，它是时间性的循环概念，包括轮回的佛教概念（生命之轮）尤为重要。该活态遗产保护方法（LHA）还试图应对变化。然而，由于活态遗产保护方法（LHA）的主要目的是保持文物"活"这需要持续的核心小区的连接，而这又意味着接受转变为持续性的过程的一部分遗产。因此，活态遗产保护方法（LHA）在一个特定的遗产可实现连续性，虽然保证了功能、用途以及生活文化逐步演变，对于 LHA 真正威胁到这一遗产正值当核心小区的链接，其遗产被破坏。

因此，活态遗产保护方法（LHA）是不是只关注到遗产（即高潮的变化、结构不稳定、虫害等），而且还与政治—社会—经济威胁到核心小区的连接到他们的遗产的人身威胁。另外，活态遗产保护方法（LHA）指出，变化既可以是积极的（自适应），也可以是负极（连续性的前景造成不利影响）。活态遗产保护方法（LHA）

观点的核心在于找出社会最有协调能力的机构来处理变化的问题。以下表列为不同遗产保护管理方法的比较与分析：CA（传统保护方法）；VBA（价值评估方法）；IHA（无形文化遗产保护方法）；LHA（活态遗产保护方式）。

CA 传统保护方法	VBA 价值评估方法	IHA 无形文化遗产保护方法	LHA 活态遗产保护方法
自上而下	试图自下而上，往往仍是自上而下	试图自下而上，往往仍是自上而下	自下而上
单向线性决策模式	试图交互式决策	试图有交互式决策	全面交互式决策
依赖于保护法律框架	依赖于保护法律框架	依赖于保护法律框架	赋权于核心社群
取决于国家的资源	取决于国家的资源	取决于国家的资源	取决于核心社群的资源
遗产的重要性是基于专家认定的价值	重大的意义在于包括利益相关者的价值	重大的意义在于包括利益相关者的价值	重大的意义在于决策取决于核心社群在其小区中创造可持续的利益
参数限定了保护中有见识的成果与传播	参数是为其保护解释用途	参数是为其保护解释用途	参数是为了遗产地的核心社群创造可持续性的利益
决策贯彻了专业的构架，关注在惯于有限定的遗产保护	决策考虑当地的声音以及当地的利益，试图平衡对遗产的使用性与保护性	决策考虑当地的声音以及当地的利益，试图平衡对遗产的使用性与保护性	论证保护管理为遗产地核心社群创造出可持续性的利益
通过限定对重要的科学、文化与自然资源的消耗达到可持续性的影响	通过限定对重要的科学、文化与自然资源的消耗达到可持续性的影响	通过限定对重要的科学、文化与自然资源的消耗达到可持续性的影响	通过选择性的决策去改变决定完成永续性。

数据采自：Living Heritage Approach Handbook 2009，ICCROM

（3）活态遗产保护原则对关键定义的阐释

活态遗产保护方法是一种新的以关心遗产地活态维度之文化遗产保护的决策模式，而活态遗产保护原则则在于强调活态维度就是指涉及遗产地居民现存的日常生活有关的维度。ICCROM 透过三个阶段来体现对活态维度的观察，即第一阶段：

1996 ~ 2005 年"区域城镇综合保护"Integrated Territorial and Urban Conservation，简称 ITUC；第二阶段：2006 ~ 2011 年"大湄公河次地区项目"Sub – Regional program；第三阶段：2006 ~ 2009 年制定活态遗产保护方法指导手册。

在保护方法中明确指出：一、该遗产地需要被理解为生活的地方，在那里设置一处努力并提高认识和保护价值的站点，有利于和周围的人群生活的能力以及探讨谁是真正长期负责管理这些遗产地的管理者；二、这些文物古迹必须被视为显著价值的体现，其中有效的遗产管理要求尽可能多地关注给予了条件，留住这些值得作为维护的面料，包含和支持遗产的活动。因此，需要一个新的发展范式，决策的核心放在"一个涉及地方生命维度"的问题，或是说"关注地方上的日常生活面"的问题。

活态遗产保护的目标是促进活态的遗产方法对此遗址进行管理，建立必要的遗产管理工具，以便于认识与使用这种在长期持续的保护方法和当地居民传统实施并且成功维护遗产地的方法，并在这样的基础上阐释其关键定义。定义核心有两项：

一、为活的遗产，该定义具有多样性的基础从而弥补了定居点的结构。事实上这些定居点为社区在相当长的时间内一直在连续使用作为"生活的地方"。主要保护遗产地居民的生活其核心社区连接的连续性，保障遗产在有形和无形方面，作为一个不可分割的整体进行保护。

二、连续性，活态遗产保护是一个以社区为基础，由下而上的互动方式的遗产管理，其主要目的是为了保护遗产居民的生活与遗产核心连接的连续性。

3. 小结

传统的保护方法在基于濒临危险文物名单列出以前便有了既定的保护方式，而价值评估是出于濒临危险文物名单的基础上所建构的一套评价方式，亦受当时因武装冲突造成的严重毁损与流失之文化财产，国际社会面临的突出性问题影响所致；而后期在国家主义强调人道法的基础上，有了对于人道待遇中关于宗教习俗和文化遗产相关的保护内容客观认识。国际文化财产保护与修复研究中心（International Centre for the Study of the Preservation and Restoration of Cultural Property，简称 IC-CROM）在文化遗产保护领域里，拥有五十年实施具体项目及培养修复技术与文物保护规划的经验，该单位在 2009 年将过去五十年的经验转化为具体的保护理念，以新的保护决策模式活态遗产保护理论（LHA）来推动未来的世界文化遗产保护理念，促进保护趋势向前迈进。

二 案例分析

以国内重大工程建设下所造成关于宗教习俗和文化遗产相关的文物建筑迁移保护的事件为例。选其案例类型的原因，重点在于案例本身具有高度的复杂性，同时涉及宗教、遗产、水利工程、文物建筑迁移等时效性议题。本文透过文化遗产法体系涉及生态补偿机制的初探，了解新的遗产保护决策模式对其文化资源与自然资源的影响。本文以水利建设工程影响世界文化遗产名录武当山古建筑群中的保护对象——遇真宫为例。

1. 历史沿革

（1）武当山古建筑群之遇真宫的历史沿革

武当山，又称大岳或太和山，为我国道教的发祥地之一。自春秋以来便有求仙学道载于史；在《道经》中记载着此山为真武大帝的道场；唐太宗修建五龙祠；宋诸帝对真武加封赐号，于宣和年间创建紫霄宫；元朝南北道派逐依融合，武当道教自成一格，当时九宫八观及庵庙等格局有了基本的形式；明洪武创立，推崇真武，于南京修真武庙，于永乐嘉靖以后更是推崇对真武的信仰，强化其政权的合法性，大兴武当，终明一代。武当山在明诸帝期间，曾被称为皇家道场，征调军夫建造和委派官吏维护。清代以后武当山道教势力逐渐衰危，宫观规模逐渐缩小。

遇真宫，始建于元末明初道士张三丰结庐在武当之地，并命其名。按史料明太常寺丞任自垣攥修《修建大岳太和山志》卷六记载，武当道人张全一，字玄玄，号三丰，洪武初入武当，拜玄帝于天柱峰。又寻展旗峰北陲卜地结草庐，奉高真香火，曰遇真宫。明成祖永乐十年（1412）始建，命其名为"玄天玉虚宫"，规模甚大，俗称"老营宫"。另记载明成祖以"御制书"表述自己仰慕张三丰之心。"朕久仰真仙，渴思亲承仪范，遣使至香奉书，遍诣名山虔请，至诚愿见之心，夙夜不忘。"永乐十五年（1417）遇真宫建成，有真仙殿宇、山门、廊庑、东西方丈、斋堂等九十七间，并钦选道士三十名焚修香火，阶正六品，统领公事。而后，于嘉靖十五年间（1536）《大岳志略》中亦有记载"宫成于永乐十五年，为楹大小三百九十六，赐'遇真'为额"。嘉靖三十一年间（1552）明世宗重修遇真宫，于原址东边二里处修建了"治世玄岳"石坊，嘉靖三十二年（1553）建成，同载于隆庆六年（1572）《大岳太和山志》。毁于明末李自成兵火交战之际，清乾隆四十三年（1778）修建，记载于西配殿大梁之上。另外，亦记载了民国己未年（1919）动工大修，由"玄岳遇真宫提点道总林理培"主持工程。作为武当山明皇家道场，属于高等级的古建筑群类型。也是目前唯一留下来以纪念张三丰为首的宗教建筑。

1938 年秋，因国民党抗战青年干部训练团进驻遇真宫，将其东西宫内部建筑拆毁。同时中国战时儿童保育会借用遇真宫庙房作为建设"均县儿童保育院"收养孤儿难童 500 名。1956 年，武当山古建筑群包含太和金殿、紫霄宫、遇真宫等列为省级文物保护单位。1967 年，遇真宫被拆毁，宫内泥塑均遭毁坏。1994 年 12 月，武当山古建筑群（太和金殿、紫霄宫、遇真宫）列为世界文化遗产名录。2002 年，我国启动南水北调工程，其中线工程丹江口水库因大坝加高，工程评估遇真宫将处于水库淹没之范围。2003 年，遇真宫真仙殿因作为武校宿舍期间，电线失火导致全部焚毁，造成巨大的文物毁损。2006 年，遇真宫古建筑被公布为第六批全国重点文物保护单位。

（2）我国文物保护的历史沿革

遇真宫作为武当山古建筑群的重要组成文物，于 1994 年 12 月被列入世界文化遗产名录之中。作为文物本身经历过我国关于文物保护法的几个系统和不同时期的影响：

第一，由 1982 年颁布的《中华人民共和国文物保护法》过渡到 2002 年修订的《中华人民共和国文物保护法》（简称为《文物保护法》），将原有的三十三条款修改扩增为八十条规定。将不可移动文物透过第三条规定："古文化遗址、古墓葬、古建筑、石窟寺、石刻、壁画、近代现代重要史迹和代表性建筑等不可移动文物，根据它们的历史、艺术、科学价值，可以分别确定为全国重点文物保护单位，省级文物保护单位，市、县级文物保护单位。"明确不可移动文物的类型及原则。在第十三条规定："国务院文物行政部门在省级、市、县级文物保护单位中，选择具有重大历史、艺术、科学价值的确定为全国重点文物保护单位，或者直接确定为全国重点文物保护单位，报国务院核定公布。"明确了文物保护单位级别。在第十四条规定："保存文物特别丰富并且具有重大历史价值或者革命纪念意义的城市，由国务院核定公布为历史文化名城。"明确了保护体系的划分。在第十五条规定："各级文物保护单位，分别由省、自治区、直辖市人民政府和市、县级人民政府划定必要的保护范围，作出标志说明，建立记录档案，并区别情况分别设置专门机构或者专人负责管理。"明确了保护管理的范围。在第十六条规定："各级人民政府制定城乡建设规划，应当根据文物保护的需要，事先由城乡建设规划部门会同文物行政部门商定对本行政区域内各级文物保护单位的保护措施，并纳入规划。"明确了部门间相互合作的关系。在第十七条规定："文物保护单位的保护范围内不得进行其他建设工程或者爆破、钻探、挖掘等作业。但是，因特殊情况需要在文物保护单位的保护范围内进行其他建设工程或者爆破、钻探、挖掘等作业的，必须保证文物保护单位的安全，并经核定公布该文物保护单位的人民政府批准，在批准前应当征得上一级人民政府文物行政部门同意。"明确核心保护范围的施工报批。在第十八条规定："根据保护文物的实际需要，经省、自治区、直辖市人民政府批准，可以在文物保护单位的周围划出一定的建设控制地带，并予以公布。在文物保护单位的建设控制地带内进行建设工程，不得破坏文物保护单位的历史风貌。"明确了建设控制地带的定义。在第十九条规定："在文物保护单位的保护范围和建设控制地带内，不得建设污染文物保护单位及其环境的设施，不得进行可能影响文物保护单位安全及其环境的活动。对已有的污染文物保护单位及其环境的设施，应当限期治理。"明确了保护范围和控制地带中具体设施的限制。在第二十条规定："建设工程选址，应当尽可能避开不可移动文物；因特殊情况不能避开的，对文物保护单位应当尽可能实施原址保护。实施原址保护的，建设单位应当事先确定保护措施，根据文物保护单位的级别报相应的文物行政部门批准，并将保护措施列入可行性研究报告或者设计任务书。无法实施原址保护，必须迁移异地保护或者拆除的，应当报省、自治区、直辖市人民政府批准；迁移或者拆除省级文物保护单位的，批准前须征得国务院文物行政部门同意。全国重点文物保护单位不得拆除；需要迁移的，须由省、自治区、直辖市人民政府报国务院批准。依照前款规定拆除的国有不可移动文物中具有收藏价值的壁画、雕塑、建筑构件等，由文物行政部门指定的文物收藏单位收藏。"明确了原址保护的重要性，其扭转并改变了文物原本受建设工程需要而拆迁的局势。在第21条规定："国有不可移动文物由使用人负责修缮、保养；非国有不可移动文物由所有人负责修缮、保养。非国有不可移动文物有损毁危险，所有人不具备修缮能力的，当地人民政府应当给予帮助；所有人具备修缮能力而拒不依法履行修缮义务的，县级以上人民政府可以给予抢救修缮，所需费用由所有人负担。对文物保护单位进行修缮，应当根据文物保护单位的级别报相应的文物行政部门批准；对未核定为文物保护单位的不可移动文物进行修缮，应当报登记的县级人民政府文物行政部门批准。文物保护单位的修缮、迁移、重建，由取得文物保护工程资质证书的单位承担。对不可移动文物进行修缮、保养、迁移，必须遵守不改变文物原状的原则。"明确了国有及非国有的不可移动文物之使用人及所有人的责任范围。在第二十三条规定："核定为文物保护单位的属于国家所有的纪念建筑物或者古建筑，除可以建立博物馆、保管所或者辟为参观游览场所外，作其他用途的，市、县级文物保护单位应当经核定公布该文物保护单位的人民政府文物行政部门征得上一级文物行政部门同意后，报核定公布该文物保护单位的人民政府批准。"明确了核心保护范围可建设的类型及功能。在第二十四条规定："国有不可移动文物不得转让、抵押。建立博物馆、保管所或者辟为参观游览场所的国有文物保护单位，不得作为企业资产经营。"与第二十五条规定："非国有不可移动文物不得转让、抵押给外国人。非国有不可移动文物转让、抵押或者改变用途的，应当根据其级别报相应的文物行政部门备案。"明确了国有及非国有的不可移动文物不得行使资产转让抵押经营等权益。在第二十六条规定："使用不可移动文物，必须遵守不改变文物原状的原则，负责保护建筑物及其附属文物的安全，不得损毁、改建、添建或者拆除不可移动文物。"明确了文物原状的核心原则。

另外，2002 年《文物保护法》第十一条中规定："文物是不可再生的文化资源。"明确了文物本身的重要性，所涉及的文化资源如同自然资源在环境保护中涉及生态系统受到干扰之际，其生态负荷将面临可能无法恢复、难以适应性等问题。而构建文化资源与自然资源有同等重要性的保护原则。

第二，由 1997 年《中国文物保护纲要》过渡到 2000 年《中国文物古迹保护准则》（简称为《准则》），其内容确定了关于"不改变文物原状"的原则。《准则》内容中明确地表示"历史信息和全部价值的真实全面地保存和延续。"在保护文物原状的内容中加入"真实全面地保存和延续"成为"不改变"的核心意义。并且明确了保护工作的基本程序，由逐次完成的文物调查、评估、确定保护单位、制定保护规划、实施保护规划、定期检查等六项工作，作为保护文物工作的基本内容。我国关于文化遗产保护的实施，从原先抢救文物的"维修抢险工程"，跃进国际保护理念的"保护规划"行列之中。另外，在《准则》第十八条规定："必须原址保护，只有在发生不可抗拒的自然灾害或因国家重大建设工程需要，使迁移保护成为唯一有效手段时，才可以原状迁移，易地保护。"规定内容涉及文物迁移保护方面，在异地搬迁上，改为"易地保护"。其"易地"一词将原址与位置在文物保护发展上有了突破性的意义。在《准则》第二十四条规定："必须保护文物环境，与文物古迹价值关联的自然和人文景观构成文物环境，应当与文物古迹统一进行保护。"规定内容涉及文物环境的保护原则与《威尼斯宪章》第六项规定："保护一座文物建筑，意味着要适当地保护一个环境。任何地方，凡传统的环境还存在，就必须保护。凡是会改变体形关系和颜色关系的新建，拆除或变动都是绝不允许的。"所强调的一个环境是指文物所附属的环境，一个具有其客观性、整体性的环境。在《威尼斯宪章》第七项规定："一座文物建筑不可以从它所见证的历史和它所从产生的环境中分离出来不得整个地或局部地搬迁文物建筑，除非为保护它而非迁不可，或者因为国家的或国际的十分重大的利益有此要求。"也强调所产生的环境之重要。

第三，在 2005 年《西安宣言——保护历史建筑、古遗址和历史地区的背景环境》（简称为《西安宣言》）第一条提出："古建筑、古遗址和历史区域的周边环境指的是紧靠古建筑、古遗址和历史区域的和延伸的、影响其重要性和独特性或是其重要性和独特性组成部分的周围环境。除了实体和视觉方面的含义之外，周边环境还包括与自然环境之间的相互关系；所有过去和现在的人类社会和精神实践、习俗、传统的认知或活动、创造并形成了周边环境空间的其他形式的非物质文化遗产，以及当前活跃发展的文化、社会、经济氛围。"明确地说明了周边环境的定义及重要性，包含非物质文化遗产的范围。在第二条提出："不同规模的古建筑、古遗址和历史区域（包括城市、陆地和海上自然景观、遗址线路以及考古遗址），其重要性和独特性在于它们在社会、精神、历史、艺术、审美、自然、科学等层面或其他文化层面存在的价值，也在于它们与物质的、视觉的、精神的以及其他文化层面的背景环境之间所产生的重要联系。这种联系，可以是一种有意识和有计划的创造性行为的结果、精神信念、历史事件、对古遗址利用的结果或者是随着时间和传统的影响而日积月累形成的有机变化。"明确指出文物在物质的视觉的精神的以及其他文化层面的背景环境四者之间既是平行又能相互产生出联系，其关系经时间的糅合从而具备无法分割的价值。将古建筑、古遗址和历史区域充分扩大了其内涵与保护意义。

2. 保护现况

遇真宫作为被列为世界文化遗产名录武当山古建筑群中重要的组成文物，目前位于丹江口市武当山特区遇真宫村，地面高程 160～163 米，现存完整的宫墙和中宫建筑物，东、西宫仅存遗址。遇真宫地处水磨河 I 级阶地及漫滩堆积层上方。该区域是东、西、北三面环山的山谷盆地地形，南面为水磨河蜿蜒流经之处，河水流入丹江口水库。遇真宫所处水磨河流域中地势平缓的山谷盆地区域土地肥沃，316 国道自防护区东北侧通过。现状受南水北调中线水源丹江口水库保护区建设的区际生态补偿和防护区遇真宫遗产保护工程之影响，丹江口水库作为南水北调工程中线工程的水源，丹江口水库对所经过生态区域的遇真宫保护，所选保护工程的设计方案为必须进行加高。

加高后为了避免处于防护区内的遇真宫古建筑群受到浸没的威胁，其保护项目为项目补偿的一种。而丹江口水库作为南水北调工程中线工程的水源，必须进行加高。库区加高后为了避免处于防护区内的遇真宫古建筑群受到浸没的威胁，需要对遇真宫古建筑群进行整体抬升。国家文物局和南建委自 2006 年起组织多次方案论证，最终选择以原地垫高为基本保护方式，对个别建筑采用顶遇升技术进行完整保护的方案。南水北调中线水源丹江口水库保护区建设的区际生态补偿研究证明使用庇古手段，确实使政府可以起到生态补偿的作用。

3. 小结

遇真宫透过政府为主的生态补偿体系，完成了修复过程中所需的资金链。在生态补偿的过程中仍有其缺陷。政府为主的生态补偿体系却也有其缺陷与不足之处，方竹兰在《论建立政府与民众合作的生态补偿体系》中说道：长期以来，中国的生态补偿机制是政府为主的财政补偿，财政补偿分为中央政府对生态恶化地区的救济型补偿和生态受益地区对生态贡献地区的财政投资型补偿，而这两种以政府为主的生态补偿体系有其缺陷与不足之处。学者们透过实证研究讨论国内政府生态补偿方式的相关案例，从顾岗、陆根法、蔡邦成的《南水北调东线水源地保护区建设的区际生态补偿研究》文章中就认为国内会依据每一年当时气候的需要，会有区域之间互相支持的政策。如北方于 2008 年南方雪灾时运送重机具，或是南水北调都是例子。

南水北调对于水源地生态的影响是很直接的，所以产生了生态补偿的问题。政府是生态补偿的执行者，但在补偿金额估算方式常与项目补偿的接受者往往在补偿的金额上有所落差，主要原因在于双方对于补偿主体的认知不同。生态区中的接受者认为污染物的消减量和污染物的处理价格计算生态功能保护区建设对外部区域的效益也必须纳入补偿的范围，因为生态区中的接受者认为这对外部区域的生态区也是有影响的。但政府财政是自上而下的生态补偿方式管理机构的运作，存在了不透明的支付过程以及交易费用过高等问题。所以，单纯依靠财政关系的生态补偿机制则产生了边际运作成本上升的趋势。使得政府受限于既有的财政结构，也无力对生态区投入更大的保护力度。

再者，中央政府的财政支出解决生态贡献地区的资金补偿往往以扶贫名义进行，缺少对生态贡献地区民众权利的明确认可。也就是说，在这样一种财政转移制度中所谓落后地区的生态环境贡献的价值是被忽视的，而在国内其政治角度的考虑往往又大于对环境生态上的考虑。

目前，南水北调之丹江口水库的建设工程将涉及跨区域的生态补偿问题，即区际生态补偿问题，因为涉及不同的行政区划，实施起来的难度相对大。目前的研究也主要是针对一个相对较小区域的补偿研究。同理，对涉及不同行政区域的区际生态补偿问题的实例研究进行得比较少。而基于对于跨流域调水涉及的区域而言，一个显著特点就是生态建设者不一定是受益者，建设者与受益者经常是两个不同地区的主体，这使得建设者缺乏积极性，以及对推行生态补偿非常必要性的认同。根据这两个原则，我们确定了两个划分标准（地理尺度和生态要素）以及公共物品属性：第一，基于地理尺度和生态要素划分的生态补偿问题类型：从地理尺度和生态要素看，现实存在的生态补偿问题首先可分为两大类：国际生态补偿问题和国内（中国）生态补偿问题。按照地理尺度和生态要素划分的生态补偿问题类型虽然可以将需要解决的问题大致勾画清楚，但还是不太容易从中梳理出较为系统的解决问题的政策思路。第二，基于公共物品属性特征划分的生态补偿问题类型：考虑到生态补偿的本质是促进生态服务功能这种公共物品的提供，而公共物品属性也是公共政策制定的理论依据之一，我们就从生态补偿所要解决的实际问题出发，根据其公共物品属性来进一步划分生态补偿类型。

透过在遇真宫外围环境所进行关于自然资源的区际生态补偿研究，反思其文化资源的损失。遇真宫作为列入世界遗产武当山古建筑群的保护名录，本文借由活态遗产保护理论对武当山古建筑群整体进行文化资源的保护研究，希望以点见面的思路梳理新形态的保护理论在国内文物应用的可能，并透过地方实践活态遗产理论中所提供的案例，作为保护世界文化遗产武当山古建筑群之借鉴；以境外易北河流域生态补偿的实际案例，作为保护遇真宫文化资源的案例借鉴。

三　理论依据

1. 地方实践活态遗产理论的国际案例

以莫斯塔尔、波斯尼亚和黑塞哥维那案例来进行分析，并对真实性问题进行探讨，尝试提取出抽象的标准，解释活态遗产理论关于真实性的实质含义。以一座桥，一个传统的勇敢的年轻人展示独有生活特点的实际案例来阐释其核心小区与利益相关者所带出关于连续性及真实性的议题。莫斯塔尔是在波斯尼亚和黑塞哥维那一个多民族聚居的城市。住在城市的主要民族包含了克罗地亚人（天主教）、塞尔维亚（东正教）和波斯尼亚（穆斯林），而在这里，塞尔维亚人将是摧毁 Saborna Crkva（东正教大教堂）的核心社群之一。与此同时，塞尔维亚人将成为一个利益相关者（因接近战前，个人仍然是一个难民），但核心社群为 Roznamed. IJ，以及易卜拉欣与清真寺和外围各城市的方济教堂。然而，城市的穆斯林，克罗地亚人和塞尔维亚人都为这个城市著名的莫斯塔尔桥的所有核心小区成员。这座桥不仅是创业板或结构，也是许多城市的青少年采取从桥上高空跃下 21 米高进入到冰冷刺骨的海水下面作为通行权成为"男子汉气概"的一部分。它是一座桥，而 Mostari 行人横过得到从城市的一个部分到另一个城市，这样的一个以核心社群组织起来的活动，弥合了信仰分裂的城市。莫斯塔尔的案例显示了如何分配不同的状态，以"核心小区"和"利益相关者"共同的活动，显示可以缓解潜在的利益冲突。它也显示了人们如何在一个单一的地理位置，可予配发不同的状态，即核心小区—生活遗产和利益相关者的另一个。当然，此方法尚未实现莫斯塔尔。然而，我们认为，正是在传承的高度争议的（甚至是粗暴的话），其中活态遗产保护方法（LHA）必须具有最有利的影响的可能性的情况。

透过一座充满信仰分裂的城市，因一座桥和桥上的仪式活动，将来自不同信仰文化的人搭建起共同的目标。保存这座桥以及桥上仪式活动的意义，正是活态遗产保护理论（LHA）所强调保存不同维度中"生活传承"之连续性的部分。而生活能否持续的传承，其关键也在于取决该区域是否能够"连续性"的部分。试想如果桥（载体）消失了，彼此间的认可以及共同形成的仪式活动（文化）就此被割裂了。

2. 易北河治理政策

易北河流域贯穿两个国家，上游在捷克，中下游在德国。在 1980 年以前，从未开展流域整治，水质日益下降。加上近二十年间，易北河两岸陆续兴建与扩建工业区，特别是在汉堡附近发展第二个鲁尔经济区。在易北河及其支流上修建核电站，火力发电厂、化工厂等导致易北河严重污染；每天仅从汉堡市下水道排入易北河的污水就达五十万立方米，严重的污染使得本来呈蓝色的河水变成黄浊而带臭味。当地民众根本无法食用易北河中的鱼，连汉堡的饮用水都必须从远到四五公里外的水源地取得。于是德国开展流域整治计划，为净化易北河流域的水质，还给河道两岸的都市干净的水源为此计划的目标。1990 年以后，德国和捷克共和国达成采取措施共同整治易北河的双边协议。由两国的专业人士组成，目的是长期改良农用水灌溉质量，保持两河流域生物多样性，减少流域两岸污染物的排放。整治易北河的双边协议中的核心问题是关于易北河流域整治的经费来源，第一，收取排污费。居民和企业的排污费统一交给污水处理厂，污水处理厂按一定的比例保留一部分资金上交国家环保部门。第二，透过财政贷款。第三，展开研究津贴。第四，实施下游对上游经济补偿。在 2000 年，德国环保部拿出 900 万马克给捷克，此经费用于建设捷克与德国交界的城市污水处理厂，整个项目的完成大约 2000 万马克（当时 2000 年的价格）。在流域治理推动之后，易北河的水质明显得到改善，并形成易北河沿河地带的风景区。根据协议的内容，德国在易北河流域边建 7 个国家公园，其占地 500平方公里。在流域两岸有 200 个自然保护区，禁止在外围的保护区内建房、办厂或从事集约农业等一切影响生态保护的活动。经整治后，易北河上游水质已基本达到饮用水标准。

德国和捷克共和国达成的整治易北河双边协议措施，其流域生态补偿中不仅采用了第一种类型的政府补偿方式，还加入外部效益的考虑。其政策不只治理河道本身，更将周围的基础设施列入规划。透过流域生态补偿的机制，其治理成本虽然提高，但政策的执行效果大大地满足德国与捷克在环境上对于现代性旅游业的需求。此计划替当地的政府辟建出新的财政收入，利用这额外的财政收入建构保护环境生态及当地建筑。而整治后的易北河流域聚集地理及人文、城市规划、景观于一身。将巴洛克风格建筑艺术的宫殿与19世纪平民建筑有了协调合宜的结合，整治修复后突显其巴洛克建筑的特色，堪称为德国宫殿艺术的代表。于2004年，德国德累斯顿易北河谷被列入世界遗产名录。并且，政策执行的效果满足了德国对于现代性旅游业的需求，也替当地的政府辟建出新的财政收入来保护环境生态及当地建筑。

德国易北河流域从20世纪80年代的污水河蜕变为世界遗产保护的易北河谷景观，成功的原因在于：

第一，灵活的生态补偿方式梳理流域补偿和利用、管理。除此之外，还考虑到生态系统的自然特征，补偿手段实施的具体环境，补偿的公平性、可承受性和可操作性等多方面的因素；

第二，形成了统一的认识和完整的理论体系和健全法律法规的经验；

第三，受水区高度发达的经济作为支撑和输水区经济发展有迫切的要求；

第四，有国家政策的大力支持。

3. 小结

参考莫斯塔尔、波斯尼亚和黑塞哥维那案例，了解一旦载体消失了，彼此之间长期以来所建立的彼此认可，或信任可能就此无所适从。附着在载体上的行为（活动）将就此中断。长时间所累积达成共识的文化，唯一的联系也将就此割裂。因此，属于道教信仰的武当山古建筑群，遇真宫为其核心载体，一旦外围环境改变，割裂其文化，核心社群与利益相关者受其影响，若从此无所适从，将失去最初保护的意义，保护终究落于有形的保存而非整体的连续性的保护道教文化。保护遗产的管理通常仅限制在保护被物质文化遗产的连续性而非遗产整体的连续性。文化遗产的整体性应该包含物质与非物质。这限制往往导致它从非物质文化遗产或从物质文化遗产中被提取或分离开来。在保存可移动文物过程的情况下，像是意味着去除人工制品的一个博物馆。在不可移动文物的情况下，围墙已经被周围竖立纪念碑和专业人士寻求通过控制人们对它的访问来保护不可移动文物。这种情况下，在遗产保护和延续的核心，小区的作用已被断开，并通过"专业护理"的制度所取代。这两种情况导致的活遗产作为一个统一的整体的连续性中断，以这种方式保护自身（在其常规形式）所说遗产处于危险之中。为了解决生活文化的需求，ICCROM 开发了生活传承途径。

另外，参考德国易北河流域改造计划中的流域补偿政策，反思南水北调中线水源丹江口水库保护区建设的区际生态补偿和防护区遇真宫遗产保护工程之生态补偿政策，得出的研究方向如下：

第一，南水北调中线水源丹江口水库对所经过防护区遇真宫的保护项目，若是采取第一种生态补偿类型的划分，按照补偿物来划分，无论是用货币补偿，实物补偿，或是智力补偿和政策性补偿，以及项目补偿方式来计算，是缺乏流域补偿概念的整体规划性。

第二，忽略生态系统一旦被破坏以后无法再恢复或重建的事实，也无法满足文化遗产保护工程展示再利用的公共属性，以及外部经济的发展性。因此丹江口水库遇真宫保护项目不应限于使用第一种生态补偿类型，应考虑采用第二种类型"按补偿要素的公共属性划分根据补偿要素公共属性的不同，生态补偿主要可分为政府补偿和市场补偿"解决入手。

四 关于本研究尚有的几个难点

从两种角度来探讨世界文化遗产保护，包含文化资源的保护以及自然资源的保护。在活态遗产保护方法核心加入"活态维度"的探索，活态维度的关键在于建构监管机制。活态遗产保护理论重在活态维度的信息监管，使遗产地保护过程中的矛盾得到缓解。遗产地复杂且周而复始的问题包含核心社群、利益相关者以及中央政府、地方政府、专家学者等。2014 年 5 月 5 日、6 日，由清华大学国家遗产中心以及中国古迹遗址保护协会所举办的纪念《威尼斯宪章》五十周年系列活动——文化遗产保护国际原则和地方实践国际研讨会中，各国针对《威尼斯宪章》在各地不同情况，提出了一些看法，其中涉及与活态遗产保护方法所关系的议题相关的维度问题，阐释方法，全球化的影响与当地居民的核心小区活动等，包含有国际古迹遗址理事会（ICOMOS）加拿大前主席狄努·邦布鲁（Dinu Bumbaru）提到当大家在分析各国阐释威尼斯宪章的内容时，需要注意到每一个国家都有偏科以及各学科有学科偏见的现象。

英国政府管理国际咨询英国遗产机构伦敦前主席（Head of International Advice at English Heritage London，United Kingdom Government Administration）克里斯托弗·杨（Christopher Young）提出宪章或是各类准则，也会经历所谓自然拣选的过程。而克

里斯托弗·杨认为，《威尼斯宪章》是一个非常具有英国思维的宪章。约瑟夫·金（Joseph King）提出他的看法："《威尼斯宪章》被部分的人认为是具有国际性价值的宪章，但这样的想法是很危险的。例如我原在美国，美国有许多做法可能和《威尼斯宪章》的做法全然地背道而驰。更何况我们现在是处在一个全球化时代的社会。任何信息的交流，资源的互换是非常容易的（无论何处几乎都可以同时）。全球化的浪潮反而促进地方宗族的认同感产生，人们唯恐在这样的浪潮之中迷失自己，因此转而引发关注自身的文化需求。"

日本联合国教科文组织全国委员会（Member Japanese National Commission for UNESCO）委员稻叶信子（Nobuko Inaba）教授提出："在威尼斯宪章以后我们需要关注什么，以及地方上的民众他们的生活需要什么。"

国际中心保存的研究文化遗产和保护中心的遗产地部门总监（Director of the Sites Unit of ICCROM）约瑟夫·金（Joseph King）说："当我们回头看二十年前的情况，所谓的保护就是划定一个区域范围。而再看看现在的做法，会感觉情况发生了变化。例如，在斯里兰卡的遗产地，提出宗教建筑保护的时，有必要将佛教思想中的价值观融入建筑保护的核心上。"保护遗产的职责，从过去的专家主导，推入到社会里，公众团体的参与也是保护的环节之一。狄努·邦布鲁在讨论环节中也补充说明这一点，透过遗产的议题为社会建构一个帮助系统（help system），像是一个社会的医疗体系。过去将此建构为一个官方的保护体系是有它的起初推动的合理性，如今要落实到民众百姓去使用去参与，因而产生了价值体系上的变化。而联邦政府能够做的关于（必须征得所有者的同意：公共财产和私有财产）使用权方面的权益，就是软性管理这一面向的保护管理。

盖蒂保护研究所顾问（Consultant of Getty Conservation Institute）莎朗·苏利文（Sharon Sullivan）提出，政府在推行文物保护方法时，有时候评估价值本身也可能是错的。因此，在寻求解决方案的过程中，使核心社群的重要决策者也融入到专家团队之中是十分有必要的。重视核心社群的意见，也可以说是重视其谏言，即"谏言"是为了促进保护管理规划，而对推动文物保护的领导者提供的额外信息，即使这些信息可能会挑战文物保护领导者的权威，甚至会使其难堪。但是，没有任何一项政策可以保证万无一失，因此，在寻求解决方案的过程中，使核心社群的意见也融入到解决方案之中是有必要的。重视核心社群的谏言，就是强调其他群体的信息能被采纳，必须要有一个倾听的精神。另外，引述莎朗·苏利文顾问所提出关于核心社群的概念，在本文中并非仅仅是指当地人，可能还包括了住在当地的以及不住在当地的群体，例如信徒对于宗教遗产建筑保护也有其独到的角度。

国际古迹遗址理事会（ICOMOS）中国秘书处处长郑军表示："中国起初接触《威尼斯宪章》的时候，是由建筑学的专家陈志华先生开始。犹如西方发起的《威尼斯宪章》在草创之际由一群建筑学专业方向的人在负责一样。所关注的议题多半是集中在'物'上。而中国现在对于遗产保护的关注，已由过去对'物的价值'的判断，转变为对非汉文化地区文化价值的探索。更强调保护需着眼于村民、农民、当地居民、少数民族、遗产地居民等核心社群所重视的文化价值。并且，倾听保护区核心社群所独有的传统的保护理念。"

清华大学国家遗产中心主任（Director of THU – NHC）吕舟教授提出，从1945年以后，文化遗产的保护方法已经有所改变了。现在强调文化遗产是属于小区的、文化语境、文化多元性等议题。曾有一个案例，在一处原为当地居民共同享有的取暖亭，独有的空间成为大家社交的场域。但是自取暖亭被认定为文物以后，其原有的使用方式被禁停了，而当地居民既然无法使用，即便亭子已被列为文物，却淡出当地居民老百姓的生活核心。取暖亭独立地伫立在这个空间，却与居民产生了隔离。现在我们又将取暖亭的使用权还给了小区，小区居民又开始恢复过去以取暖亭为核心的生活方式，当地的老百姓又再度赋予它存在当地文化中的重要性以及意义。

---

[1]　朱宇华《文物建筑迁移保护研究》，2014年。

129

作为记忆过程的文化遗产

燕海鸣

（中国文化遗产研究院）

摘　要： 在认知论层面，《威尼斯宪章》表现出一种相对静止的时间观，将某一历史时段的物质遗迹视为其所反映事物的最佳体现而需要固化起来。本文反思《威尼斯宪章》的局限性，将集体记忆的概念引入到遗产保护讨论之中，通过集体记忆理论中对记忆在时间维度和群体维度的延展性和多元性的分析，揭示文化遗产作为过程而非结果的特质。美国弗吉尼亚大学圆顶大厅历次修复的案例证明了遗产作为一个过程所具有的张力。最后，本文借用修复型怀旧和反思型怀旧的理论分辨，提出遗产保护中所经历的从修复型路径到反思型路径的演化。

关键词： 集体记忆　遗产保护　弗吉尼亚大学　怀旧

一　《威尼斯宪章》的局限

从学理角度来看，尽管《威尼斯宪章》作为重要文本对全球范围的遗产保护作出了显著贡献，但这份宪章也有其历史局限性。它被一些西方学者批评为西方中心主义在遗产保护领域的体现。劳拉简·史密斯（Laurajane Smith）提出，"权威遗产话语"（authorized heritage discourse）是西方遗产保护领域的学者在传统欧洲贵族的审美基础上建立的一种遗产保护话语体系。这个话语体系强调对物质的保存，秉持一种社会达尔文主义历史观，将西方社会所谓的进化历史观强加于非西方社会，并由此以一种俯视视角将西方遗产保护理念强加于非西方实践。在史密斯看来，《威尼斯宪章》体现出这种权威遗产话语，并通过其文本和实践不断对这种话语进行着"再创造"[1]。

例如《威尼斯宪章》第一条："历史古迹的要领不仅包括单个建筑物，而且包括能从中找出一种独特的文明、一种有意义的发展或一个历史事件见证的城市或乡村环境。这不仅适用于伟大的艺术作品，而且亦适用于随时光流逝而获得文化意义的过去一些较为朴实的艺术品。"针对这一条文，史密斯认为对"文明"这个概念的使用体现出一种后启蒙时代的西欧思潮，即在某种程度上，西欧本土发展出的民族国家及其殖民地的发展，已经证明了西欧民族达到了一种"文化进化成就的顶峰"。这种论述认为，由于文化的进化已然成形，那么遗产的物质形态本身即成为这种文化形态的见证，必须"原形态保存"（conserve as found）。这种"原形态保存"在权威遗产话语体系中意味着对遗产价值和记忆的保留，因为后者无需再经任何变化，而是被"锁定"在了这些古迹的物质形态中[2]。

保护遗产的本质目的并不是单纯的物质保存，而是通过对物质形态事物的保护表达历史和文化的精神和记忆。但是，《威尼斯宪章》的内在假设认定记忆是"死"的，是可以通过纯粹的物质记录和表达的，这种观点并不符合记忆本身的规律。在《威尼斯宪章》之后，《奈良真实性文件》和《非物质遗产公约》等新的国际共识性文件都对西方中心视角下的所谓高等文明物质形态遗产进行着观念上的修正。这种认知的发展，既是对《威尼斯宪章》的一种扩展，更是全人类对历史、遗产等认识的提升。在这个进程中，人的要素越来越受到关注。遗产之所拥有价值是因为它是人类活动的记忆，同时也是一种文明精神的传承。这里的"文明"并非《威尼斯宪章》中所预设的社会进化论体系中的高等文明，而是多元形态的不同文明体系。

人类的记忆行为本身是一个动态的历史过程。因此，当人的记忆行动成为遗产价值一部分时，遗产必然成为动态的过程，而非静态的结果。尽管记忆已经成为遗产保护的关键词，但对遗产和记忆的关系的研究还很薄弱。记忆并非固化的信息储存，任何一项遗产都注定体现出不同人群的不同时期的不同空间的多种记忆信息。对社会记忆研究缺乏引介和融合是当前遗产研究在理论层面的一个缺陷。其结果是导致我们对记忆的理解停留在想当然的层面，并没有认识到遗产本身所体现的记忆是活态的动态的以及多元的。

二 作为过程的集体记忆

在《论集体记忆》中，法国学者莫里斯·哈布瓦赫（Maurice Halbwachs）将记忆视为社会的产物，认为一切记忆只有在一定的社会环境与机制下才会得到产生与延续。哈布瓦赫将这类记忆称为"集体记忆"（collective memory）。他同时指出，集体记忆之所以能够得以形成和延续，一个主要因素是这样的"知识"对于个人和群体自我认同的形成起到至关重要的作用。一个群体通过分享共同的回忆能够获得更深厚和坚韧的集体归属感和认同感，这样的归属感和认同感同时进一步塑造着一个稳定的集体和社区[3]。

无论记忆的主体是个人还是集体，记忆本身必然要在一定的空间维度中形成、延续、再生。皮埃尔·诺阿（Pierre Nora）将这类地点命名为"记忆场所"（sites of memory）[4]。文化遗产便是诺阿所谓的"记忆场所"之一。在诺阿看来，现代人需要借助这类符号来实现集体记忆，这些符号包括纪念碑、遗址地、博物馆，甚至地图和节日。人们通过接触记忆场合激发对过往的回忆以及对群体认同和历史过程的认识与再认识。

大量研究表明，集体记忆具有时间维度和群体维度的多元性。在时间维度上，不同代际的人群对同一历史事件或人物的认识会出现变化。美国学者巴里·舒瓦茨（Barry Schwartz）曾对不同时代的人群对美国总统华盛顿和林肯的记忆进行调查，发现二人的形象在不同年代产生出不同的面貌，华盛顿经历了一个由"神"到"人"的过程；而林肯则在不同历史时期被赋予了特定的历史形象，以和当时的政治形势相适应。舒瓦茨认为，这些不同的"记忆"无所谓正确与错误，因为历史信息本身是多元的，人们会根据当时的具体需求对这些庞杂的信息进行再处理，以塑造出符合自身需要的历史形象[5]。

对人物的记忆具有多元性，对文化遗产的记忆同样如此。有关中国的历史纪念物的研究中，黄冬兰在分析了岳飞庙公共记忆历史的多重性后发现，宋代以降的历代政权均在岳飞庙以及其所呈现的岳飞形象上付出了塑造或重塑文化记忆的努力。这种努力又和民间在不同时代对岳飞形象的需求密切相关。由此，岳飞经历了一个从"人"到"神"的过程；岳飞庙则逐渐成为人们尊崇爱国英雄的一个重要"记忆场所"[6]。

记忆的动态性，除了体现在时间维度之外，也体现在群体维度上。不同人群，根据其年龄、种族、地域、职业等差异，对同一项文化遗产可能呈现不同的记忆。甚至很多时候，某些群体之间的记忆可能是互相冲突的。杜赞奇（Prasenjit Duara）曾将官方叙事体系中的历史书写称为"大写历史"，认为从官方记录历史那一刻起，历史本身便"分岔"了。同样，来自民间的底层的记忆也可以是对官方历史的一种反抗。但真正具有张力的文化遗产可以为不同群体提供一个场所，供其从任意角度进行解读。记忆的冲突和融合的行动本身也是遗产建构的过程。这时，遗产的物质形态并没有一个确定的单一记忆，而是包含了多种可能性，呈现出多元的叙事逻辑。

认识到集体记忆的时间和群体维度上的动态性及其作为一个过程的特征有助于

遗产保护的实践。记忆的时间延展性所对应的遗产保护理念便是保存各个时代的历史信息；而记忆在群体层面的动态性则体现为保存遗产时对不同利益相关群体的尊重。下面，我们通过一个具体案例来解读记忆的多元性如何运用于遗产保护的实践中。

三 作为过程的文化遗产——弗吉尼亚大学"圆形大厅"的演变

弗吉尼亚大学学术村于 1987 年成为世界文化遗产，其标志是位于一端的圆形大厅（The Rotunda）。大学的创立者和学术村设计者托马斯·杰斐逊（Thomas Jefferson）认为，一座大学的核心建筑应该是图书馆而不是教堂，因此，圆形大厅的设计仿效了古罗马的万神殿，体现出杰斐逊观念中的对自然知识和科学精神的关注。

在圆形大厅的近两百年历史中，每一次重新修复都体现出一些新意，也体现出美国人对待历史遗产开放的态度。虽然一切都以杰斐逊最初的设计为蓝本，但也经历着各种变化。不同年代的技术、工艺、材料得以运用。历经近两百年，目前的圆形大厅是这两百年来历次大修的融合产物，表达出不同年代的集体记忆。因而，即将完成的圆形大厅维修工程，既可以视作其时学校官方历史意识的表达，也反映着身历其境的学生和教授的集体记忆和意愿。

圆形大厅在历史上历经三次大修。1822 年，圆形大厅开始动工，历时四年，花了 60000 美元，于 1826 年竣工。最早，圆形大厅屋顶采用的是镀锡钢片，很快就因为氧化的问题，屋顶变成了灰色。1895 年 10 月 27 日，一场大火夺去了圆形大厅的灰色屋顶。大火后，有关其如何重建产生了许多争论，因为早在 1854 年，杰斐逊最初设计的圆形大厅便因两边建起两排裙房而改变了本来面貌。或许受当时流行的社会进化思想影响，一些设计者认为圆形大厅应该不断"进化"才能体现杰斐逊追求科学进步的思想。建筑师斯坦福·怀特（Stanford White）主持重建了圆形大厅，他吸取了之前的教训，新的建筑最重要便是防火。他放弃了从前的镀锡顶，将其替换为更为耐火的——铜顶。但铜顶也有个氧化的问题，慢慢地圆顶大厅氧化成了绿色。

自此之后，圆形大厅始终沿用着怀特风格的青铜圆顶，直到 1955 年，建筑系教授弗雷德里克·尼克尔斯（Frederick Nichols）认为，怀特所建的新圆形大厅已经严重背离了杰斐逊对其功能的设定，强烈要求对其（内部结构和装潢）进行改造。因此，在 20 世纪 70 年代的又一次重修中，设计者们既恢复了其建筑内部的杰斐逊装潢，又以钢结构的穹顶代替了怀特的青铜圆顶，并将其涂成白色，成为圆形大厅的主体外观。但也有许多人对此表示不解，"学术村"建筑专家穆瑞·霍华德（Murray Howard）在他 1997 年写给学校的一份报告中写道："虽然很难证实原始状态的圆顶外观究竟为何种样式，虽然在一百五十多年历史中圆形大厅经历过数次变迁，但我们十分肯定现今的亮白穹顶既不属于杰斐逊，也不属于怀特。"

至此，我们简要回顾一下圆形大厅的屋顶演变史。

年份	材料	颜色
1826	镀锡钢片	灰色
1898	铜	绿色
1976	钢	亮白

21 世纪初，由于屋顶漏水，圆形大厅需要进行修复。于是关于屋顶究竟应该采用什么材料和什么颜色的问题再次引发了人们激烈的讨论。这次大修也是 1987 年学术村成为世界文化遗产之后第一次重大修复，也引发了各方面的关注。

究竟是恢复杰斐逊时代的样式，还是遵从怀特的设计，引发了激烈的讨论。研究者现在基本可以证实，杰斐逊最初设计的圆顶样式应以镀锡钢板为结构基础，呈粉灰色，他们希望圆形大厅能够恢复如此，以最真实地体现学校设计者的初衷。但是也有人认为，怀特所设计的铜绿圆顶在学校历史中延续八十余载，与杰斐逊的圆顶历时一样长，已经成为弗吉尼亚大学师生不可分离的一份集体记忆，重建的圆形大厅理应恢复怀特式的风格。持这种观点的学者还认为，怀特的设计是在杰斐逊精神与蓝本的基础上为学校融入了进化变迁的力量，无论是从精神传承上，还是在物质层面的防火性能上都具有充足的理由予以重视。而反对一方则强调圆形大厅与整个学术村的和谐共存效果，他们认为，既然大草坪、亭楼以及廊柱都是杰斐逊的风格，那么圆形大厅也应恢复成杰斐逊式，以和整个校园相配。

争论的焦点在于，历史的"真实性"如何体现，以及不同阶段的记忆应占有多大的比重。为了避免武断决定，从 2005 年开始，弗吉尼亚大学开启一项庞大冗繁的研究项目，弗吉尼亚大学历史上第一次就包括圆形大厅在内的学术村的建筑工艺和演变的历史过程、当前问题、技术难点、解决方案进行综合调查研究。此次调查的结果是一份《历史构筑物报告》（Historic Structure Report），圆形大厅的一切几乎都写在了这份长达 700 页的报告里。

这份报告在材料、技术、样式上为圆形大厅的修复提供了三个选项：1. 恢复到杰斐逊的时代；2. 恢复到怀特时代；3. 内部结构延续尼克尔斯的理念，更精确地恢复到杰斐逊时代；外部延续怀特的理念。

报告不仅给出了选项，还罗列了每一个选项的优势和劣势，其中：

选项 1：优势 4 条，劣势 8 条；

选项 2：优势 3 条，劣势 3 条；

选项 3：优势 6 条，劣势 2 条。

选项 3 是最为合适的。也是学校最终采纳的建议。

上述过程，充分体现出学校对修缮圆形大厅的慎重以及对不同时期历史记忆的尊重。最终的修缮工作，既体现了最初的杰斐逊的理念，也保存了历史过程中不同时期的特色。圆形大厅作为世界遗产在这个过程中也表现出了文化遗产在时间维度上的巨大张力。

同时，关于圆形大厅的穹顶，尽管报告最终建议将其恢复为怀特时期的铜顶，但没有提及颜色的问题。2013 年 4 月，弗吉尼亚大学网站做了一个调查：你是喜欢红铜顶还是白顶？结果选择后者的稍稍多于前者。今天的弗吉尼亚大学人已经更加习惯于白色的穹顶。学校董事会最终采纳了这个意见，这是学校官方充分尊重民意的体现。根据这个决定，在评估过程中最不受重视的尼克尔斯设计的历史信息也得到了保存。

实际上，如果严格按照《威尼斯宪章》的标准，这种修缮方式并非完美。但它实际上是对宪章理念的一种升华，充分容纳了各个阶段的历史记忆，并接纳了利益相关者的诉求。毕竟遗产是人们记忆的载体和表达，失去了记忆也就失去了真正的遗产价值。历史变迁过程中遗产所凝聚的信息的真实性彰显出时间维度遗产的张力。

四　理论探索：从修复型记忆到反思型记忆

遗产的保护和记忆的延续类似，都面临方法论上的困境。这种困境可以借用社会学家斯维特兰娜·博伊姆（Svetlana Boym）对怀旧的分类来分析。博伊姆将怀旧分为两种主要类型，修复型怀旧和反思型怀旧。具体而言，修复型怀旧将历史记忆中的某一时刻"神圣化"，并力求将其重现在当下的时代；而反思型怀旧则偏重于怀旧中的"怀"，认为人类在现代化进程中所面对的和传统的纠葛本身即是历史记忆的一部分。"修复型的怀旧表现在对于过去的纪念碑的完整重建；而反思型的怀旧则是在废墟上徘徊，在时间和历史的斑斑锈迹上、在另外的地方和另外的时间的梦境中徘徊。"简单而言，修复型怀旧的重点是"旧"，而反思型怀旧则关注"怀"。修复型怀旧不认为自己是怀旧，而是认为需要回到一个"黄金年代"，完全修复当时的一切；反思型怀旧则不追求回到过去，而是追求怀念过去的一种情感。

对文化遗产的保护也是修复型和反思型之间的纠结。早期的遗产保护理念更为偏向修复型的路径，即将遗产静态地认识为某一时代的顶峰文化的表现，将其"修复"成顶峰时期的样式，可以重现这一时刻的集体记忆。但是，随着遗产保护的推进，无论是国际上还是国内，反思式的集体记忆逐渐成为主流认知，相对应地是对遗产价值中的时间过程和群体多元性的认识。

《威尼斯宪章》问世五十年以来，各类新型遗产类型和保护理念层出不穷，但万变不离其宗，遗产保护归根结底上升到哲学层面的思考，是关于人类记忆和物质遗存关系的探讨。在技术角度上对历史过程中信息的保留和对利益相关者的尊重，实质上是在哲学理念上对遗产作为一个过程而非结果的表达。既然认识到遗产是一个过程，那么在这个过程中的任何要素都是遗产的组成部分，修复型记忆必然让位于反思型记忆，也是由于后者以一种更为客观、开放的姿态对待遗产在时间维度和群体维度上的动态特征。

［1］　Smith, Laurajane. 2006. Uses of Heritage. London：Routledge. p. 91.

［2］　同上。

［3］　（法）莫里斯·哈布瓦赫《论集体记忆》，上海人民出版社，2002 年。

［4］　Nora, Pierre. 1989. "Between Memory and History：Les Lieux de Memoire. " Representations 26：7 ~ 24.

［5］　Schwartz, Barry. 1991. "Social Change and Collective Memory：The Democratization of George Washington. " American Sociological Review 56（2）：221 ~ 236；Schwartz, Barry. 2000. Abraham Lincoln and the Forge of National Memory. Chicago, IL：University of Chicago Press.

［6］　黄东兰《岳飞庙：创造公共记忆的"场"》，载孙江编《事件、记忆、叙述》，浙江人民出版社，2004 年，158 ~ 177 页。

［7］　Duara, Presenjit. 1997. Rescuing History from the Nation：Questioning Narratives of Modern China. Chicago：University of Chicago Press.

［8］　http：//www. virginia. edu/architectoffice/rotundareport/index. html

［9］　（美）斯维特兰娜·博伊姆著、杨德友译《怀旧的未来》，译林出版社，2010 年，47 页。

"修旧如旧"的解读

——《威尼斯宪章》在中国文物保护实践中与中国哲学理论的融合和发展

李宏松

（中国文化遗产研究院）

摘　要： 本文从"修旧如旧"包涵的哲学思想、《威尼斯宪章》产生的历史背景及两者间的关系进行了全面分析，同时提出"修旧如旧"观点是中国文化遗产保护理论对《威尼斯宪章》五十年来在中国实践和发展的贡献。

关键词： 修旧如旧　《威尼斯宪章》　解析

一　"修旧如旧"原则的提出和发展

"修旧如旧"的提法在我国应出现于 20 世纪中叶，是我国著名建筑学家梁思成先生在检查评价河北省赵州桥修缮成果时提出并强调的。梁先生提出该观点后，很长一段时间并未引起社会重视。改革开放后，随着党和政府对古建筑保护的日益重视和大规模修缮工作的展开，"修旧如旧"的观点得到了空前的普及。在已经过去的几十多年里，"修旧如旧"对中国古建筑的保护发挥了十分重要的作用。经过这几十年时间和实践的考验，该观点已逐渐成为中国古建筑保护，乃至文物保护的重要基本技术原则之一。所以今天值《威尼斯宪章》发布五十周年之际，我们有必要站在理论的高度上更深入地解读"修旧如旧"观点及其包含的哲学思想。

二　"修旧如旧"观点所包含的哲学思想

"修旧如旧"四字看似简单，但它却包含着深刻的哲学思想。要理解其中的意义，首先我们应深入剖析其中两个"旧"字的差异性，很显然第一个"旧"字是我们要保护的对象，是脱离与我们主观世界而独立存在的具体物质及其形态，第二个

"旧"字我认为有两个层面的含义。由于我们要保护的古建筑和古代遗存，是历史信息的载体，所以我们在解读这个"旧"字时，就不能仅停留在具体的物质形态上，而应上升到物质的内涵层面上，其一就是这些古建筑和古代遗存的历史风貌（面貌）及其价值；其二就是这些古建筑和古代遗存所内含的传统。其次我们应更深入剖析其中的"如"字，我认为"如"字是"修旧如旧"四字的核心，与第二个"旧"字相对应，它也有两层意思，其一是"像"、"体现"的意思，那么"修旧如旧"就应理解为维修古代建筑及历史遗存应体现其历史风貌（面貌）及其价值，维修痕迹不应影响历史风貌（面貌）及其价值的体现；其二是"按照"、"遵循"的意思，那么"修旧如旧"就应理解为维修古代建筑及历史遗存应尊重传统，应遵循"原形制、原材料、原工艺"的保护原则。

但要在实践中真正实现"修旧如旧"关键在于如何从第一个具体物质形态的"旧"去实现第二个抽象物质概念，甚至是意识形态的"旧"。这其中重要的一个问题是如何科学地认识我们的保护对象，如何使用科学的认识方法。

从辩证唯物主义角度分析，认识是一个辩证的过程。人们对一个具体事物的认识，是由两个互相联系的具体过程组成的。首先是通过实践接触对象，即第一个"旧"；使它反映到人的头脑中，形成认识（表现为理论、意见、计划、方案等等）。这是由实践中产生认识的过程，简称为由实践到认识的过程。然后是用已经形成了的认识去指导新的实践，引起客观世界的变化，造成一定的客观结果，即第二个"旧"；这是在实践中检验认识和发展认识的过程，简称为由认识到实践的过程。这两个过程的秩序不可颠倒，先有第一过程才能有第二过程。经由这两个认识过程之后，人们对一个具体事物的认识就完成了，但认识运动并未就此结束。辩证唯物主义又指出事物的发展是无穷的，认识的发展也是没有尽头的，因此认识运动也必然是循环往复以至无穷的。所以"修旧如旧"观点的提出和实践及理论的建立和完善也必将经历一个认识到实践，实践到认识循环往复的过程。从八达岭长城到司马台长城、慕田峪长城、嘉峪关关城、山海关长城等一系列明代长城的维修历程便用实例反映了我国文化遗产保护工作者对"修旧如旧"观点不断认识和实践的过程。

三 《威尼斯宪章》产生的缘起、历史背景及核心内容

从时间上分析，梁思成先生提出"修旧如旧"观点应在1955年左右，《威尼斯宪章》发布时间在1964年。而《威尼斯宪章》产生也经历了一个历史过程。所以我们有必要在这里回顾一下《威尼斯宪章》产生的缘起及历史背景。

欧洲对于历史古迹的保护源于拿破仑时期之后的欧洲民族国家运动，当时的英国、法国、德国、俄罗斯等国正努力寻找18世纪所失去的"民族身份"，于是各国都把重点放在了历史古迹（monument）的保护上，这在一定程度上使历史古迹的保护成为单一民族国家身份认同的一种方式或象征，在此背景下，中世纪哥特式建筑被许多欧洲国家视为民族国家的文化象征，而被大量地修复和重建。这一时期法国修复了巴黎圣母院、英国新建了国会大厦和大本钟、德国科隆大教堂也在这一时期竣工。随着大规模修复、复建活动的蓬勃开展，要求保存古迹历史痕迹、反对修复重建的思潮也随后发展起来。

至19世纪中叶，欧洲在对历史建筑采取"保存"还是"修复"的态度和方法上已形成了鲜明的两派。一派以法国建筑师奥维莱·勒·杜克（Viollet - le - Duc，1814～1879）为代表，主张"修复"。他以历史科学为基础，通过对古迹历史风格的研究，尽力将其修复还原为历史的原状。他认为维修一座建筑物不应只是"维护"它、"修缮"它，而应该把它复原到最完整的状态。正如他主持开展的巴黎圣母院保护工作一样，他的"修复"工作经常结合历史事实进行"创造性"修正，在以中世纪哥特式建筑风格为依据的同时，加入了许多个人新的诠释。这种维修方式被人视为"风格式修复"，他认为维修中风格形式的完整性最重要，设计者甚至可以用自己的观点去改变一个历史建筑的形式。在这种观点指导下，许多历史建筑的残损部分被修复或重建，把与其历史风格不符的后期添加部分予以拆除。

另一派是以英国艺术史评论家约翰·罗斯金（John Ruskin 1819～1900）为代表主张"保存"。他强烈反对杜克的"修复"。他认为建筑的年代最值得保存，因为建筑的光辉不在于大理石，也不在于镀金，而在于它的年代。历史建筑只能给予经常性的维护，而不可以去修复。虽然历史建筑最终会消逝，但也应坦然面对，而不要有失尊严地用虚假替代。其理论追随者英国诗人欧洲新艺术运动先驱摩里斯（Morris1834～1896）于1877年在英国创立了"历史建筑保护协会"，他在其起草的《宣言》中写道："我们请求并呼吁哪些从事历史建筑的人们，要对它们实施保护，而不是修复，要通过日常的维护来延缓建筑的衰老"。

19世纪末，意大利建筑家、艺术史家波依多（Camillo Boito，1836～1914）在吸收了上述两派思想基础上试图协调建立古迹保护的普遍原则。与罗斯金不同，他承认修复的必要性，认为维修过程中的"修复"是不可避免的，只是"修复"行为必须在所有保存维护行为被尝试均不可行的前提下才能考虑。1883年，他在《修复宪章》一文中提出"文物建筑宁可加固，而不修缮，宁可修缮，而不复原"。他认为必须通过彻底的历史考古研究，根据正确考证才能进行修复，同时指出文物古迹不仅是艺术品，更是文明史和民俗史的见证。应尊重古迹的现状，适当的加固、修缮手段是必要的，但不能通过添加片面追求古迹原有的完整风貌，一切改变之处都应该清楚标明，以免真伪混淆。历史建筑的价值是多方面的，而不仅仅是艺术价值，所以必须尊重历史建筑的现状。他在关注保持材料原真性的同时，更提倡以科学的态度对待修复工作，所以人们将其理论称为"文献性修复"。在他的修复理论中历史价值成为了核心保护目标。波依多的修复理论影响十分广泛，一些国家甚至将其作为本国古迹保护现代立法的依据。而国际上，1931 年《雅典宪章》中也给予了充分体现。

20 世纪初，奥地利艺术史家阿洛伊·里格尔（Alois Riegl1858～1905）对古迹修复问题进行了深入地理论思考，1903 年在其名篇《纪念物的现代崇拜：它的性质和起源》中指出了古迹保护的价值理论，直到今天该理论也具有十分重要的意义。他认为古迹的价值可分为两类：记忆价值和现时价值。

记忆价值以满足人们心理感情需要和知识需求，可划分为年代价值和历史价值。年代价值也可视为"旧价值"，它是一种纯粹对年代的视觉偏好，随着时光的流逝而获得意义。所以"年代价值"反对干预古迹的衰退过程以及任何主动形式的保护行为。历史价值将古迹视为某一历史瞬间特定事件的代表和象征，强调古迹的文献价值。期望通过预防性的保护行为尽可能维持其最初状态。

而现时价值可以满足实际利用和审美需要，可分为使用价值和艺术价值。使用价值是指古迹日常利用与功能。艺术价值又可分为与"年代价值"相反的"新价值"以及"相对艺术价值"。前者强调了人类为实现其利用功能而不断地努力和更新；后者强调的是对其艺术成就的尊重。现时价值提倡保护，有时甚至主张初始状态。

里格尔认为不同时期、不同人群由于推崇的价值取向不同，所以也决定了不同保护行为和方式。而价值理论的目的是帮助你确认价值的过程。至 20 世纪中期，欧洲历史古迹保存与修复理论逐步走向成熟。1963 年 Cesaer Brandi（1906～1988）出版的《修复理论》一书，为修复学科的建立又迈进了一步。《修复理论》指出艺术品的修复超出了其功能的重建，因为功能不是艺术品的主要特征，我们必须寻求历史和艺术的"潜在统一"。这种统一不是几个部分的简单拼凑，而是怎样使整体显示出艺术成就。很显然，其将艺术价值置于保护的核心地位，但是他也一再强调这种修复应以尊重历史为前提："历史和审美两个方面决定了修复或重建的程度，否则就意味着历史的伪造和美感的破坏。"受里格尔价值理论影响，Cesaer Brandi 将历史和艺术价值分析分置于保存与修复方法的优先位置。他还通过举例说明如何处理

"艺术与历史的双重性"，因为许多时候我们必须决定历史和审美哪一方面更重要，更具有优先性，也就是必须进行科学合理的价值分析与评估。他的理论已将价值评估视为古迹保护头等重要的工作。这种思想直接影响了《威尼斯宪章》的核心内容和后来各国古迹保护的实践工作直至今日。

从以上论述，我们可以看到从 19 世纪到 20 世纪中叶，欧洲古迹保护理论与实践经过了较长的发展过程，经历了一个持续的理论构建过程，它们为《威尼斯宪章》制定奠定了良好的基础。

1930 年 10 月，国际联盟下属的"国际博物馆局"在意大利罗马召开会议，讨论如何利用科学的方法检验、保护和修复艺术品，会议认为随着保护与修复技术的发展，需要有资历的专家解决由社会变化所带来的对历史建筑的威胁问题，为此急需成立一个独立于博物馆协会的专家机构。1931 年 10 月，国际博物馆局又在希腊雅典召开会议，来自 23 个国家长期从事历史建筑保护和修缮的建筑师和技师出席了本次会议。会议研究了建筑遗产的保护问题，最后形成了《关于历史古迹修复的雅典宪章》。可是由于二战原因，此项工作未能继续开展，直至 1957 年，历史建筑专家们在巴黎又重新组织召开了"第一届历史古迹建筑师及专家国际会议"，会议结束时受意大利专家 Piero Gazzola 先生邀请参加在威尼斯召开的第二届大会。1964 年，第二届历史纪念建筑师及技师国际大会在威尼斯如期召开，受会议主席 Piero Gazzola 与 Roberto Pane 共同提交的"国际修复宪章建议"启示，大会决定对 1931 年的雅典宪章进行修订。新制定的《威尼斯宪章》与《雅典宪章》有较大变化，《雅典宪章》主要是对修复原则和实践的总结，而《威尼斯宪章》主要是对保存原则和技术的要求。前后三十三年，两个宪章的保护理念发生了很大变化，这不仅与上述保护理论演进有关，更与社会的迅速发展变化密切相关。《威尼斯宪章》与《雅典宪章》制定时所处的社会环境已有了翻天覆地的变化，在现代主义旗帜下，工业化、城市化思潮已大行其道，历史古迹及其环境开始遭遇生存的威胁，在此情形下，长期以来争论不休的保存与修复问题，大家的共识自然向"保存"一方倾斜。

在"保存胜于修复"思想指导下，威尼斯宪章由 7 个主题，共 16 条项组成。

首先，它在前言部分提出了对文化遗产保护领域影响深远的两个重要思想。

一是"真实性"的概念。即"将古迹遗址所有丰富的真实性传递下去是我们的责任"；二是认识到文化的差异性，在强调形成公认国际准则的同时，要求"各国在各自的文化和传统范畴内负责实施"。从实践层面上而言，也为中国特色的文化遗产保护理论和实践的发展提供了国际层面的法理依据。

威尼斯宪章核心内容主要包括以下五项原则：

（1）历史古迹的概念：强调包括单独的建筑物、建筑群、城市、乡村和环境。尤其是环境被首次纳入到历史古迹概念的范畴中使保护的概念变得更加完整。

（2）保存：加强古迹的保存。虽然古迹的利用是必要的，但不得改变它的布局或装饰；应该保护古迹的环境，不允许随意拆移、也不允许随意转移装饰物。

（3）修复：只有在必须情况下才能开展修复工作。不允许重建；结构和材料的真实性必须尊重；任何添加须区别于原物；尽可能使用传统技术。

（4）考古：考古发掘必须由专家来实施，遗址恢复不得改变建筑以免曲解其意。

（5）记录：一切行为都应有记录，并存放于公共档案馆中。

四 "修旧如旧"是中国对《威尼斯宪章》实践和发展的贡献

从时间上分析，梁思成先生提出"修旧如旧"观点应在1955年左右，而《威尼斯宪章》在1964年发布，可以说在20世纪中叶中国建筑师对于古迹保护理念的认识并不落后于欧洲。而从"修旧如旧"的内涵分析，梁先生提出的古迹保护原则与威尼斯宪章提出的原则有异曲同工之处。可以说"修旧如旧"四字是梁思成先生用东方的哲学思想和语言对威尼斯宪章最精辟的诠释，并一直指导着中国文化遗产保护事业的实践和发展。

同时，我们发现由于受地域性哲学体系的影响，威尼斯宪章修复部分的第十二条遗留着一个无法回避的矛盾和问题："缺失部分的修补必须与整体保持和谐，但同时须区别于原作，以使修复不歪曲其艺术或历史见证"。很明显，以上的"和谐"和"区别"是必然存在的一对矛盾，但《威尼斯宪章》中并未提出协调该矛盾的标准。这需要各国文化遗产保护领域工作者共同去思考和回答，该问题不解决，作为一个国际宪章在全世界范围实施必然由于理解不同或标准不统一造成更多的问题。而梁思成先生提出的"修旧如旧"恰恰以东方人的思辨性和审美情趣回答了这一问题。因此，可以说"修旧如旧"思想又是对《威尼斯宪章》不足的完善，可视为中国文化遗产保护理论对威尼斯宪章五十年来实践和发展的贡献。

---

　[1]　曾纯净、罗佳明《威尼斯宪章：回顾、评述与启示》，《天府新论》2009年第4期，47~55页。

叁　应用、总结与发展

关于哈尼梯田可持续发展策略的点滴思考

张　谨

（中国文化遗产研究院）

摘　要：哈尼梯田是 2013 年刚刚列入世界遗产名录的有机演进类型的文化景观类遗产。哈尼梯田由于其演进机理而具有以农业生产为特征的活态遗产的性质，更由于其景观价值特征而具有规模巨大、人口众多、自然文化特性共存的特点。面对这样的复杂性，如何做好保护管理工作，实现哈尼梯田未来的可持续保护与发展就成为特别重要的课题。国际组织也因此要求缔约国政府作出特别研究报告与承诺。哈尼梯田的可持续保护不仅仅要针对传统意义上的遗产本体与环境，更需要关注更大区域内的经济模式、产业构成、劳动力资源分配，以及林业、农业、水利、生态、旅游方面的综合保护，才能实现有效的保护利用与长期的良性循环，走上可持续保护与发展之路。

关键词：哈尼梯田　世界遗产　可持续发展

一　问题的提出

2013 年，哈尼梯田申遗成功之后，所有人在惊呼它的美景的同时，几乎同时提出了一个问题：如何在保护中发展？申遗成功之后，路该怎么走？现在，申遗成功之后躺在功劳簿上，只见开发少有保护的例子举不胜举，不能不说是申遗的流行性保护后遗症。已列入世界遗产名录的村寨、乡镇、古城，饱受过度商业化的抨击，更时不时收到来自教科文组织的质询。哈尼梯田精密而脆弱的生态系统、社会系统、人与自然互动的模式，经得住这样的冲击吗？又需要怎样的保护与发展道路呢？

哈尼梯田由森林、水系、梯田和村寨构成的"四素同构"系统完美反映了长期演进形成的精密而复杂的生态系统，并通过独特的社会文化系统得以维系，彰显了人与自然互动的一种重要模式。与古建筑、古遗址、古化石等这类遗产不同，哈尼梯田价值核心不仅仅在于村寨、建筑的审美价值，更在于其独特的社会结构与经济模式，这是哈尼梯田得以列入世界遗产名录的价值核心。保护哈尼梯田，就必需保护其完整的社会体系，保护其宗教信仰、传统文化、价值观，保护其以农业为主的经济模式，以及赖以生存的生态环境。因此，只有对哈尼社会进行全方位的保护，才能延续哈尼梯田的世界遗产价值。可以说，成为世界文化遗产的不仅仅是梯田，更是哈尼社会的全部。

我们从未面对这样复杂的遗产。它与人息息相关，没有人耕田，哈尼梯田就不复存在；它的绝世美景使其价值独一无二却也成为全球化的旅游目的地，旅游压力对于其生态脆弱性、传统社区价值观的冲击将史无前例，城市化进程的发展也使经济模式、劳动力结构面临着巨变的前夕。可以假想，如果村寨发生"空心化"，那么谁来耕田？当农民感到在梯田里劳作，远不如搞旅游的回报时，还愿意在梯田里辛苦耕作吗？假如旅游公司把这些梯田租赁下来作为资产经营，村民成为员工，耕种沦为表演，延续千百年的社会关系、组织发生巨变，这种文化景观有何意义？文化传承从何谈起？

在这样的情况下，哈尼梯田的价值如何延续？承载价值的遗产本体、环境、物质与非物质遗产如何延续？会不会一个链条的崩溃引发整体经济模式、社会结构的巨大变化？这样的变化会不会直接导致遗产的消失？虽然在 2012 年，我们申遗文本与管理规划团队，通过对现场的评估，得出了传统保护机制仍在发挥重要作用，现状保存良好这样的结论，但是面对未来的加速发展，特别是申遗成功之后带来的改变，我们并非没有忧虑。同样的，作为世界文化遗产专门评估机构的国际古迹遗址理事会——ICOMOS 也意识到这个问题，因而在哈尼梯田的评估报告中要求缔约国提供可持续保护的策略与规划，并在 2015 年世界遗产大会讨论，这是哈尼梯田得以列入世界遗产的条件，也是缔约国必须完成的承诺。

面对这样前所未有的保护难题，传统的文物保护思路已经远远不能适应哈尼梯田的要求。这需要经济学、社会学、农业、生态、环境等多学科的综合研究，更需要政府部门、学术团体、社会组织等各方面力量的群策群力。

二　关于哈尼梯田可持续发展与整体保护的思考

对于哈尼梯田，保护肯定不能是福尔马林式的，更不能是仅限于文化遗产领域的，面对社会的发展与变迁，只有以可持续发展的思路，来思考哈尼梯田的整体保护策略，才能理解和应对现在及未来长期的挑战。但是，发展在哈尼梯田这样的活态遗产面前到底是什么样的位置与角色，而发展又是基于什么样的道路呢？

1. 改善经济结构

申遗成功带来了前所未有的关注度与机遇，机遇就是应该努力改变基础设施滞后，资源开发利用程度低，产业结构不合理，社会组织发育不良，劳动者科学文化素质低等制约经济社会全面发展的瓶颈，让梯田获得经济、社会、文化、生态等"多梯次"的支撑。

农业的增收直接与村民收入挂钩，并且有益于遗产的保护，是哈尼梯田发展的根本性策略。以有机农产品带动传统农业发展，使农业经济在经济结构中占据主体，提升农产品附加值，使农民直接受益于耕作，这是梯田保护的原动力。试想，如果1斤无污染、原生态、非转基因的梯田红米售价提高5元，遗产地4700公顷梯田将要增收多少！那是数亿元的收入，即便哈尼梯田收取100元门票，年游客达到200万，也实现不了这样的营收啊。目前遗产地在积极培育梯田产业品牌，引入市场机制推广种植梯田红米等生态产品也取得了不错的成果。但是，未来如何扩大资金规模、引入人才、做大做强，进一步打开市场，形成品牌优势，使遗产地的农户全面受益都是值得研究的课题，更是需要社会力量共同支持的事业。

旅游在哈尼梯田的发展决不能走竭泽而渔的道路，而应该开展资源保护与发展利用相平衡的生态旅游。目前哈尼梯田在推动农家乐形式的家庭旅游产业，这使村民收入有了很大提高，对村民自觉维护梯田是有积极作用的。但是也应该注意，从传统均衡的农业经济，转向出现贫富差距的旅游经济，对社区群体、传统信仰是有一定冲击的。目前开展农家乐的160户人家在遗产地五万人口中是很少一部分，也集中在非常有限的几个村寨，如果在遗产地全面开展会造成什么样的社会问题？哈尼社会推崇的互帮互助的习俗与传统还能存在吗？社区结构还能和谐吗？梯田是极限自然条件下社区内部在社会组织方面自平衡的结果，如果这种平衡被打破，出现了资源争抢，乡规民约的严肃性、社区首领的权威性受到破坏，梯田还能种下去吗？现在遗产地村民农忙的时间与哈尼梯田旅游的黄金时间正好错开，为同时开展农业生产与家庭旅游业态提供了条件，如果旅游压力进一步加大，抑或政府强力推进，会不会导致因旅游废耕田的发生？没有耕田，旅游又能发展多久呢？

因此，旅游产业的推进，要有科学的发展目标，合理的发展规划。在哈尼梯田遗产管理规划中，我们提出把大型旅游服务设施建在新乡、胜村、攀枝花等几个镇上，而不是分散在村寨中；采用公共交通换乘，而非自驾游到田间地头的形式，就是希望未来将旅游压力对遗产地的影响降低到最小。旅游产业的推进，要时时把村民的权益放在首位，要有长远的眼光，不能急于求成。国内一些梯田景区曾出现过村民罢种罢耕，要求旅游公司提高补贴的事情，这是前车之鉴。使遗产地的原住民共享保护与发展的成果，这是世界遗产的重要理念，哈尼梯田应该成为示范。要建立农户补偿机制，让村民参与遗产保护与开发并受益，使他们有扎根乡土发展特色旅游的自信心和自豪感，从而留住年轻人，留住人才。

2. 维护传统价值观

传统文化与信仰系统的丢失导致遗产的衰落、社会结构巨变的案例，在全球范围内屡见不鲜，因此这在哈尼梯田的保护中是重中之重。

哈尼人从衣食住行、婚丧嫁娶、节日庆典、宗教祭祀仪式等民俗活动，到思维方式、伦理道德、处世哲学、审美观等意识形态，再到哈尼梯田种植的稻米、养殖的鲜鱼，直至所居住的蘑菇房、穿戴服饰、饮食习惯等等，都是哈尼梯田文化的独特构成部分，无一不是从梯田生活衍生而来。这样的传统文化习俗信仰正是维系哈尼梯田存在的根源。一千多年来，哈尼梯田依靠自身的文化系统维护了精密复杂的生态机制，维护了特殊的社会结构，与经济运作模式，今天他仍具有旺盛的生命力，这说明传统的文化系统是非常有效的，而我们所需做的就是了解它，认同它，并且用尊崇、敬畏之心去维护延续。在现代社会经济发展与新的生活行为方式的冲击下，是否干预、如何干预、何时干预，需要慎之又慎。但是有两方面工作却是当务之急：一是对民间文化的扶持，应当设立多层次的教育机构、培训机构、文化团体，大力挖掘哈尼文化，构建民族特色的文化保护体系；二是开展科普教育、展示传播的工作，对居民及外来游客加强宣传，使其了解哈尼梯田的价值，热爱、传承本地文化，改良生产技术，尊崇当地习俗传统。

3. 保障劳动力资源

要加强对哈尼梯田人口及劳动力结构的研究与监测，保障劳动力资源与梯田需求间的平衡。哈尼梯田人地矛盾突出。人均0.86亩的耕地本就极少，人口却在不断增加，梯田的开垦已经达到了极限。现在剩余劳动力逐年增长，年轻人大量外出打工，老人和妇女、孩子留守梯田，但是相关研究表明，离开梯田外出打工的人大多是短途打工，并且大都能够在插秧和收割季节回家帮忙，梯田劳动力流失的情况并未出现。反而，在人多地少的情况下，当地村民只好通过增加单产和改变用地结构实现增收，做法之一就是将林下植物清除以便种植收益较高的草果等，而林下种植草果就会使森林弱化蓄水能力，降低生态弹性。因此，与菲律宾伊富高水稻梯田由于劳动力流失而导致濒危的问题不同，哈尼梯田恰恰反而需要疏解部分劳动力人口。这当然给了我们很好的喘息的机会，在劳动力流失的拐点出现前，可以仔细地思考应对策略，通过全面的劳动力资源调查，结合产业结构调整的契机，合理规划劳动力资源分配，使遗产地的整体人口分布与产业结构相平衡。

4. 推进基础设施建设

在维护传统村寨风貌的同时，如何改善居住条件，使现代化、舒适的居住条件进入百姓的生活，使传统建筑仍然具有吸引力与生命力？

很多农户家的居住条件很差。哈尼梯田遗产区农户 1.1 万多户中，生活在传统或半传统民居中的农户就有 3000～4000 户，其中 15%～20% 的农户家庭居住条件相当艰苦，常有一个家庭七八个人（两代甚至三代人）共住一间卧室。保护哈尼梯田应该从保护梯田上的主人开始，人的可持续发展是哈尼梯田可持续保护和发展的长远保证。改善他们的居住条件是当务之急。

这方面已经做出了有益的尝试。以《红河哈尼族传统民居保护修缮和环境治理导则》为依据的在遗产区内开展的试点工作得到了村民的热烈支持，说明了由政府提供补贴，村民自己动手参与的方式是可行的，将现代化的厨房、卫生间引入传统民居的方式是可行的，但是未来的推广是更大的任务。如何将试点工作的经验——民主、社区、自建、政府补偿的方式逐步在 82 个村寨推开，而不是传统的政府买单，集中大批量文物修缮工程的方式，需要各方面坐下来好好研究，慎重决策。

水利等基础设施建设严重滞后。元阳梯田的灌溉沟渠 90% 以上是土沟渠，沟渠渗漏及工程性缺水，造成部分梯田得不到有效灌溉，面临干涸危机，抵御自然灾害能力弱化。但是全面的对沟渠硬化，又需要对沟渠的样式做很好的设计，才能不影响景观的视觉效果，这需要细节的工作。

传统用水方式中没有化学洗涤剂的加入，水系在从山林经过村寨到达梯田的循环中是有机生态的，而现代的生活方式改变了水的成分，我们在遗产管理规划中提出了在村寨集中设置水处理系统，使生活用水净化后流入梯田的措施，这样的措施也需要尽快地组织实施。

管理规划中确定的遗产区以外的旅游设施发展区域，如新街镇严重缺水，随着人口增加以及旅游业的发展，大量人口涌入这些地区，将造成更大的需求缺口，仅靠现有设施，难以满足居民生产生活的需要。而这也需要对遗产地所在区域更大范围的综合考虑。

5. 实施严格的生态保护

毋庸置疑，生态保护是哈尼梯田存在的基础。一千多年的演进过程里，哈尼先民已经建立了行之有效的包括乡规民约、分工协作等在内的制度体系，对生态环境进行保护，并且至今仍在发挥重要作用。在过去的数年间，随着现代行政管理制度的介入，哈尼梯田也逐步形成了传统机制与现代行政管理相匹配的有效的生态保护体系，对物理要素山、林、水、田的保护发挥了极其重要的作用。林业方面，以提高森林覆盖率为目标，2002～2012 年，在遗产区植树造林 29 万亩。在农业方面，对梯田种粮农户实行良种补贴、农资综合补贴等。同时在遗产地推广沼气等新型能源，替代薪柴需求。县、乡镇、村委会、村民逐级签订《基本农田保护目标责任书》，有效保障了耕田面积。水利方面进行了小流域治理与水利设施建设，保障了生态机制的完好性。无疑，在生态保护方面的机制是相对最为健全，也是令人对未来最充满信心的方面。

三　结语

提出这么多要做的事，能否做到，很多人有疑虑。有人说，全社会全方面地保护不现实，不可能凝固社会。但是不提出就永无实现的可能，全世界的乡村景观特别是快速城市化地区，都面临着同样的问题，没有人能够完全解决这一难题，但是一种科学、认真的态度是需要做到的。我们相信，随着社会学、经济学等超越了传统遗产保护领域的学科介入，随着更多社会力量的介入，随着更多的讨论与思考，以一个更为广阔的视野来认识哈尼梯田的价值，制定整体的、综合的保护与发展策略，一定能够找到一个保护与利用的平衡点，让人与自然和谐相处，实现未来的可持续发展之路，这也是今天我们当代人对哈尼梯田遗产价值的延续。

真实性标准和不改变文物原状原则
在大运河遗产保护中的应用

赵　云

（中国文化遗产研究院）

摘　要： 真实性概念已在国内被普遍接受，并被认为是与不改变文物原状一致的文物保护原则和检验标准。对于大运河遗产，真实性标准和不改变文物原状原则依然适用。认识和应用的关键在于：根据遗产要素对遗产整体价值的支撑价值作用进行分类，在此基础上确定不同类型遗产要素的真实性和保护需求；对于具有不断演进特性的遗产要素，应将与当前用途和功能需求相适应的变化理解为构成运河遗产价值的一方面，并基于此建立评估其真实性的标准；坚持"不改变文物原状"，包括保存现存的所有历史实物、也包括维持与当前用途和功能需求相适应的演进规律。

关键词： 真实性　不改变文物原状　大运河遗产

一　关于真实性的中国文化遗产保护理论

20 世纪 30 年代以后，中国营造学社开始开展中国传统建筑研究、保护工作，这也被认为是中国当代的文物保护事业初始阶段的重要工作。之后，基于古建筑维修实践，梁思成提出的"修旧如旧"观点成为中国文物保护修缮的核心理念，它是针对中国古代维修古建筑时的传统做法——习惯于推倒重来和"焕然一新"、不注意对建筑实体历史真实的科学保护，而提出的新的保护观点[1]。"修旧如旧"是颇具文学色彩的表达，包含了保存现状、保存或恢复原状、以科学记录和研究为维修前提、追求修复效果和谐等一系列重要思想[2]。

1961 年，国务院公布了第一批全国重点文物保护单位，1982 年，国务院公布了第一批国家级历史文化名城。伴随着国家保护体制的确立，文物保护法律体系开始建立。在一系列的法律、法规中，最重要的是 1982 年由全国人民代表大会公布的《中华人民共和国文物保护法》，总结了此前的法律法规，规定了文物保护主要是各级政府的责任，规范了文物保护工作者的行为，并明确了"不改变文物原状"的原则[3]。如果追溯该原则的明确起源，并与梁思成的观点相对比，则可发现二者的一致性——1961 年的文物保护管理暂行条例正是将"修旧如旧"表述的理念以适用于法规条文的表达形式写入了中国的文物保护法律法规，并显示了"不改变原状"包含两层涵义——恢复原状或者保存现状，这两层涵义都是梁思成在 20 世纪 30 年代提出的[4]。

1985 年中国加入《世界遗产公约》，20 世纪 90 年代后，国内开始使用"真实性"和"完整性"的概念。理论方面，关于"真实性"的探讨较多，关注的问题主要包括：解读国际文件中的"Authenticity"的含义并将其对应于中国的文物建筑保护工作的问题；探讨 Authenticity 译为"真实性"或"原真性"的问题；针对不同类型的文化遗产，如何应用"真实性"标准的问题。此外，突出的理论研究成果还包括关于"真实性"原则与"不改变文物原状"原则的关系问题。1997～2002 编撰的《中国文物古迹保护准则》（以下简称《准则》）对这个问题作出了正面回答："本准则的宗旨是对文物古迹实行有效的保护。保护是指为保存文物古迹实物遗存及其历史环境进行的全部活动。保护的目的是真实、全面地保存并延续其历史信息及全部价值。保护的任务是通过技术的和管理的措施，修缮自然力和人为造成的损伤，制止新的破坏。所有保护措施都必须遵守不改变文物原状的原则"。可以说《准则》实现了真实性原则和不改变文物原状原则的统一。

2002 年后，相继有一些关于文物保护的法律法规和文件使用了"真实性"一词或类似表达。如 2002 年《关于加强和改善世界遗产保护管理工作的意见》[5]，2003 年《中华人民共和国文物保护法实施条例》[6]，2003 年《文物保护工程管理办法》[7]，2004 年《全国重点文物保护单位保护规划编制审批办法》[8]，2006 年《世界文化遗产保护管理办法》[9]。

二　真实性标准和不改变文物原则在大运河遗产保护中的运用

尽管真实性概念已在国内被普遍接受，并被认为是与不改变文物原状一致的文物保护原则和检验标准。但如何在中国的文化背景中使用真实性标准并无成熟的经验或公认的典范。《准则》作出的努力，尤其是对文物现状的保存、对修复的严格限制以及可识别性的要求至今仍常常遭遇实践的挑战。

2008～2014 年，在大运河保护和申报世界文化遗产过程中，学术界、管理者们最常探讨的问题，如新开的河道、经扩挖改道的历史河道是否属于大运河遗产、对在用的大运河河道和水工设施如何应用"不改变文物原状"原则、已成为考古遗址的大运河遗产是否应该复原、复建……都是围绕真实性标准和"不改变文物原状"原则的实际应用而展开的。

1. 大运河遗产的价值载体

大运河是一处大型运河遗产，包含类型众多、代表不同演进过程的遗产构成要素，对其真实性的认识和保护，有其自身的特点和要求，但仍然遵循根据价值明确载体和分析真实性、根据真实性特征建立保护对策的逻辑。

大运河遗产的价值要点包括：隋唐宋、元明清两次大贯通时期漕粮运输系统的格局、线路、运行模式；自春秋至今清晰、完整的演进历程；传统运河工程的创造性和技术体系的典范性；对中国或区域文明持续的、意义重大的影响——包括历史上大运河的用途和功能以及延续至今的贡献。据此，保护总体规划对遗产认定的策略是：

首先明确各历史时期河道主线，在此基础上，确认沿线文化遗存。

强调遗产元素及其重要特征对遗产整体价值的贡献和元素之间的价值关联。

优先关注具有代表性意义的运河工程及其遗址的整体性，优先关注体现中国古代独特的水运水利制度及运河文化的运河附属遗存和相关遗产。

最终确定的中国大运河遗产共 364 项。其中，运河水工遗存共 222 项，包括河道遗存（包括在用、废弃的河道以及河道遗址），湖泊、水库、泉等水体遗存，水工设施遗存。运河附属遗存共 41 项，包括配套设施遗存、管理设施遗存和沉船遗址等其他附属遗存。运河相关遗产共 101 项，包括相关碑刻、古建筑、古遗址、近现代建筑与史迹等相关遗产点和相关历史文化街区。

2. 大运河遗产真实性分析

在确定大运河遗产构成，即价值载体的基础上，进一步对其真实性进行分析。依据《实施世界遗产公约的操作指南》和《奈良真实性文件》，大运河的真实性与下列特征相关：各项遗产要素的外形和设计、材料和实体；当前有实用功能的遗产要素的用途和功能；各组成部分的位置和布局、精神和感觉。

（1）重点之一是在用工程（包括河道、湖泊和水工设施）在外形和设计、材料和实体方面的真实性。大运河在用河道的断面、平面形态和堤岸材质随着功能的转变而发生着持续的变化，总体趋势为加宽、加深、岸线取直或局部硬质化；在用湖泊自历史时期发展为园林景观后基本定型、延续至今，总体形态基本未受干扰，在

153

整治水体和驳岸时为满足开放需求而使用了新材料、改造了局部岸线；在用水工设施（包括桥、堤坝、码头）基本上保持着历史时期的形制、材料，维修时尽量采用传统材料和工艺，由于防洪和防船撞击的安全需求，在个别水工设施加固维修时采取了原物表面外包或部分替换使用新材料的情况，同时在宽度、高度和局部形制方面造成了轻度变化。由于运河遗产具有不断演进的特性——与当前用途和功能需求相适应的变化本身就构成运河遗产价值的一方面，因此，在用工程的外形和设计、材料和实体的真实性，体现在它们的现状和清晰的历史发展过程共同显示了适应需求时维持原状和不适应需求时调整变化的规律。

（2）重点之二是当前仍有实用功能的遗产要素在用途和功能方面的真实性。按照当前功能与历史时期功能的关系，分为完全延续的用途和功能、部分延续的用途和功能、调整的功能、再利用的功能四种情况：

完全延续的用途和功能：如大运河的中运河、淮扬运河、江南运河的大部分河道用于重型货物运输，什刹海、瘦西湖两处湖泊都维持着自明代以降的景观游憩功能，拱宸桥、洪泽湖大堤、邵伯码头等桥、堤坝、码头的历史功能从未中断和改变。运河沿岸历史文化街区作为以居住和商业为主体功能的城市街区至今充满了活力和吸引力，这些遗产要素延续至今的历史时期的用途和功能，真实地展现了大运河历史悠久且持续的经济、景观和社会价值。

部分延续的用途和功能：为保护运河城市的历史格局和景观环境，近几十年来建设和完善高等级运河航道时往往采取新开绕城段的方式，由此产生了许多城区运河故道，通常称为老运河、古运河，这些河道主要用于水路游览或小规模货物运输，虽然用途有所改变，但仍延续了通航功能，同时，由于没有航道扩容的压力，往往最接近历史时期的航道尺度，借助于文献研究、考古工作和阐释手段，能够真实地展现大运河作为农业文明时期运河的技术和景观价值。

调整的功能：由于历史上或当前的水源问题以及替代的交通方式的出现，通惠河、北运河、南运河、卫河等河道不再作为航道使用，但仍发挥着重要的防洪、生态和景观功能，防洪、生态、景观原本是河道自身具备，但非主要用途的功能，适应于当前的社会需求而得以调整为主要功能，正是运河遗产的特性之一，展现了大运河的动态性和适应性。

再利用的功能：大运河的绝大多数闸因河道使用性质或通航方式的改变而失去了调节航道水深的作用，当前改作为桥使用；个别河道遗址（如通惠河北京旧城段玉河故道）经发掘后修整、通水，重新利用为景观河道；废弃的盐商住宅（卢绍绪宅）再利用为商业场所。此外还有个别配套设施（如富义仓）局部用以经营，但都服务于大运河价值的展示和阐释，属于与遗产实物展示手段相互补充的利用性阐释手段，因此是可以理解的功能演变，同时，这些必要的调整有利于遗产要素的保存和延续。

由此可见，所有当前有实用功能的遗产要素的用途和功能都体现了良好的真实性。

3. 基于真实性特征的大运河遗产保护思路

基于上述对大运河遗产要素的认定和真实性分析，确定大运河遗产保护的原则是：各遗产要素应按照各自具有的价值特征及其对遗产整体的价值贡献，获得有效维护和保护。

（1）对于运河水工遗存，根据其现存状态分为两种方式：

对在用运河水工遗存，以日常保养和维护为主要任务，包括河道与水库治理、水工设施养护、航道建设等，在符合现行的水利、航道、环境法律、法规的同时，应遵循以下要求以满足保护遗产价值和真实性的需求：应识别、尊重、保存被使用的遗存在外形和设计、材料和实体、用途和功能、方位和位置各方面留存至今的历史信息；应将工程措施与非工程措施结合，提高河系防洪能力，鼓励运用非工程措施；鼓励在工程中使用大运河遗产历史上各区段所采用的、符合地方特点的传统技术、传统材料、传统结构和传统工艺；实施河道工程，不得改变河道的总体走向，并尽可能维护河道形态和传统堤岸。

对遗址遗迹类或废弃的运河水工遗存，保护和利用应遵循"不改变文物原状"的原则。对现状为遗址遗迹的河道，不宜通水、通航。应严格保护废弃水工设施，尤其应注重保护它们在用途和功能、方位和位置方面留存至今的历史信息；当前的利用功能应与其价值相符；废弃水工设施不应拆除、迁移、重建。

（2）对于运河附属遗存以及相关遗产，首先，应遵循"不改变文物原状"的原则进行保护：不得拆除、迁移、重建；对考古遗址实施原址保护，不得复建；建、构筑物的修缮应符合"尽可能减少干预"原则。其次，运河附属遗存以及相关遗产的利用功能应为大运河遗产的阐释和展示。此外，还应保护运河附属或相关遗存与大运河河道之间在实体、空间、文化方面的关联关系。

4. 小结

对于大运河遗产，真实性标准和不改变文物原状原则依然适用，认识和应用的关键在于：

（1）根据遗产要素对遗产整体价值的支撑价值作用进行分类，在此基础上确定不同类型遗产要素的真实性和保护需求。

（2）对于具有不断演进的特性的遗产要素，应将与当前用途和功能需求相适应的变化理解为构成运河遗产价值的一方面，并基于此建立评估其真实性的标准——它们的历史发展过程是否清晰？它们的物理特征和功能是否符合适应需求时维持原状和不适应需求时调整变化的规律？

（3）对于"不改变文物原状"的两层涵义：保存现状、恢复原状，从大运河的遗产价值主要基于历史信息来看，"保存现状"是更合理地选择。这包括保存现存的所有历史实物、也包括维持与当前用途和功能需求相适应的演进规律。

[1] 1935 年，梁思成作《曲阜孔庙的建筑及其修葺计划》："在设计人的立脚点上看，我们今日所处地位，与二千年来每次重修时匠师所处地位，有一个根本不同之点。以往的重修，其唯一的目标，在将已破敝的庙庭，恢复为富丽堂皇、工坚料实的殿宇；若能拆去旧屋，另建新殿，在当时更是颂为无上的功业或美德。但是今天我们的工作却不同了，我们须对于各个时代之古建筑负保存或恢复原状的责任。在设计以前须知道这座建筑物的年代，须知这年代间建筑物的特征；对于这建筑物，如见其有损毁处，须知其原因及补救方法；须尽我们的理智应用到这座建筑本身上去，以求现存构物寿命最大限度的延长，不能像古人拆旧建新，于是这问题也就复杂多了。"

[2] 1964 年，梁思成作《闲话文物建筑的重修与维护》，比较系统地探讨了"整旧如旧与焕然一新"，"一切经过试验"，"古为今用与文物保护"，"涂脂抹粉与输血打针"，"红花还要绿叶托"，"有若无，实若虚，大智若愚"等问题，涉及维修理念、国家经费安排、管理和利用、环境、具体技术和做法等多个方面。

[3] 中华人民共和国文物保护法（1982）：第十四条，核定为文物保护单位的革命遗址、纪念建筑物、古墓葬、古建筑、石窟寺、石刻等（包括建筑物的附属物），在进行修缮、保养、迁移的时候，必须遵守不改变文物原状的原则。

[4] 文物保护管理暂行条例（1961）：第十一条，一切核定为文物保护单位的纪念建筑物、古建筑、石窟寺、石刻、雕塑等（包括建筑物的附属物），在进行修缮、保养的时候，必须严格遵守恢复原状或者保存现状的原则，在保护范围内不得进行其他的建设工程。第十二条，核定为文物保护单位的纪念建筑物或者古建筑，除可以建立博物馆、保管所或者辟为参观游览场所外，如果必须作其他用途，应当由主管的文化行政部门、报人民委具会批准。使用单位要严格遵守不改变原状的原则，并且负责保证建筑物及附属文物的安全。

[5] 《关于加强和改善世界遗产保护管理工作的意见》：文化部、国家文物局等九个部门联合发出，指出"近年来我国对世界遗产的保护不尽如人意，甚至出现建设性破坏等现象，超容量开发和过度利用已经威胁到这些珍贵世界遗产的完整与真实"。

[6] 《中华人民共和国文物保护法实施条例》：第九条，文物保护单位的保护范围，是指对文物保护单位本体及周围一定范围实施重点保护的区域。文物保护单位的保护范围，应当根据文物保护单位的类别、规模、内容以及周围环境的历史和现实情况合理划定，并在文物保护单位本体之外保持一定的安全距离，确保文物保护单位的真实性和完整性。

[7] 《文物保护工程管理办法》：第三条，文物保护工程必须遵守不改变文物原状的原则，全面地保存、延续文物的真实历史信息和价值；按照国际、国内公认的准则，保护文物本体及与之相关的历史、人文和自然环境。

[8] 《全国重点文物保护单位保护规划编制审批办法》：第九条，编制文物保护单位保护规划应当满足下列基本原则和要求：（一）尽可能减少对文物本体的干预，保存文物本体的真实性，注重文物环境的保护和改善，保护文物本体及其环境的完整性……

[9] 《世界文化遗产保护管理办法》：第三条，世界文化遗产工作贯彻保护为主、抢救第一、合理利用、加强管理的方针，确保世界文化遗产的真实性和完整性。

以小见大，以旧存新

——基于真实性原则的苏州留园曲溪楼修缮加固工程

姚舒然

（东南大学建筑学院）

摘　要： 留园曲溪楼作为世界文化遗产苏州园林中的一个单体建筑，其修缮过程必须符合世界文化遗产中历史建筑的保护原则即真实性原则；而作为每日有大量游人进入参观的园林建筑，其结构安全是攸关生命的重要问题。本文以曲溪楼的修缮过程为例，介绍了如何在历史建筑的修缮过程中贯彻真实性原则；以及在保证其历史真实性的前提下，如何对曲溪楼失稳的结构进行最小化的干预以达到安全加固，从而符合日后的使用需求，也是修缮工程关注的重点。

关键词： 历史建筑　曲溪楼　修缮　真实性　安全性

在世界文化遗产苏州园林的众多园林建筑中，留园的曲溪楼是近年来第一个进行大规模修缮的建筑。因此虽然曲溪楼只是一栋面积仅有百余平方米的二层小楼，其修缮过程却一直备受社会各界关注，自对其进行修缮设计到修缮工程验收完毕，前后历经三年多的时间，这项工程终于画上了一个圆满的句号。

作为世界文化遗产中的一个组成部分，曲溪楼的修缮过程必须符合文化遗产中历史建筑的保护原则。"真实性"（Authenticity）是世界遗产委员会（WHC）明确规定的检验世界文化遗产的一条重要原则，是定义、评估和监控文化遗产的一项基本因素，也是进行遗产的科学研究、保护与修复规划及登录与管理的依据标准。自20世纪60年代《威尼斯宪章》将真实性原则引入遗产保护领域以来，有关真实性的观念随着现代社会对遗产的认识而不断发展，人们不断认识到，需要以真实性视角保存的不仅仅包括"物质"的具体文物，同时还扩展到"非物质"的传统工艺或社会文化等一系列真实的存在。曲溪楼作为世界文化遗产苏州园林的一个单体，它既是实体文物，也是苏南地区传统建筑样式和建造工艺的见证，蕴藏着一系列的历史价值、艺术价值和科学价值。

至修缮前，曲溪楼出现了地基不均匀沉降、构架倾斜等失稳问题，以及柱、梁、桁条等诸多构件潮湿腐烂等问题，影响了其结构的安全性和本体的完整性，从而也破坏了曲溪楼真实性的延续。因此，本次修缮也以真实性原则为基本出发点，对曲溪楼进行加固性的修复工作，从而尽可能全面而准确地保存曲溪楼的实物历史和遗产价值。

一　曲溪楼建筑本体的真实性研究

1. 曲溪楼历史沿革及建筑本体特征

曲溪楼是苏州留园中的一座临水楼式建筑。留园始建于明代，坐落于苏州古城西侧，现有园林建筑以清代风格为主，约有面积 2.3 公顷。1997 年与拙政园、网师园和环秀山庄等作为苏州园林的杰出代表同列为世界文化遗产。曲溪楼则始建于清嘉庆初年，其时名为"寻真阁"，光绪年间，因其前临曲水改名为"曲溪楼"。1953年整修留园时曾对曲溪楼进行落架大修，后一直维持至修缮前未作更改。

曲溪楼坐落于苏州留园中部水池的东侧，呈南北走向，其北端与"西楼"连成一体，形成曲尺形平面。曲溪楼开间总长 13.1 米，分五间；进深 3.3 米，作五架，占地面积约 60 平方米，两层总面积约 113 平方米。高二层，单坡歇山顶，正脊距楼西侧室外地坪高约 8.4 米，一楼净高约3.2 米。曲溪楼一层梁架为扁梁搁方檩承楼板，二层梁架为圆作抬梁结构，梁架上使用人字轩架。由于平面狭长，曲溪楼临水立面的一层白墙上广开空窗，取窗外景物于楼中，以减弱过道的感觉；临水立面二层围以连续葵式短窗，窗下设栏杆，两尽间墙面则镶冰裂纹明瓦花窗。墙体为单丁空斗砌法，屋面为小青瓦屋面，檐口有飞椽，屋檐翼角为水戗发戗做法。

2. 曲溪楼的遗产价值

曲溪楼于留园中有着重要的位置。曲溪楼不仅是界定留园中、东部景区的

图 1　曲溪楼外观（苏州留园管理图提供图片）

图 2　曲溪楼位置图（作者自绘）

重要建筑，还是留园入口空间序列中的重要环节。留园的入口前导序列是江南诸园中最为经典的案例，也是留园作为苏州园林的代表作品，被列为世界文化遗产之一的重要因素。而曲溪楼即是这杰出的前导序列的最后一个环节，穿行曲溪楼便可达五峰仙馆、冠云峰等留园中重要景点，承担了承前启后的连接作用。

曲溪楼的建造体现了苏州园林独具匠心的营造手法。曲溪楼所在地盘长 13 米，宽仅 3 米，狭长似通道。建造者利用地形的长度展开曲溪楼的临水立面，利用正脊和歇山戗角等建筑元素营造出楼阁的建筑外观，变通道为建筑。楼阁形象不仅使得曲溪楼成为留园入口前导序列结束的提示点，同时也改善了中部水池周边的围合空间，曲溪楼与水池对面的涵碧山房、明瑟楼等建筑遥相呼应，形成"重楼杰出"的池岸线。这一营造意匠巧妙而高明，精彩而不落痕迹，有着非常高的艺术价值和科学价值。

曲溪楼的建造反映了清末苏南地区的某些传统建筑样式特征和营造工艺。曲溪楼结构为苏州地区典型的厅堂升楼做法；二楼人字轩架的使用则变单坡顶为室内的双坡，改善了室内空间效果；其建筑外观以白墙、漏窗和花窗等为基本组合元素，通透而典雅；建筑色调则以白色粉刷和荸荠色油漆为主，温和而素净。其临水立面上的两扇明瓦窗制作精美，保存完好，为苏州地区现存不多的实例。这些样式特征和实物遗存都具有较高的历史价值和艺术价值。

二　力求精确的科学勘查方法

作为《威尼斯宪章》的补充和拓展，《奈良真实性文件》对真实性做出了进一步的解释："……对这些与文化遗产的最初与后续特征有关的信息来源及其意义的认识与了解是全面评估真实性的必备基础。"由此可见，关于真实性的评估取决于有关遗产的信息来源是否真实可靠。对于面临修缮的曲溪楼来说，尽可能详细和科学的勘查手段和资料不仅有助于尽可能全面地了解曲溪楼的真实状况，也有助于制定正确的且有针对性的修缮方案。尽管曲溪楼面积仅有百余平方米，结构构造亦无复杂之处，我们还是采取了包括初步勘查、仪器勘查、结构复核计算等在内的多种勘查手段，对曲溪楼进行了样式勘查和残损勘查，力求对现状有详尽和全面的了解。

1. 初步勘查

首先负责修缮的设计人员多次去现场核对、补充测绘图。由于测绘图为其他勘察单位所绘，且为样式测绘，并未标注损坏状况。我们在现场对测绘图进行尺寸核实，并通过目测、木槌敲打、尖针刺探、铅锤和尺规测量等一系列方法，对损毁情况进行初步的估测、记录。使用简单工具加上从业经验，对文物本体的破坏情况进行大致的判断和记录，从而得到直观的印象和初步的认识，这是最基本的也是必需的工作。根据这些初步测量和判断，我们发现曲溪楼的地坪明显向西侧倾斜，从而木构架也发生了歪闪，至于渗漏和腐烂现象，更是随处可见。

2. 仪器勘查

根据初步勘查的结果，我们针对曲溪楼的相关部位进行了专业的详细勘查。甲方请有相应资质的勘查单位对曲溪楼及其周边进行岩土工程勘查，并编制岩土勘查报告。根据地质剖面图，曲溪楼基础下的土层存在厚薄不均的现象，西侧的软土比东侧稍厚，而场地西侧的黏土层顶标高较低，建筑物内部和东侧的黏土层顶标高，黏土层面高差较大而引起土体的不均匀沉降。同时，针对一些倾斜状况，请相关检测部门对曲溪楼整体建筑位移情况、水平沉降、梁挠度、柱倾斜等四方面变形情况使用全站仪、水准仪等工具做出一定时间的监测，取得了较为准确的变形数据。

3. 结构检测

根据《古建筑木结构维护和加固技术规范》，要求在对传统木结构建筑进行修缮之前必须做相关的结构检测，我们选取了隐蔽处的建筑木材制作了3组试件，对每组进行了抗压强度、抗弯强度、抗剪强度和抗拉强度等常规力学指标的测试。同时，设计组的结构设计师还根据测试测量结果和《木结构设计规范》、《建筑结构荷载规范》等规范对结构主体进行了结构复核验算，由计算结果可知，部分脊檩和金檩抗弯强度不满足要求；部分大梁和搁栅抗弯强度不满足要求。

通过这些力求科学的勘察手段和力求精确的数字成果，我们在进行修缮设计前对曲溪楼现状有了尽量接近真实情况的认识，这是科学的态度，更是遵循真实性原则的基本保证。

三　基于真实性原则的修缮对策

根据勘查结果，我们初步分析，结构失稳和构件腐烂是曲溪楼面临的影响其寿命和安全的两个最大问题。鉴于留园对外开放，曲溪楼作为一个重要通道，每天都有大量的游人进入楼中，因此其结构安全不仅关系着遗产本体的真实性，还关系着游人的生命财产安全，显得十分重要。通过发现问题——分析成因——解决问题这一模式，在修缮过程中通过最小干预的修缮加固措施，确保楼体结构安全，杜绝安全隐患，从而最大化延续其真实性，是我们工作中最重要的部分，也是我们最关心的问题。

1. 基础问题分析及加固措施

基础的不均匀沉降是造成曲溪楼发生结构歪闪的最主要因素，而为什么会发生如此严重的不均匀沉降呢？通过对现场的仔细考察，结合勘查结果，我们分析得出结论：由于曲溪楼西临水池，池水水位常年随季节发生变化，对池岸形成一定的冲刷，加上池壁为乱石堆砌，缝隙较大，因此池壁内的曲溪楼地基土壤逐年流失松散，承载力下降，导致曲溪楼地坪慢慢向池岸这一侧倾斜，从而引起地坪上方的木柱倾斜，局部墙体歪闪，二层屋架的梁柱节点出现脱榫等破坏现象，根据监测资料，屋架西端出现最大沉降值有约 7 厘米之多。这是造成曲溪楼结构破坏的根本诱因。

因此，解决基础问题是修缮的重中之重。经过多轮方案讨论，并结合具有丰富园林施工经验的施工队的建议，考虑到曲溪楼面积较小，用料较细，楼自身荷载并不大，我们决定使用往基土里击打石钉的方法来解决楼西侧基土承载力不足的问题。首先将一层地面的面砖编号后揭开并去除下面的垫层，对西墙进行支护，然后在距离西墙室内外各 50 厘米距离的地层土里击打石钉，以挤压墙下及其周围土体，增加其密实度，从而增加土层承载力，同时阻止土体流动。石钉约 1.5 米长，12 厘米见方，端部砍凿成尖锥状，石钉间距约 50 厘米，墙体两侧同时进行击打，并采取跳打的方式，即先每隔 1 米击打一根，完成后再补打两根之间的石钉，以减小对楼体基

图3　铺石钉（苏州留园管理处，陈鹰摄）

础的扰动。同时，我们要求施工单位在施工过程中若发现异常音响或出现其他未估计到的情况应立即停工，待查明原因清除故障后方可继续施工。石钉完全是传统的筑造用材，打石钉是传统的铺石基础工艺，人工击打的方法既解决了土层的紧实度问题，又可避免上部建筑构件被拆卸或者移动，也不会对土层生态造成破坏，同时也将对楼体建筑的影响降到最低，从而在加固地基的同时最大化保持曲溪楼的真实性。

2. 上部木架的倾斜与更换

由于原二层屋架用料较随意，部分梁和桁条等构件断面较小。例如居中开间的一架大梁直径为23厘米，对应位置的另一架大梁直径只有18厘米，通过结构复核计算，该梁不能适应当前的跨度，加上长年吃重，梁底有较大通长裂缝，现已不能继续稳定承受荷载，存在着安全隐患。

曲溪楼体量较小，结构构造简单，且不施斗栱，因此我们对沉降的木柱采用神仙葫芦进行提升，对倾斜的木构架进行打牮拨正，并使用铁件和暗销加固变形处构架节点；对有较大通长裂缝的梁、柱和桁条等构件，我们选择保留原构件，局部使用结构胶和碳素纤维布这些常用加固材料来进行加固：先在缝内填充不饱和聚酯树脂结构胶，然后再沿圆周环裹碳素纤维布进行紧固。结构胶要求采用有湿热老化检验合格证明的 A 级胶，碳素纤维布要求选用厚度 0.167 毫米，碳纤维布抗拉强度标

图 4　木柱墩接和构架节点加固（苏州留园管理处，陈鹰摄）

准值≥3000MPa 的 300 型，并要求环向搭接长度不小于 100 毫米。使用结构胶和碳素纤维布虽然是新工艺和新材料，但是适当使用能在不更换构件的情况下提高结构的安全性，消除一定安全隐患，加固的同时对建筑造型外观影响甚小，亦符合《威尼斯宪章》中要求的"当传统技术不适用时，可以采用任何经科学数据和经验证明为有效的现代建筑及保护技术来加固古迹"。

3. 受潮腐烂的木构件和墙体的处理

由于常年失修，曲溪楼屋面有组织排水老化，局部雨水渗漏，引起墙体受潮酥碱，与屋面接触的桁条、椽子、望板、角梁等构件有不同程度腐朽；由于传统砌造方法中墙体未做防水处理，加之水池周围土中地下水位较高造成底层墙壁吸湿，与墙体接触的木柱、砖细或粉刷受潮、生霉或腐烂。

对于根部或者端头腐烂严重的木构件需要切除腐烂部分，要求使用与原柱材质特征相同、且含水率不大于 20% 的旧杉木进行墩接，使用沉头螺栓连接新旧部分，并外表环裹碳素纤维布以加强连接。为解决墙体受潮问题，于围护墙下部增设一道 20 厘米厚掺 5% 防水剂的 1∶2 水泥砂浆防水层以隔绝地下水。翻修屋顶，瓦、椽、望砖全部落架。拆除屋顶时详细记录屋面构件尺寸、样式，按原尺寸、原样式和原工艺烧制缺损的屋面瓦，要求使用密实度高、质量好的小青瓦。修缮后的屋面应整洁平整，瓦当均匀，排水通畅。使用相同尺寸的做细清水望砖更换原有望砖重新铺设屋面，按苏南传统做法重做苦背，保留原有脊饰。有破损处，使用相同材料补齐。

图 5 翻修屋面（苏州留园管理处，陈鹰摄）

四 完善真实性原则的修缮记录

历史建筑的修缮过程也是重要的档案资料，是保存建筑真实性的另一种记录方式，对于世界文化遗产更是如此。"一切保护、修复或发掘工作永远应有用配以插图和照片的分析及评论报告这一形式所做的准确的记录。"因此我们要求甲方与施工单位请专人详细记录修缮前准备工作及施工过程，形成了一份约有千余张照片，全程记录修缮过程的数字影像资料，和修缮设计文本一并归入修缮档案。同时，世界文化遗产培训中心苏州分中心也全程记录修缮过程，并整理出版了修缮过程报告，存放于苏州园林档案馆，供研究人员查阅。

五 结 语

综上所述，笔者认为对于木结构建筑遗产——尤其是"为社会公用之目的而使用"的木结构建筑遗产来说，其真实性不仅仅指其外观样式和建造工艺的真实性，还包括遗产本体的完整性和其结构的安全性。基于真实性的修缮原则即是指确保其结构安全的前提下，通过最少干预的修缮措施，保存其样式特征和营造工艺，从而最大化地保存其遗产价值。因此虽然曲溪楼只是苏州园林众多单体建筑中一座面积仅百余平方米的小楼，但因其位置重要，其完整性和安全性显得尤为重要，因此本次修缮在从对遗产本体的价值研究到力求精确的科学勘查，从问题的总结分析到有针对性的修缮措施，都严格遵循了真实性原则。将来，苏州园林的众多建筑也可能面临维修和加固，本文也希望通过对曲溪楼修缮过程的详细介绍，将其作为抛砖引玉的样板，为将来的苏州园林遗产保护工作提供借鉴，是可谓"以小见大，以旧存新"。

[1]　张松. 城市规划遗产保护国际宪章与国内法规汇编［M］. 上海：同济大学出版社，2007.

[2]　ICOMOS 官网 http：//www. international. icomos. org/charters/Venice_ e. htm

[3]　徐震，顾大治. "历史纪念物"与"原真性"从《威尼斯宪章》的两个关键词看城市建筑遗产保护的发展［J］，规划师，2010，（4）：90－94.

[4]　卢永毅. 历史保护与原真性的困惑［J］. 同济大学学报（社会科学版），2006，（10）：24－29.

[5]　王景慧. "真实性"与"原真性"［J］，城市规划，2009（11）：60－65.

[6]　阮仪三，林林. 文化遗产保护的原真性原则［J］，同济大学学报（社会科学版），2003（04）.

[7]　张兴国，冷婕. 文物古建筑保护原则中"原真性"的认识与实践——以重庆湖广会馆修复工程为例［J］，重庆建筑大学学报，2005（04）.

《威尼斯宪章》精神对长城保护实践的指导

吴国强[1]　夏伟业[2]

（中国长城学会[1,2]）

摘　要：《威尼斯宪章》对文化遗产保护的精神和原则对长城文化遗产的保护有巨大的推动作用，回顾三十年来长城保护的历程经历了一条从单纯保护到发掘，研究到历史和文化价值的保护之路。在当下长城的保护引进了新的科技成果，在十八大精神指引下，把建立一个全国统一的长城管理机构作为重要的工作目标，充分动员全社会的资源和力量，建立长城保护基金，使长城文化遗产保护常态化。并让长城代表中国传统文化面向世界，加强中国的文化软实力。

关键词：《威尼斯宪章》　历史与文化价值　统一的管理体系　长城保护基金

　　《威尼斯宪章》是"第二届历史古迹建筑师及技师国际会议"于1964年5月在威尼斯通过的《国际古迹保护与修复宪章》的简称。他是《雅典宪章》（1931）的发展和延伸。《雅典宪章》和《威尼斯宪章》的诞生，反映出学术界对人类创造的历史古迹价值的共同认识和形成趋同的保护理念。宪章指出："世世代代人民遗留的古代遗迹是人类的共同遗产"，大大提升了文化遗产保护的高度，并且明确了"将它们真实地、完整地传下去是我们的职责"。

　　同时，宪章对"古代建筑的保护与修复"提出了若干"指导原则"并"做出规定"，要求"各国在各自的文化和传统范畴内负责实施这一规划"。

　　《威尼斯宪章》等国际性文件对人类文化古迹保护与修复的具有普遍指导意义，同时指出"由于历史原因，《威尼斯宪章》不可避免地存在着局限性"，充分反映了《威尼斯宪章》的背后严谨以及实事求是科学态度。

　　《威尼斯宪章》对于长城的保护具有很强的指导意义，同时长城作为中国独有的历史文化遗存，他的保护、发掘、考证、修复有着自身鲜明的特点。长城是人类文明史上最宝贵的文化遗产之一，它的修建跨越了两千多年的历史，广泛地分布在中国的北方地区，建筑风格多样，体现中国不同历史时期的艺术风格。它的背后更是承载着厚重的中国文明史。长城的分布广泛，地域之大远远超过地理意义上的中等类型国家，多位于偏远的，欠发达的地区，因此对长城的保护、修复等有着区别于一般文化遗存的独有的特殊性。

一　改革开放以来长城保护的回顾

从改革开放到今天，中国当代社会正处在一个巨变的时代。长城的保护在这三十多年中有了飞跃式的历史跨越。

1979 年 7 月，在全国研究保护长城工作会议上，许多专家、学者和文物保护工作者一致呼吁成立全国性的长城工作机构。

1982 年第五届全国人大常委会审议通过了《中华人民共和国文物保护法》。这标志着中国文物保护工作开始进入法制化的轨道。历史价值、艺术价值、科学价值成为被法律规定的文物价值。

1984 年，邓小平、习仲勋等老一辈国家领导人题词"爱我中华，修我长城"引发全社会的关注，各界踊跃捐钱捐物，掀起保护和修复的热潮。

1987 年 6 月 25 日，在习仲勋、黄华等党和国家领导人积极的倡议下，中国长城学会成立，第一任名誉会长习仲勋，会长黄华。现任会长许嘉璐。以研究、保护、维修、宣传长城，弘扬以长城为象征的中华民族的伟大精神为学会工作宗旨。

1987 年 12 月，由联合国教科文组织世界遗产委员会根据文化遗产遴选标准 C（Ⅰ）（Ⅱ）（Ⅲ）（Ⅳ）（Ⅵ），把长城（the Great Wall）列入《世界遗产目录》。至此，作为全人类共享的文化遗产长城的价值得到了高度的认可。

20 世纪 80 年代以来，以《威尼斯宪章》为代表的国际文物保护原则被逐步介绍到国内。

2000 年《中国文物古迹保护准则》，由国家文物局推荐，中国文物古迹保护协会（ICOMOS - CHINA）发布。准则的制定充分体现了《威尼斯宪章》中文化遗产保护的核心观念。

2006 年 9 月 20 日国务院第 150 次常务会议通过《长城保护条例》，自 2006 年 12 月 1 日起施行。长城的保护有了明确的法律依据。长城保护的观念更加深入人心。

至此，三十年来长城保护在国家文物局的领导下，各地政府积极行动，中国长城学会也充分发挥了社团组织的优势，团结了大批的文物保护专家，长城研究的专家，动员社会力量对长城的研究、考证、发掘、保护、宣传做了大量卓有成效的工作，罗哲文、郑孝燮等具有深厚的学术功底、具有国际影响的专家成为长城学会在长城研究学术团队的中坚力量。同时，长城学会在探索中也不断地深化保护和利用的观念，从单纯保护现有遗存，基于传统经验的修缮"整旧如旧"、"延年益寿"，不断拓展到历史研究、考证的学术领域，再到历史价值保护。对长城所在当地的社会、文化、经济建设产生着深刻影响。

中国长城学会在长城文化遗产保护，推进国际文化遗产保护的理论和实践发展方面成为一支越来越重要的力量。

回顾三十年来，长城的保护是中国文化遗产保护事业的发展的重要组成部分。可以清晰地感受到从文化遗产保护力量相对薄弱，到不断成长壮大的过程。长城文化遗产保护事业的发展还体现在更多的方面。法制建设的不断完善是保护事业发展的基础，广泛的社会传播，促进了全社会对长城文化遗产认识的深化与达成共识，并成为一种自觉。

二 新的目标，新的举措

长城的保护取得了令人瞩目的成绩，同样也面临着巨大的挑战，尽管有了很大的进步，但长城沿线的各地保护力量的不平衡仍然是影响整体保护水平提高的重要因素，随着文化遗产概念的深化，针对长城遗产的保护范围的界定，保护技术和管理方法、体系也同样是未来需要不断解决的问题；长城及长城承载的非物质文化遗产的保护和物质遗产保护的结合也为长城文化遗产的保护不断提出了新的问题。

三 建立统一的长城管理体系

针对长江、黄河的管理国家都设有层次较高的专门管理机构，长城虽由国家文物局管理，但长城之长，涉及范围之广，是专业部门无力所及的。尤其是长城多分布在荒原山区，基本上属于经济、文化欠发达地区，现有的政府文物管理部门的力量极其有限，投入也严重不足。在长城学会组织的调研检查中发现，监督各项措施落实方面缺陷很多。很多地方由于经费、人员的缺失，导致制度、规范等更多地停留在形式上。

长城的保护级别也是各种各样，有些区段作为世界遗产受到保护，例如山海关、八达岭、嘉峪关，有些区段是全国重点文物保护单位，有些是省级文物保护单位，有些是县级文物保护单位，有些在日常之中则可能缺乏法规保障下的有效保护，在这种情况下开展长城整体情况的调查，编制长城保护规划，制定整体保护的策略就变得十分重要。

十八大会议精神提出新的理念和模式，这对于长城遗产的保护无疑是一个巨大的推动。

在政府部门权力下放的大环境下，长城保护更需要充分发挥全社会的力量。建议建立一套以政府为主导，以具有良好专业素养的专家学者构成的社团组织为主体，充分吸收长城沿线干部群众参与的保护和监督体系，确保长城各项保护措施落到实处。

四 保护和研究学术认知体系的明确

1985 年中国加入《世界遗产公约》，意味着承认和接受以世界遗产所体现价值和理念的国际文化遗产保护体系，并通过世界遗产把中国原本相对独立的文物保护体系和国际文化遗产保护体系连接在了一起。

长城遗产的保护和管理也存在很多不确定性，依照《中国文物古迹保护准则》确定的长城保护的工作程序：调查——研究评估——确定目标制定规划——实施保护规划——总结、调整规划和项目实施计划——再评估。

有了一个全国性的长城管理体系，就可以组织对长城文化遗产的充分界定，丰富和完善长城遗产的内涵。明确规定了哪些文物现状是属于保护、修缮中必须保存的"原状"，哪些现状是属于可以复原的状态。

反映长城独特文化的历史村落的保护和长城的附属建筑和机构的保护同样重要。能够从更广泛的角度反映历史和文化的积淀在社会生活变迁过程中的意义和作用，进一步把对文物建筑的保护纳入到一个更大的体系当中。长城本体及其附属、历史村落、历史文化名关构成了这个体系的基本组成。这个体系又更为完整地表现出中国文明发展历程中的多个方面。

通过长城的保护修缮过程，使传统的工艺做法、材料应用得到保护和传承，这同样是长城文化遗产的一部分内容。这正是《威尼斯宪章》的文化遗产的保护和推动了对文物建筑历史价值的关注，推进人们观念的逐步转变。

统一协调，促进了长城所在地发展与长城文化遗产保护之间相互促进关系的建立，在一定程度上解决经济发展对长城的人为破坏，同时也通过规划为当地在建设方向上如何更好地展示和优化文化内涵，完善当地的文化特征，促进当地的文化产业的发展，带动整个经济的发展。

统一协调，促进了各地长城保护相关单位之间的交流和合作，国内外文化遗产保护学者的交流，促进来自社会各界的长城保护队伍自身人员的理论和实践水平的提高。

五　适时修改完善《长城保护条例》

《长城保护条例》（以下简称《条例》）的颁布，对长城的保护工作起到了关键作用，为长城保护提供了明确的法规保障。起码目前制止了公开、大面积、理直气壮的人为破坏行为，使各级政府和长城保护工作者有了强有力的法律依据。虽然《条例》的颁布已经快十年了，但是由于长城规模特别庞大（横跨 15 个省市自治区），大部分都在交通不便、人烟稀少之地，给管理工作带来了很大困难。加之社会进步，开发的能力和速率都大幅度增强。在这样的形势下，长城保护的范围、界限、方法、措施、人员配备等尚都存在较多不尽合理的地方，所以有必要对《条例》进一步调整完善。作为长城保护的基本的法律依据和基础，应该随着长城保护的深入而不断地完善。是长城所在地经济、文化、旅游规划的一个最基础的准绳。保障建设与长城文化遗产的保护协调发展。

《条例》总结了三十年来长城保护工作的实践经验，依照《文物保护法》的规定，针对长城的特点和长城保护中存在的突出问题而制定的。经过近十年的实践，进一步完善不足之处，应进一步补充完善有关制度、措施，使之对新情况、新问题更具针对性和可操作性；能够协调对长城实行整体保护、分段管理，明确长城所在地人民政府的责权利；发挥社会力量参与长城保护的积极性，明确准入机制。对长城的利用行为严加规范，明确将长城段落辟为参观旅游区具备的条件和保护的细则。

六　弘扬长城所代表的中国优秀传统文化

十八届三中全会关于文化体制改革强调："紧紧围绕建设社会主义核心价值体系、社会主义文化强国，深化文化体制改革 ……推动社会主义文化大发展大繁荣"；"建设社会主义文化强国，增强国家文化软实力，必须坚持社会主义先进文化前进方向，坚持中国特色社会主义文化发展道路，坚持以人民为中心的工作导向 ……提高文化开放水平。"长城不仅是中华民族伟大的精神象征，也是中国在全球范围内识别程度最高，代表中国的标志性的符号。应该把弘扬长城文化、光大长城精神提高到国家层面，并且让长城和孔子一样走向世界。

"真正强大的民族与国家，既要有经济、科技的实力，也要有文化的实力。""……'经济、科技层面的实力'视作'硬实力'，将'文化层面的实力'看做'软实力'。在一个开放的世界中，中国应当提高我们的'软实力'。这种实力不仅能为更多本国人、本民族的人所掌握，同时也能在中国与外国的交往中，为世界的和谐做出贡献"，许嘉璐副委员长在各种场合反复论述了文化建设与经济建设的紧密相关，互相促进的关系及"文化软实力"在国家战略意义上的重要性。长城学会在担当研究，保护长城——这个中华文明的有"形"的实物遗产的同时，更肩负着传承、弘扬中华民族传统文化的精神遗产——"神"的长城的重任。

以文化交流为平台，在国际上以民间形式和民间身份通过广泛的交流活动和相关文化产品走向世界，向世界昭示：中华民族是一个具有优良传统，爱好和平永不止息的优秀民族。中华文化是一个具有 5000 年悠久历史，厚德包容，聪慧勤勉的优秀文化。以中华文明为代表的东方文化，和谐内敛与宽厚包容的东方文化精神。通过这样的交流和传播获得国际社会最广泛的认同，形成中国的软实力。

七 充分发挥全社会力量，建立长城保护基金

长城文化遗产的保护和修缮资金的来源一直困扰着各级文管部门和来自各界长城保护者，这也是政府的力量和社会的力量没有有机结合成为合力。

长城不是文物部门的，也不是地方政府的，是全社会、全人类的。长城分布的区域广大，单纯依靠政府和文物部门很难实现对长城进行完全有效的保护。作为特殊的线性文化遗产——长城的保护更需要全社会的参与。参考国际的一些有益的和有效的经验，建立长城保护基金既是必要的也是可行的。

在一些文化遗产保护基础较好的西方国家，文化遗产的保护主要的资金来源更多地来自社会，并已形成比较健全的制度和良好的意识。长城基金的设立和有效的运行也应当成为全民参与长城文化遗产保护的基本形式和充分体现。

八 在保护和研究中充分运用现代科学技术手段

长期以来，由于长城所涉及的区域广大，环境复杂，长城本体在不同的历史时代中也存在许多不同的形态和变化，相关学者对长城的定义也有差异。传统技术手段对长城量测的精准度和工作进度都十分有限。长城学会建立了数字长城工程委员

会，是与国际数字地球学会中国国家委员会共同发起成立的专业学术组织。联合国教科文组织、国际自然与文化遗产空间技术中心、北京大学数字中国研究院、中国城市规划设计研究院、中国文化遗产研究院、中国人民解放军信息工程大学等单位众多院士、专家学者以及长城研究、遥感、考古、建筑、古建、测绘、旅游、生态环境、景区设计、数字化多媒体和艺术各方面的专家，充分利用现代化科学技术手段对古老的长城进行研究、保护和利用。充分利用长城文化与现代艺术及数字技术实现有机融合，不仅有利于长城的调查，而且帮助长城沿线地区经济开发，土地合理调控，形成共赢的局面。

毫无疑问，随着社会的发展，作为中国历史文化符号象征的长城文化遗产保护促进了人们对社会文化遗产价值的认识，唤起了全社会对文化遗产保护的关注，这种关注同样是中国文化遗产保护事业发展的基础。增加了全民族对本民族文化和历史的了解，增加民族文化自豪感，增强社会的凝聚力。

《威尼斯宪章》在西藏
哲蚌寺壁画保护修复中的应用

郭 宏[1] 祁 娜[2]

(1. 中国文化遗产研究院 2. 北京国文琰文物信息咨询有限公司)

摘 要：1964 年颁布的《威尼斯宪章》对于文化遗产的保护具有里程碑的意义，目前已成为指导世界各国文化遗产保护和修复的国际性协议，我国的《中华人民共和国文物保护法》、《中国文物古迹保护准则》中规定的不改变文物原状原则、最低限度干预原则、可再处理原则、修复材料兼容性原则以及修复可识别原则等均是结合《威尼斯宪章》原则以及我国文物保护的实际情况而制定的。西藏哲蚌寺措钦大殿内转经道壁画因墙体变形导致病害严重，需要对壁画揭去后维修墙体，然后原位回贴壁画。本文阐述了《威尼斯宪章》原则在此次壁画保护修复过程中的应用。

关键词：《威尼斯宪章》 哲蚌寺 壁画 保护修复

一 前 言

随着国际历史与艺术品保护协会、国际博物馆协会、国际遗址和遗迹协会的成立，尤其是联合国教育、科学、文化组织下设的世界文化遗产委员会所发挥的巨大作用，文物保护的理论与实践已成为一个国际化问题，达成了一些共同遵守协议。例如 1931 年颁布的《雅典宪章》、1964 年制定的《威尼斯宪章》、1994 年《奈良真实性文件》等。在这些国际性宪章中，《威尼斯宪章》的制定与颁布对于文化遗产的保护具有里程碑的意义。

《威尼斯宪章》也称《国际古迹保护与修复宪章》，于 1964 年 5 月 25 日～31 日在威尼斯召开的第二届历史古迹建筑师及技师国际会议上通过。1931 年的《雅典宪章》第一次规定了文化遗产保护的基本原则，《威尼斯宪章》是在重新审阅《雅典宪章》并对其所含原则进行研究的基础上提出的。宪章分为定义、宗旨、保护、修复、发掘、出版六个部分，共计十六条，其中保护和修复部分占据十一条，因此可以说《威尼斯宪章》是一个指导世界各国文化遗产保护和修复的国际性协议。各个国家依据《威尼斯宪章》的原则，并结合本国文物保护的具体情况而制定适合于本国国情的文化遗产保护条例，例如澳大利亚遗产委员会制定的《巴拉宪章》、我国的《中国文物古迹保护准则》。

我国的《中华人民共和国文物保护法》、《中国文物古迹保护准则》中，对各类文物的保护修复做了详细界定。现行的文物保护原则主要包括以下几条：不改变文物原状原则、最低限度干预原则、可再处理原则、修复材料兼容性原则以及修复可识别原则[1~3]。将上述原则与《威尼斯宪章》比较都是一致的。世界各国在文物保护方面，普遍同意的原则是："所有对文物的保护与修复都应有足够的研究资料为证，应该避免对文物材料有任何结构上和装饰上的改造"。这与我国《文物保护法》中规定的"不改变文物原状原则"也是一致的。

笔者近年承担西藏哲蚌寺措钦大殿壁画的抢救性保护修复工作，因措钦大殿内转经道西壁墙体严重变形，壁画出现空鼓、裂缝、错位，并导致壁画大面积脱落，为了长久保存壁画，必须首先恢复墙体支撑体的稳定性。为此，需将壁画揭去后对局部变形严重的墙体拆除重新砌筑，并对墙体进行整体加固，待墙体稳定后原位回贴壁画。尽管内地揭去与回贴壁画的技术已趋于成熟，但由于哲蚌寺壁画病害的严重程度、揭去和回贴壁画操作空间的狭小、制作材料和工艺完全不同于内地壁画、复杂的人文环境等因素，要求哲蚌寺措钦大殿内转经道壁画的保护修复既要在遵循《威尼斯宪章》的原则，最大限度保存壁画所蕴含的历史、艺术、科学技术信息，又要满足僧众和广大藏族信教群众参拜佛像时的情感价值。

二 措钦大殿内转经道壁画现状

哲蚌寺，全名"吉祥米聚十方尊胜洲"，是藏传佛教格鲁派（黄教）在拉萨三大寺院的首寺，由宗喀巴大师的弟子嘉央曲杰创立，属于藏传佛教后弘期的寺庙建筑，是一座处于转型期，更具有藏区本土特征的典型寺庙。"措钦"即大经堂，是寺院全体僧众念经、举行宗教仪式以及重要考试的地方。措钦的主体建筑是措钦大殿，在西藏的寺庙建筑中，措钦大殿都占据至关重要的地位，也可以说措钦大殿是整个寺庙的灵魂[4~6]。哲蚌寺措钦大殿经堂规模宏大，东西长50米，南北宽36米，面积约为1850平方米，由经堂、佛殿、转经道组成。属哲蚌寺的早期建筑，后期一直处于不断地扩建之中，位于措钦大殿后面右侧（西北侧）的转经道应为早期建筑，目前保留有右、后两面礼拜道即内转经道西侧和北侧，其东侧礼拜道的废除，应与东侧三世佛殿的增建有关[7]。

措钦大殿内转经道历经了近 600 年的岁月变迁，保存状况较差。经现场调查发现西壁外墙整壁、内墙南端以及北壁外墙下部 2/5 的壁画地仗层已完全脱落，西壁和北壁内墙下部距地面 30 厘米范围内地仗层酥碱脱落。此外，还有地仗层空鼓、错位、裂隙，颜料层起甲、水渍、泥渍、划痕等。

壁画颜料层空鼓、裂缝、错位

措钦大殿壁画病害仍在不断发展，甚至可能会给壁画的长期保存带来严重的影响，如空鼓、开裂等病害。经激光三维扫描测量，墙体变形量内凹达到 20.1 厘米，外凸 11.3 厘米的复杂变形情况下，壁画地仗层自然会随之发生变化，在墙体内凹处出现空鼓；外凸处则演变出了裂缝，不均衡沉降则造成画面错位，以上三种病害不断发展最终必然导致画面大面积脱落。

三　威尼斯宪章原则的应用

内转经道壁画的保护修复分为画面保护、壁画揭去、揭去后的壁画修复、壁画原位回贴等过程。每一种病害、每一个过程，使用的修复材料和工艺均不同，另文阐述，此处不再赘述。

1. 关于不改变文物原状原则

文物的保护修复，最终目的是保存其所携带的历史、科学、艺术等方面信息，尽最大可能使这些珍贵的信息不被扰动和破坏。文物被制作出来时的状态称为始状，自文物形成之后，到对其进行保护修复前，文物在其存在环境中经历了历史的变迁，文物的始状在自然和人为多重因素的影响下已经发生了变化，形成了一种新的状态，称之为现状。所谓原状就是对这种经过岁月洗礼的文物进行包括始状在内多重价值的再判断，最终使文物处于一种健康稳定的状态且最大限度保留了其历史信息。具体实施过程中，面对无法考证原状或者依靠现阶段技术和设备无法完成文物原状恢复的情况，则施行现状保存原则。在现有的条件范围内排除不利于文物保存的因素，待日后有根据或者有能力时再对其原状予以恢复。对于具体的文物来讲，保存文物原状即：① 保存文物原来的形状和颜色；② 保存文物原有的结构；③ 保存文物原有的制作材料；④ 保存文物原来的制作工艺[8]。具体体现在：

（1）原位回贴

壁画保护主要有两种方式：原位和揭取保护。一般来讲，在建筑物和保存环境相对稳定的条件下，尽可能选择原位保护。但哲蚌寺内转经道壁画病害的根本原因在于墙体的变形歪闪，若不能恢复墙体的稳定性，壁画原位修复则没有任何实际意义，所以壁画必须进行揭取和原位保护相结合的措施。

（2）原材料工艺加固壁画地仗层

壁画揭取前，对内转经道壁画进行了现场调查和采样分析，对壁画制作材料和工艺做了检测分析，由结果可知此处壁画绘制均使用了无机矿物颜料，且地仗层由黄黏土层和白色阿嘎土层构成。

由于部分壁画存在变形错位病害，且原壁画地仗凹凸不平，力学强度又极差，所有这些因素都不适宜墙体维修后壁画的原位回贴和保存，对揭取下来的壁画进行地仗层减薄加固。为了保留原壁画制作信息，在减薄过程中仅将力学强度较差的黄色黏土层去除，对剩余白色阿嘎土地仗层进行渗透加固。

（3）与原绘画颜料一致的矿物颜料补绘

壁画回贴后，对颜料层脱落、切割缝、裂隙修复处补色做旧，均使用矿物质颜料，由当地绘画经验丰富的画师完成，因为此处壁画没有相关的图册资料记录，对画面无根据处只进行随色，不进行臆测和创造。

（4）回贴后的壁画原结构不变

为了最大限度保存壁画的原始风貌，内转经道壁画揭取修复后原位回贴，在揭取前对拟揭取位置进行了详细地拍照和文字记录，并将壁画分块切割情况在图纸上做了相应的标记。壁画回贴没有采用悬挂法，而是制作和原壁画地仗材料相近的过渡层，将揭取壁画原位回贴。

2. 关于最低限度干预原则

文物本身携带的信息包括制作材料、工艺、纹饰、造型等多方面，但是随着时间的推移，各种自然和人为因素的作用，导致文物出现了很多病害，为了保留文物蕴含的历史、艺术、科学等方面的信息，须对其进行病害修复。对于文物而言，每进行一次修复，就会造成新的附加信息和部分原信息的丢失，使得文物由本来相对稳定的状态去适应新的状态以达到平衡，在这个适应的过程中，文物可能会遭到损坏。所以，在对文物进行保护修复前，要充分了解文物保存现状，在保证文物安全的前提下，最低限度地干预文物本身。

在哲蚌寺内转经道壁画揭取前，对墙体变形歪闪程度进行了三维扫描分析，得知内转经道西壁墙体内凹最大的区域为距地面高 4 ~ 5 米，距最北端 8.5 ~ 11 米范围内，其值可达 20.1 厘米，相应的此处壁画存在空鼓病害；外凸最大的区域为距地面高 1.5 ~ 3 米，距最北端 4 ~ 5 米范围内，其值可达到 11.3 厘米，对应于墙体变形，依附于其上的壁画出现了严重的开裂错位病害。此外，距最北端 0 ~ 3.5 米、11 ~ 12 米范围内约 22.6 平方米壁画不存在空鼓错位病害，只有轻微的颜料层起甲、粉化以及灰尘、泥渍覆盖等病害。拟定壁画揭取范围时，只针对空鼓、错位严重的区域进行。

由于内转经道空间狭小，揭取下来的壁画厚重搬运困难，壁画揭取后还要对其进行地仗层减薄、变形校正等，对拟揭取区域的壁画需分块切割。对于壁画来讲，切割操作很容易造成画面的破损，所以切割缝越少越好。经过对壁画内容相关性和变形、错位裂隙分布的观察，壁画揭取切割缝尽可能利用壁画本身已存在的裂缝，避免了过多的切割划刻给壁画造成的损伤。

3. 关于可再处理原则

对文物进行修复，不可避免地要对其进行材料和工艺的干预，就某一阶段的保护修复而言，修复材料和工艺的选择总会因为认识和研究水平的局限存在欠缺。同时，处于危险状态的文物又不得不对其进行干预性修复。

文物修复的可再处理一般是指保护修复过程中施加的材料，不会妨碍后期进行更完善的保护，便于后期使用性能更优良和稳定的材料、工艺方法时，可对文物进行更行之有效的保护修复，前面修复施加的材料不排斥新材料，也不会造成壁画信息改变[9]。

哲蚌寺内转经道壁画在揭取前进行了颜料层起甲、粉化以及灰尘、泥渍污染病害的修复，在壁画相对稳定的情况下，用桃胶粘贴隔离保护层的宣纸和纱布，再用牛胶粘贴纱网进一步增强壁画画面强度，以弥补壁画本身厚重和地仗层脆弱的不足。此外，黏结材料选用天然动植物胶而不是化学合成胶黏剂。大多数化学合成胶黏剂有一定的渗透能力，壁画原位回贴后无法彻底清除，从而改变原壁画颜料层中胶结材料的成分，且随着时间的推进，残留在颜料层中的化学成分会发生老化，导致颜料层变色、起甲等病害发生。植物性的桃胶既可达到黏结隔离保护层的效果，又可以在壁画原位回贴之后用15℃～20℃的温水清除不会残留渗透到壁画颜料层中。同时在粘贴宣纸、纱布时使用桃胶，粘贴纱网使用牛胶，是因为相比于桃胶，牛胶的溶化温度较高且粘接强度较大，若直接施加在壁画颜料层上，在壁画回贴后需要用至少40℃的热水才可将其溶胀去除，过高的温度会将颜料层中的胶结材料也溶解掉。但是桃胶溶液的强度又不足以粘贴纱网，故粘贴不同层使用不同胶结材料。桃胶溶液的选用保证了在壁画修复过程中，画面颜料层不会受到损伤，且在完成原位回贴后用简单的工艺即可对其进行去除而不损伤到画面。

此外，揭取后的壁画地仗层厚重、脆弱且凹凸不平，且部分壁画存在变形错位病害。为了修复变形错位壁画，增加壁画地仗强度，对揭取后的壁画进行了地仗层减薄后加固、校正的修复方法。壁画揭取后制作过渡层或者干涉层既能起到补强原壁画地仗层的作用，又能在壁画回贴后墙体或者壁画再次出现问题需要揭取时作为切割分离层面，不会对壁画颜料层和原地仗层造成损伤。

4. 关于修复材料兼容性原则

兼容性原则包括修复材料和工艺与文物原材料和工艺之间不冲突，文物在修复后无需做出很大的变化去适应新的平衡状态，在具体工作中必须了解文物制作材料和工艺、存在的主要病害及原因，选择较为合理的修复材料和工艺。

早期揭取壁画多采用石膏、玻璃纤维布、环氧树脂、木龙骨等作为壁画地仗过渡层和支撑体，这些材料和原壁画地仗层的制作材料物理化学性能差异很大，出现了修复材料失效而引起的病害。哲蚌寺内转经道壁画选择修复材料和工艺时充分考虑了这些问题，对哲蚌寺内转经道的环境温湿度变化、墙体变形程度、壁画制作工艺及材料做了相关的检测分析，充分考虑到后期画面的揭取、修复和回贴，修复过程中尽量采用原壁画制作材料，并针对原壁画地仗厚重且韧性差的缺陷予以了改进。

内转经道壁画揭取回贴修复过程中，包括揭取前壁画颜料层起甲、粉化病害修复，揭取后减薄地仗层加固、裂隙修复，回贴时制作支撑墙体与壁画地仗层的过渡层、切割缝修补等均使用了 AC－33 丙烯酸乳液，只是在浓度配比上存在差异。AC－33 丙烯酸乳液已经应用于壁画、彩绘类文物的保护，取得了良好的保护效果。

在内转经道壁画保护修复中，不管是起甲、粉化还是壁画地仗层渗透加固，使用 AC-33 丙烯酸乳液都无眩光和颜色改变，且渗透性能良好，无表面结膜的现象发生。

经过取样分析，内转经道壁画地仗层接近颜料层部分为阿嘎土层，在揭取后地仗层减薄时作为原壁画结构留存。因为原始采集阿嘎土不具备化学胶凝特性，作为建筑材料强度很低，将阿嘎土焙烧到1400℃可完全转化为具有气硬和水硬两种成分的材料，此种材料在使用后可以与空气中的 CO_2 和使用过程中添加的 H_2O 反应继续生成原始阿嘎土中 $CaCO_3$ 和硅酸盐成分，和原壁画地仗层阿嘎土之间不会存在物理化学性能上的排斥，且此种材料由于气硬和水硬两种化学反应的进行，形成的结石体在抗冻融和力学强度上都优于原始阿嘎土。本着文物修复最少引入新材料的原则，以及避免过多使用不同的材料在干燥收缩过程中存在应力破坏。哲蚌寺内转经道壁画修复过程中制作地仗过渡层、修补裂隙、灌浆材料的选用均使用了烧阿嘎土、黄土、红土，只因需求的不同进行水土比例的调整。在地仗过渡层制作时少量加入麻刀，适当地增强了壁画地仗层的强度。

5. 关于可识别原则

文物作为一种不可再生的文化遗产，为了减少现阶段修复工作对文物历史信息的干扰和破坏，除了做好详细的文字、照片记录外，还要让现阶段添加的材料的部位与原壁画之间具有一定的差异，即可识别性。在尽最大可能保存壁画原结构、原材料的情况下，如何让壁画更能表达出其作为绘画艺术的方面。哲蚌寺内转经道壁画维修过程中，使颜料层脱落及裂隙修复处画面略低于原壁画，再根据现有画面内容及线条特点对修复处进行色彩填补，达到"远观看不出，近看能识别"的效果，对于无根据处也同样进行色彩做旧和协调。这种做法一方面使壁画整体协调统一，满足了僧众和信众顶礼膜拜佛像时的情感需求；另一方面也为此处壁画后期进行研究做了标识，不仅仅依赖于文字和照片记录，不会造成其他研究者对此处壁画信息误解。

[1] 王文谦，曲延瑞. 对于我国现行的文物保护原则的探讨 [J]. 中国城市经济，2011 (27)：280.

[2] 侯卫东. 文物保护原则与方法论浅议 [J]. 考古与文物，1995 (6)：10 - 12.

[3] 杨坤. 论文物保护科学研究的内容及原则 [J]. 价值工程，2013 (18)：298 - 300.

[4] 朱莹. 阳光下的城池——哲蚌寺 [J]，建筑师，2005 (1)：70 - 74.

[5] 牛婷婷，汪永平. 试析西藏黄教四大寺的布局特征 [J]，西安建筑科技大学学报（社会科学版），2012 (6)：49 - 57.

[6] 嘎·达哇才仁. 传统藏传因明学高僧培养基地——哲蚌寺 [J]，中国藏学，2008 (1)：194 - 199.

[7] 宿白. 藏传佛教寺院考古 [M]. 北京：文物出版社，1996：30.

[8] 郭宏. 论"不改变原状原则"的本质意义——兼论文物保护科学的文理交叉性 [J]. 文物保护与考古科学，2004 (1)：60 - 64.

[9] 王丽琴，杨璐. 文物保护原则之探讨 [J]. 华夏考古，2011 (3)：143 - 149，167.

国际保护吴哥古迹行动二十年工作的启示

——纪念《威尼斯宪章》发布五十周年

顾　军

（中国文化遗产研究院）

摘　要： 国际保护吴哥古迹行动是在联合国教科文组织协调下，由来自世界各个国家和国际组织的专家共同参与的文物保护行动。柬埔寨政府在联合国教科文组织和各国专家的帮助下，形成了一套较为成熟的组织架构、协调机制、专业支撑和运行模式，并根据保护工作的实际制定了《吴哥宪章》。经过二十多年的努力，吴哥保护行动取得了巨大的成绩，并形成了吴哥保护工作的独特模式。它成功地阐释了威尼斯宪章的精神，为欠发达国家和地区开展文化遗产保护提供了成功的范例，同时对中国的文物保护工作具有启示作用。

关键词： 吴哥古迹　国际保护　成就　启示

吴哥，是 9～15 世纪古代柬埔寨王国的都城。在这里保存下来的众多规模宏大的历史遗迹，是古高棉人民创造的艺术杰作。然而，长年自然力的侵蚀和人为的破坏，使这些石构建筑遭受严重的摧残，吴哥古迹在进入世界遗产名录的同时便也列入濒危遗产名单。1993 年，在联合国教科文组织的协调下，开展了世界范围内的拯救吴哥古迹的行动，经过二十多年国际社会的共同努力和随着柬埔寨社会的发展，吴哥古迹得到了有效的保护，并形成了吴哥保护工作的独特模式，这项工作成功地阐释了威尼斯宪章的精神。虽然这种文物保护模式是在特定条件下产生的，但从中所取得的经验对其他不同地区和不同类型的文物保护工作具有积极的借鉴意义。

一　国际保护吴哥古迹行动的历程

1. 法国远东学院（EFEO）对吴哥学发展的贡献

自从吴哥古迹于 1860 年被法国人亨利·莫荷特在茂密的丛林中发现后，不断有考古学家、艺术学家涌入吴哥地区进行考察。在 20 世纪的吴哥研究和保护工作中，法国远东学院是工作最为深入、成果最为丰富的组织，他们中的许多专家已成为吴哥研究的世界权威。

法国远东学院是法国专门研究东方艺术的学术组织。1898 年，法国远东学院开始在亚洲开展历史、语言和考古方面的研究工作，并于 1908 年在暹粒建立了吴哥保护中心、帮助柬埔寨政府设立考古管理机构，开始担负起对吴哥古迹的维护和修复工作。经过半个多世纪的艰苦努力，法国远东学院的研究与保护成果已经卓有成效，他们不仅对大量濒临坍塌的古迹进行了加固，同时还开展了大量的废墟清理和考古研究工作，出版了多部具有极高价值的研究专著，为吴哥学的发展奠定了学术基础。

进入 20 世纪 70 年代，柬埔寨开始了连年战乱，法国远东学院也于 1975 年被迫停止了吴哥保护与研究工作。随后，吴哥古迹有近 20 年处于无人管理状态，灌木、杂草重又在遗迹中生长。值得庆幸的是，法国远东学院的重要档案已经保存在了法国巴黎和柬埔寨金边。图片被编成缩微胶片，现场手记和日志被编录整理，为后来的吴哥研究和保护工作提供了珍贵的档案资料。

战乱后期，印度和波兰等国相继又开展了一些吴哥古迹保护项目，但在当时的艰难条件下，保护工作受到了技术和经费的多重制约。

图 1　EFEO 的早期考古发掘
（图片由法国远东学院提供）

图 2　EFEO 在 20 世纪 50 年代的维修工作[1]
（图片由法国远东学院提供）

2. 战乱之后的吴哥保护工作

随着国内局势的逐步稳定，和联合国过渡权力机构的到来，1991 年联合国教科文组织在柬埔寨建立了办公机构，以帮助柬埔寨政府寻求对吴哥保护的国际支持。时任联合国教科文组织总干事的菲德里克·马约尔先生在当时曾宣告："吴哥，高棉王国的都城，她已成为国家的象征。文化遗产，作为承担着过去的富有和荣耀的历史见证，体现出那些希望得到重生的高棉人民的最高价值。然而，这个具有象征性的古迹存在危险。随着时间的流逝，在过去的岁月中，自然力的侵蚀和人类的掠夺使其逐步衰败。她必须得到拯救。"[1]

1992年12月，吴哥古迹被联合国世界遗产组织列入世界遗产名录。

随着1991年"民族和解协议"在巴黎和会上的签署，以及1993年柬埔寨民族联合政府的成立，消除了柬埔寨国际发展的制约，大量的国外援助和投资也开始涌入。同时，柬埔寨政府已将拯救吴哥古迹作为发展本国经济、促进文化旅游业和改善人民生活的重大国策。

在西哈努克国王的积极呼吁和倡导下，"保护国家历史古迹、修复历史遗迹"被明确列入柬埔寨新宪法中。政府提出了五年的紧急计划，包括柬埔寨文化遗产的管理工作、吴哥古迹的保护工作、人力资源的开发工作、柬埔寨人民有关文化遗产的教育工作，以及一个可与环境保护相协调的、具有经济生存力的旅游总体计划。同时，柬埔寨政府还成立了一个专门负责管理和保护吴哥古迹的机构——APSARA局（或称仙女机构），这个由高棉古代仙女的名字命名的机构直接对总理负责。

3. 国际援助的到来

1993年，在日本举行的"援助柬埔寨吴哥古迹保护工作"的政府间国际会议中，许多国家政府和国际组织承诺将参与吴哥保护工作，中国政府也在此次会议上宣布为吴哥维修保护提供援助。同时，在联合国教科文组织的帮助下，并在法国和日本财政方面的支持下，成立了"吴哥古迹国际保护与发展协调委员会"（英文简称"ICC"）。这个委员会由法国和日本两国担任主席国，建立起帮助柬埔寨政府在国际援助行动中的协调机制和提供技术方面的支持。

在过去的二十多年时间里，有来自印度、波兰、日本、法国、印尼、德国、意大利、美国、瑞士、英国、澳大利亚以及中国等逾二十多个国家和国际组织，参与吴哥古迹保护的国际行动。他们不仅投入资金、派出专家具体参与工作，而且还肩负起培养柬埔寨技术专家的责任，以期在不久的未来将吴哥保护工作交由柬埔寨人承担。

国际援助工作的内容不仅涉及文物考古与保护工作，而且也涉及吴哥地区的环境学、地质学、人居与社会生态学研究，以及信息中心、旅游开发、环境保护的规划和建设，同时还利用诸如卫星遥感这样的高科技手段辅助这些研究工作。

经过二十多年的努力，吴哥古迹得以有效地保护，大批遗址得到了维修。2004年吴哥古迹不再列入"濒危世界遗产"名单，这是国际社会和来自世界各国的文物保护工作者共同努力的结果。吴哥保护国际行动在柬埔寨蓬勃开展起来，这是一个

展示世界各国文物保护水平的大舞台，各国专家在这里相互交流、相互借鉴，在世

界文化遗产保护史中书写着极为灿烂的一页。

二 吴哥保护工作的组织

援柬吴哥保护工作，受柬埔寨政府的管理和联合国教科文组织相关机构的技术指导，各个在柬参与吴哥保护的国际组织又相对独立地开展工作。

1. APSARA 局

APSARA 局，即柬埔寨吴哥古迹保护管理局，是柬埔寨政府直属的一个部门，所辖范围为吴哥古迹所在区域，包括世界遗产地范围及周边几个吴哥时期的都城遗迹，类似于中国的一个风景名胜特区。管理的权限包括文物保护、安全保卫、旅游开发、设施建设、土地管理、资源管理、生态保护、教育培训，以及遗址区范围内的社会发展等等。APSARA 局同时代表柬埔寨政府，负责与各国政府和国际组织签订合作协议，为参与吴哥保护工作的各国际机构提供帮助。

2. 吴哥古迹保护与发展国际协调委员会（ICC）

ICC 是代表联合国教科文组织为柬埔寨政府在吴哥保护方面提供技术支持、协调各国开展工作的国际性机构，法国和日本是 ICC 的两主席国，办公机构设在联合国教科文组织驻金边办事处。ICC 设特别专家组，专家由来自法国、意大利和日本的三位专家组成，他们每年定期对各国际机构承担的项目进行实地考察、提供咨询，帮助 APSARA 局解决在吴哥保护工作中的相关技术和管理等问题。

3. 参与保护吴哥古迹的各国际机构

参与保护吴哥古迹的各国际机构，是在各国政府或国际组织与柬埔寨政府之间签订的双边协议的框架下开展工作。各国际机构派出的工作队，在吴哥地区受 AP-SARA 局的管理，同时在技术方面接受 ICC 的监督和指导。各个工作队自进入吴哥地区开展工作起，便要向 APSARA 局和 ICC 提出工作计划和技术方案，待批准后方可实施相关的考古、勘察和维修工作，并每年向其提交工作进度和技术报告，ICC 则以建议书的形式对每个工作队的工作提出要求。

4. ICC 会议

ICC 以召开年会的形式，总结吴哥保护工作的成果和经验，参会人员为柬埔寨政府相关部门、各有关国家的外交官员、所有参与吴哥保护工作的国际机构的专业人员代表。ICC 每年召开两次会议，6 月份的会议称为"技术年会"，由各国际机构的代表在会上介绍各自在参与吴哥保护工作中的成果和技术，探讨有关保护技术问题并明确对各工作队的要求；12 月份的会议又称"全体会议"（即行政会议），主

图 3　APSARA 局办公楼

图 4　法国远东学院驻暹粒的工作站

图 5　ICC 技术年会

图 6　ICC 专家组考察工地

要是汇报 ICC 和 APSARA 局一年的工作，和审批新的维修方案。

5.《吴哥宪章》

《吴哥宪章》是在 ICC 组织下、多国专家参与编制的工作指南，是针对吴哥古迹而量身定制的指导性文件，包括"总体原则"和"保护指南"两部分内容。《吴哥宪章》从 2002 年开始组织编制，它在多年国际保护吴哥古迹的经验基础上，分析了吴哥古迹特有的环境、结构、材料特征及破坏机理，总结出一整套对于吴哥石构遗迹保护的方法和准则。《吴哥宪章》于 2012 年完成编制，并正式颁布。

三　国际保护吴哥古迹行动为世界文化遗产保护提供了成功的范例

1. 为第三世界国家争取国际援助提供了成功的经验

虽然国际援柬吴哥保护行动具有其特定历史背景，但其成功的经验对第三世界国家，特别是欠发达国家在保护本国历史文化遗产方面具有实际的指导意义。首先，一个百废待兴的国家开展文物保护，受到经费短缺、人才匮乏和管理经验不足等多重因素的制约，国际社会的援助势必在资金、技术等方面提供保障，并在保护理念和可持续利用方面一步达到国际先进水平；其次，国际援助的最终目标是在将来由受援国自身担负起文物保护的责任，这正是要通过在援助过程中的培训工作，让当地的技术人员接受国际先进的文物保护技术和管理经验；另外，柬埔寨政府对国际社会在保护本国文化遗产方面的开放态度，也是国际援柬吴哥保护取得成功的重要前提。

2. 国际协调机制的建立为文物保护提供了专业支撑

众多的国家和国际组织派出的专业队伍汇聚在柬埔寨吴哥地区，由联合国教科文组织安排的专门机构（即 ICC）进行协调。这个机构的任务是协助 APSARA 局开展吴哥的保护与管理工作，和协调各参与工作的国际组织在技术方面的指导和监督，而体现其指导和协调作用的机制是每年两次的 ICC 会议。国际协调机制的建立，是国际社会共同参与特定地区文化遗产保护的重要保障，为所在国政府提供了有效的专业支撑。

3. 搭建起国际间文物保护合作与交流的平台

国际援助吴哥保护行动为各个国家和国际组织提供了展示各自文物保护水平的舞台，各国专家在这里相互交流、相互借鉴，传递各国在文化遗产保护方面的技术和理念。在这里，各国的保护工作和所采取的技术手段，以及施工现场和工作室完全是开放的，他们既保留各自的工作方式和技术特色，又在 ICC 的框架下统一开展工作，既相对独立又服从协调。

4. 为不同类型的历史古迹制定专门的保护章程

《吴哥宪章》的制定，为不同地域、不同类型的文化遗产保护提供了有益的借鉴。世界各国和各地区的文化遗产具有其独特性，在国际公认的文化遗产保护准则的原则下，制定特定类型的文化遗产保护指导性文件，达到统一思想、明确思路的目的，使各参与工作的机构在工作中有章可循，并具有一定的行为约束力。

5. 有效地促进了所在国的社会发展

经过二十多年国际社会的共同努力，吴哥古迹已经成为世界性的旅游胜地，极大地促进了柬埔寨社会经济的繁荣与发展。在保护吴哥古迹的同时，柬埔寨政府在国际组织的帮助下还大力推进遗址范围内的新村建设，和有计划地引导当地民众开展有利于遗址保护和有利于当地村落发展的生产活动。因此，这种国际文化遗产保护范例在对第三世界国家的社会发展和经济建设方面，具有极大的促进作用，同时它还是地区和平的重要推动力量。

四 国际保护吴哥古迹行动成功地阐释了威尼斯宪章的宗旨

1. 吴哥保护理念的发展

国际保护吴哥古迹行动，是在世界公认的文物保护准则框架下开展的国际性文物保护合作，特别是这项工作充分体现了威尼斯宪章所倡导的"要将文物古迹既作为历史的见证物、也应当做艺术作品加以保护"的宗旨。随着吴哥保护工作的深入，对吴哥保护的认识和思路也不断深入和发展，从最初的抢救性加固保护到风格性修复技术的广泛应用，直至现今提倡的保存遗址现状的要求，是 ICC 专家组根据实际对吴哥保护工作的方向进行的调整。目前吴哥古迹原生态环境保存完好，柬埔寨政府在划定的遗址保护范围内除建造必要的交通设施、旅游服务设施和开展生态农业生产活动以外，禁止其他一切的生产和建设。同时，在保护技术中强调采用传统材料和工艺的同时，结合工作实际引入现代保护技术。这些都是对《威尼斯宪章》在吴哥保护实践中的成功阐释，同时对世界其他地区的文物保护具有示范作用。

2. 风格性修复技术的应用

风格性修复技术也被称做"分析重建技术"，是法国学者亨利·马歇尔先生于 20 世纪 30 年代创立的古建筑修缮技术，即对损毁建筑的结构进行记录、解体和重建的方法，这项技术曾长期作为吴哥维修的主要手段。其特点是，通过对处于严重损毁、倾覆的建筑体进行解体和必要的结构加固后，将原构件重新整理和归位，能够从根本上解决建筑结构存在的安全隐患，并使建筑构件保持整齐和结构的稳定。这项技术在吴哥保护过程中也经历了不断认识和发展的过程：最初受技术和条件的制约，法国专家曾大量使用水泥材料进行修复，并试图恢复建筑体的完整性。随着对维修工作认识的不断深入和工作条件的改善，在随后的维修中已普遍使用与原石材相同质地的新石料替代缺失的构件，同时不再追求恢复建筑的完整，而是在确认不再发现有原构件可以归位后便停止维修，使用新石材只是为满足承载上层结构的需要。同时，要求在新石材表面的处理和雕刻工艺上应与原构件有所区别，且新换构件在整体上应与建筑体达到协调。这正符合《威尼斯宪章》中所提出的"缺失部分的修补必须与整体保持和谐，但同时须区别于原作，以使修复不得歪曲其艺术或历史见证"的要求。法国远东学院承担的巴芳寺维修项目、日本工作队承担的巴扬寺藏经阁维修项目和中国文化遗产研究院承担的周萨神庙维修项目，是较为典型的采用"风格性修复"技术的工程。

3. 遵循最少干预的原则

"风格性修复技术"普遍被参与吴哥保护工作的各国专家所采用，大批古迹得以修复，而同时也出现了许多有关修复技术和理念的争论，比如古迹修复的程度问题、新配石构件的雕琢深度问题、石材表面污垢清洗的程度问题等等。经过多年的实践，ICC 专家组提出了遵循最少干预的维修原则，包括对倾斜、变形的建筑体以原位加固为主，尽量少解体或不解体；严格控制新构件的补配，新构件的雕刻要与原构件有所区别；以及不得使用化学药剂清洗石构件，和强调维修中要使用传统工艺和技术等等。由于最少干预原则与如何根本解决建筑安全问题之间常常发生冲突和矛盾，同时还涉及古迹修复后的效果。为此，ICC 专家组经常就最少干预原则如何贯彻到具体的古迹修复项目中，与承担维修任务的各国专家反复讨论和研究。

4. 保持遗址现状

随着吴哥古迹不再被列入"濒危遗产"名单，ICC 专家组也适时地提出"抢险加固和修复已不再是吴哥维修的重点"，要求保持古迹目前处于的坍塌和损毁的现状，只要不存在安全隐患则不再对其进行修复。这种要求往往与柬埔寨政府和当地民众希望重现吴哥风采的希望相矛盾，为此 ICC 专家组也多次与柬方和承担维修的各国专家反复讨论，确定具体的保护方案，比如采取局部修复展示、保持其余部分的坍塌状态，修建参观栈道以从不同的角度观赏古迹的面貌等。

图 7　修复后的巴芳寺

图 8　修复后的周萨神庙

图 9　修复后的小吴哥藏经阁

图 10　维修中的巴肯寺

五　国际援柬吴哥保护行动对中国文物保护工作的启示

通过参与国际援柬吴哥保护行动，我国文物保护工作开始走向世界，并有机会与国际同行相互交流，学习和观摩到许多国际上文物保护的方法和经验，从中得到有意义的启示。

1. 在维修保护中注重研究工作

文物研究贯穿于保护与修复工作的始终，是吴哥保护工作倡导的一贯精神，包括维修前期的考古调查、建筑测绘、地质勘探、历史研究、建筑学研究、结构勘察、材料分析、建筑残损调查和破坏机理研究，以及保护技术研究等等；在施工中除继续深化前期研究工作外，还要开展施工技术研究，在考古配合下进行隐蔽工程的维修，并做好建筑修复前后的记录；在维修工程结束后要及时总结，并出版工程报告。在研究方面，日本政府吴哥保护工作队（JASA）最注重不同阶段的研究工作，每年都会整理出版年度工作报告。

2. 以慎重的态度对待文物保护工作

在实施新项目之前，ICC 和 APSARA 局都要组织对项目实施计划和维修方案进行审查和研究，特别注重项目的前期研究成果。而在项目的实施过程中，专家组都要经常性地到各施工现场进行考察，及时发现和研究保护工程中出现的问题，并进行总结和提出相关建议。而各工作队又将根据这些建议对维修方案进行调整和补充，或在施工中加强相关的工作；如果有重大变更，须再次经 ICC 专家对调整方案进行确认才可继续实施。这种慎重对待文物保护工程的态度，摒弃了急功近利和随意性、盲目性的行为，确保文物维修工程能够沿着国际公认的保护准则开展工作。

3. 加强对文物保护工作的宣传力度

对吴哥保护工作的宣传，包括对公众有关文物保护知识的宣传和对工作成果的展示。在吴哥古迹的保护中，各施工项目都是边维修边开放，公众可以近距离观看施工现场，实地感受文物保护工作的过程，同时对各自的工作又起到宣传的作用。宣传的方式可以是设置讲解展板，结合工作场面对公众进行实地教育，也可以是不间断地印制宣传册和研究报告，展示其工作成果。这种结合公众展示活动的维修保护，既体现了文物保护的社会教育作用，又达到了工作成果得以让公众认知的目的。

4. 进一步拓展我国参与国际文物保护的领域

要将参与国际文物保护工作放在服务于中国外交大局的高度上，它不仅仅是一项文物保护工作，更是我国与受援国之间的文化交流活动，从而促进两国人民之间的友好往来。我们应抓住机遇拓展在国际文物保护领域的发言权，既要展示出我国文物保护的最高技术水平，也要与国际文物保护普遍认同的行为准则接轨。既要参与文物维修工程，也应以此为切入点，开展诸如考古学、社会学以及自然科学等多层次、多领域的研究工作，积极参与古迹所在地的社会发展和文化建设活动；同时，积极推出我国文物保护的优秀团队和技术专家，扩展我们的话语权，使我国文物保护多方位走向世界，从而更好地服务于我国的外交事业。

---

[1] *Angkor – an introduction to the temples*，Dawn Rooney，NTC/Contemporary Publishing Company.

援助柬埔寨茶胶寺考古研究的国际实践

王元林

（中国文化遗产研究院）

摘　要： 2011 至 2014 年度开展的援助柬埔寨吴哥古迹茶胶寺考古及历史研究是对《威尼斯宪章》等相关国际文化遗产保护公约和准则的科学实践，对茶胶寺建筑群及其周边遗址进行了详细调查和重点发掘，取得了阶段性成果，为保护修复工程设计和深入研究提供了较多实证资料。考古研究实践中尝试了一些比较可行的国际合作交流考古的工作模式，也形成了一些考古发掘与文物保护的工作特点，积累了较多境外考古工作经验，对涉外考古工作原则与实施程序的完善具有参考价值。

关键词： 吴哥古迹　茶胶寺　考古研究

　　1964 年 5 月，第二届历史古迹建筑师及技师国际会议在威尼斯通过的《国际古迹保护与修复宪章》（简称《威尼斯宪章》），是有关国际组织制定的历史文化遗产保护的国际公约和章程之一，是具有代表性的国际文物古迹保护理论和指导原则，其中包括国际古迹保护过程中坚持考古及历史研究的相关建议。中国援助柬埔寨吴哥古迹二期工程茶胶寺保护修复项目重视考古及历史研究，为项目规定的结构加固、材料修复、考古研究等三大内容之一。截至目前，茶胶寺考古工作已取得了阶段性成果，为保护修复工程提供了较多实证资料。

一　茶胶寺考古与历史研究的必要性

　　首先，《威尼斯宪章》第九条规定："修复过程是一个高度专业性的工作，其目的旨在保存和展示古迹的美学与历史价值，并以尊重原始材料和确凿文献为依据。一旦出现臆测，必须立即予以停止。此外，即使如此，任何不可避免的添加都必须与该建筑的构成有所区别，并且必须要有现代标记。无论在任何情况下，修复之前及之后必须对古迹进行考古及历史研究。"由此可见，茶胶寺在对遗址进行相关的发掘和资料收集等所有一切事宜之前，甚至在未经彻底研究的前提下不得进行修复和重建，修复之后的考古及历史研究工作也不可或缺。

其次，茶胶寺考古及历史研究存在遗址自身需要深入调查发掘研究的客观学术需求，主要包括四个方面，一是庙山建筑的历史、工艺等建筑考古研究；二是壕沟、池塘、神道等重要组成部分的考古研究；三是茶胶寺周边遗迹及水利设施的考古研究；四是吴哥古迹历史沿革与茶胶寺建筑群的特质及历史地位研究。

茶胶寺属于吴哥时期的一座国家寺庙遗存，是由砂岩和角砾岩砌筑的庙山类型建筑，石构寺院建筑群主体范围和布局结构基本明晰，庙山主体建筑格局保存较好。但是，经过多次的反复现场调查勘探，并翻检已有的考古资料，发现庙山主体一层台及二层台长廊基址和环壕、散水、南北池、石桥、神道以及排水系统等庙山主体外围的结构范围不甚明了，地下埋藏状况需要勘探发掘。为了能够为保护修复设计方案提供较为翔实的考古依据，进一步深入研究寺院建筑历史提供可能的考古资料，形成较为完整的研究、设计、修复、保护和展示体系，有必要对前述遗迹进行适度的考古发掘与研究。同时，有必要以茶胶寺庙山建筑为中心，开展对包括周边遗址在内的古建筑群的详细调查、勘探和发掘，采集地表遗物，向学术界及时整理公布这批资料。

二 考古工作原则与实施程序

根据国际文化遗产保护修复惯例和茶胶寺项目需求，实践中坚持以中方为主开展工作，坚持柬埔寨国内和我国文物法规关于考古工作的相关规定，尊重柬方及其他在吴哥古迹考古工作相关国家的考古理念，严格按照中国新修订的《田野考古工作规程》执行和操作。选择关键区域勘探发掘，解决亟需的考古问题，并以解决修复保护方案设计的考古技术资料和遗址基本信息为主，以达到为保护方案和维修工程提供依据与参考的目的，不主张进行大规模考古发掘，尽量保持寺院堆积的原始性，最少干预建筑遗产的完整性。从 2011 年 5 月，中国文化遗产研究院援柬工作队实质性参与茶胶寺考古研究工作开始，依据茶胶寺保护修复设计工作实际，采取了以茶胶寺本体考古研究为基础，坚持从吴哥古迹调查、茶胶寺周边调查到茶胶寺调查与发掘的考古工作思路，坚持考古调查勘探发掘、修复保护、探地雷达探测、科技检测等相结合的工作方法，以期达到为茶胶寺保护修复工程设计方案提供考古技术资料支撑和深入研究的工作目标。截至 2014 年 9 月，已取得了阶段性考古成果，获得丰富资料。

援柬工作队在前期田野考古调查研究基础上制定了考古专项方案，严格执行国内外报批许可程序，按计划分年度执行既定的考古及历史研究任务，及时整理和报道考古研究成果[1]。

2007 年以来，依据援柬项目协议和《威尼斯宪章》等国际公约有关规定，援柬工作队组织中国文化遗产研究院、天津大学建筑学院等单位的建筑历史和保护修复设计研究人员开展了大量的茶胶寺前期资料收集与分析研究工作，包括茶胶寺保护修复工程前期研究设计阶段的相关考古工作，对后来的修复设计、加固维修、考古研究等提供了非常重要的基础资料。此外，援柬工作队针对茶胶寺保护修复工程前期勘察与设计研究工作，先后组织开展了与考古研究相关的工作，大致包括三项主要内容：一是法国人、柬埔寨人对于茶胶寺的既往考古成果资料的收集及分析研究，主要通过法国远东学院保存的有关茶胶寺考古日志、月报、年报、考古现场旧照片、考古报告及研究专著等图文资料，梳理了既有的茶胶寺及其周边遗迹的考古成果[2]；二是中国文化遗产研究院刘兰华研究员分别于 2008 年、2009 年先后两次开展的茶胶寺建筑群地面踏勘和地表陶瓷片采集等初步田野考古调查，北京大学东语系段晴教授于 2010 年 10 月 3 日至 10 月 9 日赴茶胶寺开展的有关茶胶寺东内门和东外门残存古高棉文碑刻铭文的初步辨认与调查研究；三是与北京中铁瑞威工程检测有限责任公司合作，主要由张兵峰工程师负责于 2009 年 10 月在茶胶寺建筑群利用地质雷达空间信息技术手段开展的基础探测工作，分别对东塔门神道边界位置、东塔门外码头最外层轮廓位置、东北池的南北与东西位置、北塔门外桥涵是否存在及可能埋深、西北角壕沟残毁处基础位置及可能埋深现状，以及庙山第二层东南角、东北角、西北角、西南角庭院中是否存在可能的长厅基础及可能埋深现状和第三层东面场地中是否存在可能的砂岩基础及埋深现状等 10 个区域作了探测，能够有效探测砂岩基础，把握茶胶寺地下遗迹埋藏情况[3]。

经过多年的茶胶寺保护修复工程前期设计和研究工作[4]，中国文化遗产研究院受商务部合同委托并在国家文物局的业务指导下，于 2010 年 11 月 27 日正式启动实施援柬二期茶胶寺保护修复工程。自 2011 年初开始，茶胶寺考古工作自此进入实质性调查研究和考古专项方案编制阶段，为考古专项方案制订和深入发掘研究奠定了良好工作基础。

2011 年 5 月开始，依据茶胶寺保护修复工程总体方案以及对考古工作需求，受援柬工作队的组织和指导，由文物保护、古建筑、佛教考古、工程施工以及柬方考古与文物保护人员组成的现场联合考古调查组，对茶胶寺建筑群及其周边遗址进行了初步田野考古调查，根据保护修复设计需求编制并提交了详细的考古专项总体工作方案和实施计划[5]。该方案于 2011 年 10 月得到国家文物局批复和商务部认可。
该项计划是在对茶胶寺建筑主体及周缘地表保存现状进行踏查的基础上，围绕茶胶
寺修缮工程初步确定五处主要遗迹需要考古勘探与发掘。一是庙山主体一层台及二
层台长廊基址表面有明显的柱洞、柱础以及人工雕刻石构件痕迹，推测可能存在回
廊式建筑基址；二是东门外原地面堆积范围及结构，包括散水部分，现存地表多被
流沙土淤积和掩埋，原有地平面埋深不明，与一层外围须弥台关系和结构需解剖；
三是包括神道中部十字形建筑、神道堆积及东端码头遗址三部分，从现存地表石砌
结构判断，距东门约 50 米处存在石结构建筑基址，大部分被沙土覆盖，神道整体表
面经人工砌筑砾石或砖块，神道宽度及下层堆积结构不明，神道东端码头石构建筑
基址范围较大，表层条石大多被扰动，且破损和风化严重，建筑结构似分三层台基
式，最上层是否存在佛像基座，需要考古清理；四是环壕布局和北桥结构，从现存
地表遗迹来看，环壕整体结构较为完整，走向及布局清楚，因受沙土掩埋及堤坡石
块扰动，壕沟口宽、底宽及深度和砌筑技法不明，北桥大致轮廓可判断，但受石块
坍塌和沙土掩埋所致，具体结构及范围不明；五是现存南池、北池的地表方位、范
围明晰，但沙土掩埋较多，池壁结构及具体口宽、底宽、深度不明。

2012 年 1 月开始，援柬工作队对茶胶寺开展了深入调查勘探和多次发掘，取得
了令人振奋的考古成果。部分考古研究成果已经公开发表[6]，现正在组织编写和计
划出版《茶胶寺考古报告》和《吴哥古迹考古》两部考古报告书。

以上对茶胶寺遗址按计划、分年度开展的考古及历史研究工作，均严格履行相
关报批许可程序，包括中国文物主管部门国家文物局和援外项目建设方商务部的项
目审批，还包括柬埔寨吴哥古迹保护与发展管理局的考古计划审批和许可，这些行
政审批和管理对项目的顺利开展是至关重要的，援外文物保护和国际合作文物考古
项目必须坚持顺畅的中外双方主管部门的管理渠道，茶胶寺考古实践应该是执行得
极为理想的一个范例。

三　考古及历史研究的初步成果

1. 吴哥古迹寺庙遗址考古调查

根据中国文化遗产研究院的援柬工作安排和吴哥古迹考古学术研究需要，援柬
工作队在开展茶胶寺及其周边相关遗迹考古调查与发掘的同时，对吴哥古迹部分寺
庙遗址和考古工地开展了实地考察。对茶胶寺持续深入地开展考古研究，需要放在
整个吴哥古迹群落中去研究，需要建立在对吴哥古迹较为全面地调查认识基础之上。

195

　　位于柬埔寨暹粒市的吴哥古迹分布相对集中，大致可分为都城遗址、寺院遗址、医院遗址、水利工程设施及桥梁遗迹以及其他遗存。早在1998年中国政府援助柬埔寨吴哥古迹一期项目周萨神庙保护修复前期考古勘探与发掘的同时，对吴哥古迹部分遗址做了调查。自2011年5月~2014年9月，以中国文化遗产研究院文物考古和古建筑专业研究人员为主，先后四次开展了以吴哥古迹寺院遗址为主要调查对象的较大规模野外实地考察活动，基本对绝大多数现存寺院遗迹做了比较详细的现场调查。调查内容包括各个寺院遗址及其他个别水利交通设施的历史沿革、布局结构、文化内涵、建筑艺术、保存现状、保护修复历史、保护管理状况等。截至目前，先后实地调查了小吴哥（Angkor wat）等规模不等的各类寺院遗址44处，大吴哥城都城遗址1处，其他如皇家养殖水牛的圆形设施（Krol Romeas）、多孔石桥等遗迹3处，已对吴哥古迹群中的近50处都城和寺庙遗址作了调查。在实地调查中，除了寺庙建筑考古外，同时采集了较多地表散见的各类遗物，如在大吴哥城南门外西护城河南岸、大吴哥城十二连塔、大吴哥城王宫、托玛农寺、大吴哥城东小塔、西池等遗址采集了大量文物标本，主要包括种类丰富的古代中国宋元至明清时期的各类瓷器。

　　2. 茶胶寺周边相关遗址考古调查

　　茶胶寺作为一处规模较为庞大的国家寺庙建筑群，周边分布着一些与其密切相关的石构建筑遗迹。开展茶胶寺周边相关遗址的考古调查，对于进一步探索研究茶胶寺及其周边遗迹的区位关系、演变历史、排水系统以及纪念祭祀功能性质等，甚至对开展考古学视野下的古代中柬文化交流研究，都具有非常积极的学术意义。调查组自2011年5月开始先后调查了茶胶寺神道正东、东池西堤上的码头平台以及北部的十字平台，茶胶寺东南方向的石塔、西北方向的医院石塔、东北方向的小型石构建筑基址以及南、北部区域的建筑遗迹等8处，分别编号为茶胶寺东遗址、茶胶寺东北一号遗址、茶胶寺东北二号遗址、茶胶寺东北三号遗址、茶胶寺东南塔殿遗址、茶胶寺西北医院石塔遗址以及茶胶寺南、北遗址，主要对前5处遗址进行了比较全面地考古调查和勘探。这些遗址中，地表散见数量不等的陶瓷残片，也发现有零星水晶。前5处遗址均位于茶胶寺东或东北侧，其中茶胶寺东遗址、茶胶寺东北一号、二号遗址呈南北向一字排列，自南向北分布在东池西堤中南段。茶胶寺东遗址位于茶胶寺东西中心轴线东侧，西距茶胶寺庙山建筑神道约380米，距庙山建筑东外门石台阶约445米。茶胶寺东北二号遗址主要遗迹为一处俗称十字平台（或称码头）的建筑基址，在北侧残存的1尊石狮子底面左上部发现刻划有一则古高棉文石刻铭文，可谓这次调查的新发现。

3. 茶胶寺考古调查与发掘

2011～2012 年，中国文化遗产研究院茶胶寺考古队受援柬工作队的组织领导和大力协助，先后两次开展了茶胶寺建筑遗迹考古调查，完成了庙山建筑、神道、散水、壕沟、南北池遗迹详细调查和部分勘探，并采集了部分遗物和区域系统遗物的采集与分类统计分析。茶胶寺整体上是由砂岩和角砾岩砌筑的建筑群，寺庙建筑规模与布局逐渐清晰，壕沟平面长方形，整体呈现出东西长而南北略窄的矩形环壕，根据钻探和地面现存护岸砌石测量，外围堤面东西长 225 米，南北宽 195 米，内堤东西长 203.8 米，南北宽 173.8 米。2012 年 1 月开始，茶胶寺考古发掘已开展了三次，分别选择北壕沟和北通道、壕沟东北角、东壕沟南段、神道南侧、南池等区域，布设 5 米×5 米探方发掘，共计发掘面积近 800 平方米。

通过 2012 年两次对北桥和壕沟的发掘清理，发现护岸由砂岩和角砾岩错缝平砌成 16 级台阶状，纠正了法国人雅克·杜马西认为壕沟护岸共约 8 层石台阶的误判。在壕沟内侧最下层石台阶迎水面发现使用石英和高岭石混合黏土防渗水层，该发现在吴哥古迹以往相关寺庙壕沟、池塘等遗迹发掘中还没有过。2013 年在神道南侧共清理出护岸 13 级角砾岩石砌筑台阶，各层台阶砌筑规整，石块保存完好，这一发现改变了此前人们对茶胶寺神道建筑样式与池塘关系的多种推测。在吴哥古迹所有的水塘都有出口和入口，有分散水流的渠道，还有一系列非常先进的控水装置。茶胶寺由于壕沟和池塘埋藏较深，寺院排水系统一直没有发掘清楚，通过对北通道、东神道、东壕沟和南池遗迹的考古发掘，发现北通道不存在此前所说的一处涵洞，而在东壕沟南段发现了石构排水管道遗迹，对探索茶胶寺庙山与吴哥时代水利系统的关联情况提供了较为翔实的参考资料。2013 年对现存南池西南角和东北角堆积的解剖，发现早期南池与神道应连为一体，后来范围逐步缩小，而且四壁不存在石砌筑护岸，修正了法国人此前的一些认识。茶胶寺地表散见大量陶瓷和瓦片，发掘中出土了大量建筑陶瓷、本地生活陶器及少量中国瓷片、铁器、水晶等。其中，建筑陶瓷对重新认识茶胶寺庙山建筑用材和屋宇顶饰样式提供了新证据，少量中国宋元青白瓷片的出土，有利于了解茶胶寺一带古代中柬两国陶瓷的交流使用情况。

四 茶胶寺考古及历史研究工作的特点和体会

自 1998 年开始，由中国文化遗产研究院（即当时的中国文物研究所）援柬工作队承担的中国援助柬埔寨文物保护项目周萨神庙考古是中国考古学界第一次真正意义上代表中国进行的国外考古工作。周萨神庙是中国政府援助柬埔寨吴哥古迹保护工作队承担的第一期保护修复工程，从 1998 年开始初步勘察和基础研究工作，2000 年初进入工程施工阶段，历时五年，于 2005 年竣工[7]。在周萨考古经验基础上，结合国际文化遗产保护新理念的应用，援柬二期茶胶寺考古扩大了调查研究范围，摸索尝试了一些比较可行的国际合作交流考古方面的工作方式，也形成了一些工作特点，实践中积累了较多境外考古工作经验，赢得了国际专家和柬方同行的诸多好评。

第一，在茶胶寺保护总体工程中重视考古研究，把考古工作列为重要专项内容之一，得到了中国国家文物局的批复同意和柬埔寨吴哥古迹保护与发展管理局的支持。必须注重中国与周边邻国自古以来十分紧密的文化联系，深知考古实证在促进柬埔寨民众对中华文化的了解、增强文化亲近感、增进国家间友好关系方面的重要的意义。

第二，我国文博考古专家呼吁中国应加大对外文化援助项目支持力度和理顺经费渠道，国家逐步重视并加大到国外开展文化遗产保护修复和考古发掘研究项目，这种主动性文物考古科研活动必须要有课题意识和好的学术规划。茶胶寺考古研究思路突出课题意识，除了配合保护修复工程的考古技术需求而规划考古工作外，主要基于中柬两国的地缘优势和古代文化交流密切的历史基础，选择以陶瓷考古、寺庙考古、建筑工艺与历史研究为主的古代中柬文化交流研究，基本涵盖了茶胶寺建筑群遗址的历史考古研究。

第三，组建了人员构成较为合理的考古队，包括考古、古建筑保护及建筑历史、文物保护规划和保护修复、中外文化交流等专业技术人员，对茶胶寺考古工作从调查发掘、现场保护及规划展示利用提供了较为全面的人才技术支持。考古、古建筑、历史、地质、工程力学等多学科合作参与，空间信息技术得到较好应用，对茶胶寺保护修复设计和展示利用提供较为详尽的实物技术资料。已经取得的阶段性考古发现成果和新资料，纠正了此前法国学者发表资料中的不足和探地雷达技术不准确的分析结果。

第四，采取国际合作交流考古模式开展考古调查和发掘，工作进展和研究成果明显超出预期计划，实践中取得了很好成效。茶胶寺田野考古工作尝试采用国际合作模式，成为中柬两国首次联合考古，共同提高茶胶寺建筑历史及考古研究的学术水平。具体操作：由援柬工作队统一负责与吴哥古迹保护与发展管理局和金边皇家艺术大学两家合作单位签订合作考古协议，尊重柬方考古发掘管理的报批制度，真诚与对方合作，中方主持考古项目并承担合作考古经费，考古技术资料共享。

第五，在茶胶寺考古技术路线方面，不单纯为了配合茶胶寺建筑保护修复工程而开展考古研究,而是通过全面把握吴哥古迹考古历史,从而开展茶胶寺建筑考古研究。依据国际文化遗产保护修复惯例和茶胶寺保护修复工作实际,采取了以茶胶寺本体考古研究为基础,坚持从吴哥古迹调查、茶胶寺周边遗址调查到茶胶寺调查与发掘的考古工作思路,坚持考古调查勘探发掘、古建筑修复保护、科技检测等相结合的工作方法,以期达到为茶胶寺保护修复工程设计方案提供考古技术资料支撑和深入研究的工作目标。

第六,通过对吴哥古迹的调查了解,对茶胶寺持续深入地开展考古学术研究,需要放在整个吴哥古迹群落中去把握,需要建立在对吴哥古迹较为全面地调查认识基础之上,截至目前已经开展的考古调查工作不但必要,而且还应当坚持进行相关比较研究。值得一提的是,基于吴哥古迹遗存的大量陶瓷器,尤其是以数量可观、种类丰富的宋元明清瓷器为主,开展考古学视野下的古代中柬文化交流研究,具有独特的考古学研究优势,必将获得可喜成果。

第七,茶胶寺合作考古项目中注重为柬方培养更多的文化遗产保护和考古专业人才。吴哥古迹是世界文化遗产,更是属于柬埔寨人民的遗产,保护它的使命最终要落到柬埔寨年青一代身上,而现阶段柬方从事考古工作的专业技术力量相对较弱,因此,茶胶寺考古队成员中除了柬方考古专家外,还特别邀请了数名来自柬埔寨皇家艺术大学考古系的大学生及青年考古工作者参加考古活动,由中方人员负责业务指导,基本达到了为柬方培养更多的考古人才的目的。

第八,茶胶寺现场考古工作开展期间,注重开展中柬两国相关学术机构间的交流合作,通过定期组织现场讨论、召开考古专题研究交流讨论会等方式,并邀请其他工作队成员参加,在合作交流考古过程中增进了双方彼此对各自考古领域的了解和认识,实现了国际考古技术方法的相互交流。2013 年 3 月 5 日由中国文化遗产研究院与法国远东学院共同在北京成功举办了《考古与柬埔寨吴哥古迹法国远东学院历史照片特展暨柬埔寨吴哥古迹保护与研究论坛》,从考古学、建筑学、历史学等多个领域对吴哥古迹历史修复与保护的研究与实践进行了交流与讨论,其中报告了茶胶寺考古调查与发掘的初步成果。

第九,重视考古遗址的保护规划和展示利用,对重要遗迹建设保护和展示设施,向当地民众和观光客开放,展示考古成果,使考古和历史研究贴近生活,走进公众视野,真正让文物古迹活起来。茶胶寺考古发现的神道 13 级石砌台阶、东壕沟和石砌筑排水管道遗迹,均为重要考古发现,可视性强,现场均搭建了保护棚,遗迹长期原址保护展示,实践中非常受多方肯定。2013 年 5 月,新华社以"共探茶胶寺,携手护吴哥——记中柬首次联合考古"为题的现场跟踪报道,取得了良好的社会效益。

　[1]　温玉清 . 茶胶寺庙山建筑研究［M］. 北京：文物出版社，2013；中国文化遗产研究院援柬工作
　　　　队 . 柬埔寨吴哥古迹茶胶寺考古工作纪要［J］. 中国文物科学研究，2014（1）.

　[2]　H. 马沙尔等 . 考古发掘日志 JFA III，1 – 6，novembre 1922.［法］雅克·杜马西（Jacques
　　　　Dumarçay），茶胶寺：寺庙建筑研究（考古记录第 6 卷）［M］. 巴黎：法国远东研究学院 . 1971.
　　　　G. Coedès：Inscriptions du Cambodge IV，Paris 1952，152 – 160.

　[3]　张兵锋 . 柬埔寨吴哥窟茶胶寺东门神道地质雷达探测研究［J］. 中国文物科学研究，2010（3）.

　[4]　中国文化遗产研究院 . 中国政府援助柬埔寨吴哥古迹保护（二期）——茶胶寺保护修复工程总体
　　　　研究报告［M］. 2010.

　[5]　中国文化遗产研究院 . 援柬二期茶胶寺保护修复工程总体设计方案——考古专项 . 2011.

　[6]　中国文化遗产研究院援柬工作队 . 柬埔寨吴哥古迹茶胶寺考古工作纪要［J］. 中国文物科学研
　　　　究，2014（1）；温玉清 . 茶胶寺庙山建筑研究［M］. 北京：文物出版社，2013.

　[7]　中国文物研究所 . 周萨神庙［M］. 北京：文物出版社，2006.

国家考古遗址公园规划原则探讨

——以三杨庄国家考古遗址公园规划为例

苏春雨

（中国建筑设计研究院有限公司建筑历史研究所）

摘　要： 国家考古遗址公园规划是近两年来新兴的一种规划类型，本文采用文献归纳法和案例分析法，梳理了建设国家考古遗址公园得到正式倡议的过程，即建设国家考古遗址公园的倡议为解决大遗址保护工作面临的土地资源问题而提出，肯定了建设国家考古遗址公园的积极意义。并提出考古遗址公园规划遵循的原则，按照理论与实践相结合的研究方法，结合三杨庄国家考古遗址公园规划案例研究，对遗址公园规划编制遵循的原则进行了实例探讨，希望能为国家考古遗址公园规划工作提供一些有益的借鉴。

关键词： 国家考古遗址公园　三杨庄遗址　规划　原则

一　建设国家考古遗址公园的提出

1. 我国大遗址保护历程及面临的主要问题

（1）大遗址的概念

大遗址，是我国文物保护领域自 1990 年之后从遗产保护和管理工作角度提出的一个重要概念，1997 年，国务院在《关于加强和改善文物工作的通知》中，正式使用了"古文化遗址特别是大型遗址"的提法，大遗址概念由此正式提出。2005 年，国家财政部、国家文物局联合印发的《大遗址保护专项经费管理办法》中明确指出："大遗址主要包括反映中国古代历史各个发展阶段涉及政治、宗教、军事、科技、工业、农业、建筑、交通、水利等方面历史文化信息，具有规模宏大、价值重大、影响深远特点的大型聚落、城址、宫室、陵寝墓葬等遗址、遗址群及文化景观。"

（2）大遗址保护历程及面临的主要问题

从 2005 年起，国家开始设立大遗址保护专项资金，当年中央财政安排专项经费 2.5 亿元，并不断加大投入力度。2005 年 8 月，财政部和国家文物局联合发布《大遗址保护专项经费管理办法》，明确大遗址保护专项资金，优先考虑那些价值重大、遗址本体保护需求急迫、有较好考古勘查研究工作基础、已编制规划或规划纲要、宣传展示可行性强、地方政府重视并有一定经费配套的项目。2006 年，国家大遗址保护专项资金增加至 3.8 亿，财政部、国家文物局联合发布《"十一五"期间大遗址保护总体规划》，将 100 处大遗址列为重点保护项目。大遗址保护专项资金的设立、大遗址保护规划体系的确立、大遗址保护国家项目库的建立，在一定程度上使大遗址保护的被动局面得以扭转。各地纷纷启动大遗址保护规划编制工作，并初步建成若干处大遗址保护展示示范园区，以长城、丝绸之路、大运河、西安片区、洛阳片区"三线两片"为核心的大遗址保护格局基本确立。

然而大遗址保护在实践过程中始终难以摆脱各种困扰，主要问题在于如何在土地资源紧缺的条件下，解决或缓解占地规模极大、与遗产地居民生活与利益息息相关的大型考古文化遗址与城镇化进程的矛盾[1]，使大遗址的保护得以真正实现。

2. 问题的解决——国家考古遗址公园建设的提出

为解决上述问题，各地结合当地实际情况，大胆创新，形成初具特色的工作模式，为及时总结和交流大遗址保护工作经验，国家文物局多次召开现场会或举办论坛，组织各地共同探讨适合中国国情的大遗址保护途径。

2008 年，第一届大遗址保护高峰论坛在西安召开，形成《大遗址保护的西安共识》，强调大遗址保护工作中政府的主导作用，以及与城市发展、民生改善间的联系，并启动了西安唐大明宫国家遗址公园建设项目。

为实现文物资源向效益成果转化，2008 年 4 月，良渚国家遗址公园建设项目正式启动，面向全球征集概念性规划设计方案，并建设良渚博物院，掀开了大遗址保护的新篇章。2009 年 6 月，大遗址保护良渚论坛在杭州召开，国家文物局首次将"建设国家考古遗址公园"作为大遗址保护的有效途径正式向社会发出倡议，形成新的大遗址保护理念。良渚论坛形成的《关于建设考古遗址公园的良渚共识》阐述了建设考古遗址公园对缓解大遗址保护工作存在问题的重要意义。

2009 年 10 月，第二届大遗址保护高峰论坛在洛阳召开，与会代表交流了各地在考古遗址公园建设方面的经验和成果，签署了《大遗址保护洛阳宣言》，再次肯定了建设考古遗址公园的意义，重申了应当遵循的原则。

2009 年 12 月国家文物局正式印发《国家考古遗址公园管理办法（试行）》，并随之颁行《国家考古遗址公园评定细则（试行）》。2010 年 10 月国家文物局公布了第一批 12 项国家考古遗址公园名单和 23 项立项名单。

2012 年 11 月，国家文物局启动第二批国家考古遗址公园评定工作，并颁布了《国家考古遗址公园规划编制要求（试行）》。按照要求，编制国家考古遗址公园规划成为第二批国家考古遗址公园参评的条件之一。

3. 国家考古遗址公园的意义——在实践探索中的产物

实践证明，自 2003 年高句丽王城与贵族墓申遗注重考古遗址公园建设起，至殷墟遗址实施大遗址整体保护实践的成功，再到成都金沙遗址、无锡鸿山遗址，以及西安唐大明宫和洛阳隋唐洛阳城考古遗址公园工作的开展，均获得了较好的经济社会效益，为在全国大规模整体保护大遗址，建设大型考古遗址公园，提供了有益的尝试，具有示范意义。通过建设国家考古遗址公园，大遗址所拥有的资源优势逐渐显现，在着重发挥社会效益的过程中，也可以实现巨大的综合效益，成为今天文化城市建设的宝贵资源和不竭动力。

图 1　高句丽考古遗址公园
（集安市文物局提供）

图 2　左：无锡鸿山遗址公园　右：殷墟遗址公园

建设国家考古遗址公园既是大遗址保护工作的创新，同时也是对公园这一城市功能元素内涵的拓展，是在大遗址保护发展到一定阶段，国家经济实力具备一定基础以及社会文化消费需求大幅度提升后的产物，具有鲜明的时代特色[2]。

4. 国家考古遗址公园的特性

《国家考古遗址公园管理办法（试行）》（2010）中规定："本办法所称国家考古遗址公园，是指以重要考古遗址及其背景环境为主体，具有科研、教育、游憩等功能，在考古遗址保护和展示方面具有全国性示范意义的特定公共空间。"

首先，国家考古遗址公园对考古遗址本体有特殊要求，不是所有的考古遗址都适合作为公园。只有遗存本体及其历史环境具有重要价值和丰富内涵的大遗址方可考虑建设国家考古遗址公园，也就是对考古资源有特定的要求。其次，考古遗址公园是开放性的城市公园，它在具备一般城市公园休闲、游憩功能的同时更注重其科研及教育的功能，这里的科研功能不仅包含围绕考古遗址本体及环境展开的价值、文化研究工作，更包含了考古这一重要的基础性工作。最后，考古遗址公园是城市特定的公共空间，是城市绿地系统的重要组成部分，所以对于考古遗址公园存在着区位资源的基本要求。

因此，考古遗址公园是一处同时进行考古工作和考古遗址保护工作的场所，并且这两项工作都需要在很长一段时间内长期地进行着，当然一切的展示和利用是要以考古遗址的保护为前提条件而展开。

5. 遗址公园规划遵循原则

国家考古遗址公园规划应遵循以下原则：

（1）考古遗址公园的一切诠释与展示设计应符合遗产价值，包括自然的、文化的、社会的有形和无形价值（无形文化遗产的承载场所）[3]。

要整体展示遗址的价值，包括遗址本体、遗址历史环境及其出土文物。因此，考古遗址公园的展示体系应由遗址博物馆、遗址展示现场及相关历史地理环境共同组成。遗址博物馆整体阐释遗址价值，并对出土文物进行展示；遗址展示现场及相关历史地理环境阐释遗址本体及其自然及人文历史环境。

（2）考古遗址公园的诠释与展示设计应以考古研究成果为依据，符合遗产的真实性[4]。

考古遗址公园的诠释与展示设计应不改变遗址原状，在考古勘探、发掘和科学研究的基础上，以长久、完整、真实地保护大遗址为原则，复原展示的程度依照考古发掘出土的内容和研究的结论而定，绝不允许主观臆造。

（3）国家考古遗址公园的建设要以考古遗址的保护为前提，一切设施的建设及展示方式等活动均以保护遗址为目标，遵循最小干预原则，保护遗址的真实性、完整性。

① 保护技术支撑：国家考古遗址公园的建设要以不断进步的文物保护技术为支撑。

② 展示方式：所有展示方式都将以保护为前提，采用可逆性手段，不但真实地展示大遗址历经沧桑的历史风貌，同时尽可能反映其文化内涵。

③ 游客容量控制：考古遗址公园的开放容量是以不损害文物原状、有利于文物管理为前提。

④ 利用与保护区划衔接：考古遗址公园的功能分区及利用强度控制应与保护区划等级衔接。

⑤ 设施建设：诠释设施建设应符合大遗址保护的可持续性，遵循可逆性及不干扰遗址本体的最小干预原则。

（4）国家考古遗址公园要以持续的、与时俱进的考古工作为支撑，要有一个长期的、高水平的考古规划。

（5）协调各利益相关方，促进经济社会发展

① 整合资源：对大遗址周边特色旅游资源进行整合、综合利用。

② 对土地资源的合理利用：缓解保护与用地的矛盾、优化土地资源利用。

③ 公众参与：协同政府、专家、公众三股力量，政府承担制度和资金保障，充分调动专家和公众的力量，共同编制考古遗址公园规划。

④ 公众教育：在参与考古遗址公园规划及参观遗址公园的过程中，使公众得到教育。

二 案例研究——三杨庄国家考古遗址公园规划

三杨庄国家考古遗址公园属第一批公布的 23 项立项名单之一，按照新公布的评定规则需要编制考古遗址公园保护规划。

1. 三杨庄遗址概述

三杨庄遗址是中国黄河中下游地区西汉晚期至东汉初期的农业聚落遗址，也是我国目前发现的唯一一处反映西汉时期自耕农模式的农业聚落遗址。三杨庄遗址位于河南省内黄县梁庄镇三杨庄村一带，分布范围 10 平方公里以上，地理坐标：北纬 35°43′40″～45′20″，东经 114°45′02″～46′32″。2003 年 6 月下旬被当地水利部门实施硝河河道疏浚工程时发现。经 2003 年 7 月至 2005 年 12 月考古部门发掘，初步揭露

一、二、三、四号共4处汉代庭院遗址，面积约9000平方米。其中包括：房屋建筑遗存7座，水井2眼，水塘1处、水沟2条、厕所3处、窖穴1处、树桩若干以及大面积的垄作农田和牛蹄、车辙印迹。截止至2009年8月底，考古部门共完成100万平方米的钻探调查工作，又发现8处庭院遗存、1处窑址、1处池塘遗址、1处约万余平方米的大型遗址，以及纵横分布的11处道路遗址，目前，遗址区的调查勘探面积为整个待探查遗址区的1/10左右，整体分布格局尚未探清。

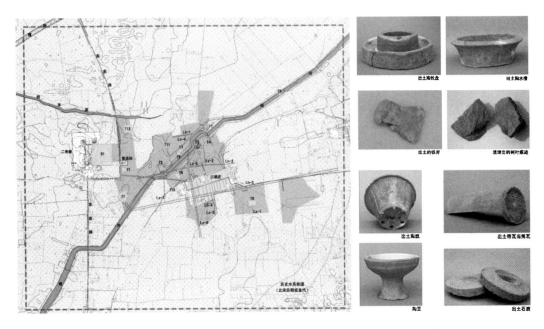

图3　左：三杨庄遗址已知遗存分布图　右：三杨庄遗址出土文物

（作者自绘）

2. 三杨庄遗址的特点

（1）深埋地下，位于农村腹地，建设干扰较少，保存较好

三杨庄遗址因历史上的黄河泛滥而导致一次性掩埋于地下4.5～12米，遗址遗存基本没有受到后世干扰，保存了极好的真实性与完整性。

三杨庄遗址地表沙岗连绵起伏，曾为黄河故道，2003年6月下旬被当地水利部门实施硝河河道疏浚工程时发现。因遗址远离城镇建成区，不属于城镇建设用地范围，因而有幸避免遭受大规模城镇建设的破坏，得以较好保存。

（2）分布范围较广，无聚集而居的村庄概念

三杨庄遗址属于中国汉代自耕农的农业聚落遗址，与中国众多"聚族而居"的住居集中的聚落遗址不同，当时农户们以家庭为单位散居于田野中，呈独立院落方

图 4　三杨庄遗址三、四号庭院遗址
（内黄县文物旅游局提供）

式。需要具备相当的遗址规模方可分析出遗址的完整程度。

3. 三杨庄遗址的文物价值[5]

（1）三杨庄遗址首次再现了汉代农村的真实景象，填补了我国考古学研究的一项空白。

（2）三杨庄遗址为研究汉代的基层社会组织结构提供了绝好的实物资料。

（3）三杨庄遗址首次发现的汉代农田实物，为研究汉代农耕文明和耕作制度提供了第一手资料。

（4）三杨庄遗址首次揭示了反映汉代的农业生产、农村生活状况以及农民的庭院与生活环境，为汉代农业考古研究提供了丰富而珍贵的实物资料。

（5）三杨庄遗址为研究汉代黄河治理和河道变迁等黄河水文史方面的研究提供新的考古资料。

4. 三杨庄遗址的价值载体

（1）已知聚落的规模及格局

目前已发现的 12 处庭院遗址及其周边的农田，各庭院间距离不等，体现了家庭间的相互关系，构成了汉代基层组织结构聚落的初步规模及格局，为了解汉代基层组织结构聚落的规模及格局提供了初步的实物研究及展示资料。

三杨庄遗址所展现的"宅建田中、田宅相接、宅宅相望"的聚落布局，首次直观再现了西汉时期黄河中下游地区农业生产状况、农村社会形态、农民生活情景，　　*207*

是一处价值巨大、内涵丰富、影响深远的独具特色的大遗址。

（2）庭院遗存及其格局

目前已发掘清理的四处庭院遗存的格局既有共同点，如均坐北朝南，方向一致，均为两进院落，有主房和厢房，院门外有活动场地，院内或附近有水池、水井及生活设施，并有道路通向外面，四座庭院的格局又各不相同，庭院的格局及遗存反映了汉代基层组织聚落内不同等级的家庭构成及其内部相互之间的关系。

（3）农田等其他聚落遗存

三杨庄遗址目前已发现的其他聚落遗存包括道路遗址、窑址、池塘遗址、大型遗址以及田垄遗存及植被遗存。这些遗存均为三杨庄遗址的组成部分，其中的田垄遗存为研究汉代农业的耕种方式和耕种特点提供了实物遗存，植被遗存反映了汉代中原地区的气候特点及村民的种植习惯，在三号庭院遗址的东西两侧水沟外和北侧清理出排列整齐、宽窄相同、高低相等、十分明晰的大面积田垄遗存（垄作农田遗存），田垄多为南北走向，也有东西走向（主要是房后），宽度大致60厘米。三号庭院遗址正房的北侧和东侧各有2排树木残存痕迹和大量留在泥块上的树叶印迹，从树叶印迹初步判断，多为桑树和榆树。

（4）农具及生活用具

在二号庭院遗址内及南大门外、水池内，清理出犁等耕种用具，以及大石臼、小石臼、石磨、石碓以及陶水槽、碗、甑、盆、罐、豆、瓮、轮盘等生产生活用具。

5. 三杨庄国家考古遗址公园规划原则[6]

（1）遗址的诠释和展示必须符合遗产价值——汉代农业遗址，包括自然的、文化的、社会的有形与无形价值，考古遗址展示区的展示体系应由遗址博物馆、遗址展示现场和相关历史地理环境共同组成；景观设计应突出历史环境修复，包括历史地层与地形地貌、与历史气候关联的植物品种等。

（2）考古遗址公园的诠释与展示设计应以考古研究成果为依据，符合遗产的真实性。

（3）遗址展示区内未经考古探查或发掘的地段应采取"留白"方式，并以持续开展的考古、研究和保护工作为基础，做好可行性研究和调查论证工作。

（4）国家考古遗址公园的建设要以考古遗址的保护为前提，一切设施的建设及展示方式等活动均以保护遗址为目标。

（5）考古遗址展示区的规划应统筹考虑和协调遗产的各个利益相关方，确保遗产价值的正确诠释和合理利用，促进文化遗产诠释的广泛性。

6. 依据原则开展的规划设计

（1）遗址的诠释和展示必须符合遗产价值——汉代农业遗址，包括自然的、文化的、社会的有形与无形价值。

一期展示规划以现有考古成果为依据，对遗址文化价值所蕴含的汉代"三农"信息和黄河水系变迁等历史信息进行展示。展示主题及内容包括：

① 汉代聚落布局及组成：展现三杨庄遗址所体现的"宅建田中、田宅相接、宅宅相望"的聚落布局。由庭院遗址、道路遗址、窑址等组成。

② 汉代农村民居特征：重点选取发掘较完整，院落格局不同的二、三、四号庭院遗址进行展示。

③ 汉代农业：展示汉代田垄遗迹，汉代农具以及种植作物、耕种方式的研究。

④ 黄河故道变迁：展示黄河故道剖面地层，显示了从全新世早期以来该区域人类生产、生活活动与黄河泛滥淤积的交替过程。

图 5 三杨庄遗址公园一期功能分区图
（项目组成员绘制）

（2）考古遗址展示区的展示体系应由遗址博物馆、遗址展示现场和相关历史地理环境共同组成；景观设计应突出历史环境修复，包括历史地层与地形地貌、与历史气候关联的植物品种等。

规划设置过渡性遗址博物馆，对汉代农业种植场景进行模拟展示，选用汉代作物品种（至今仍沿用的），展示黄河故道剖面。汉代农业遗址展示应尽可能形成一定规模的展示园区，需要削减现代水利工程影响、集约村庄用地、无序的林地旱地

图6　三杨庄遗址公园一期展示平面图

（项目组成员绘制）

混杂形象对遗址展示的负面影响。

（3）考古遗址公园的诠释与展示设计应以考古研究成果为依据，符合遗产的真实性。遗址展示区内未经考古探查或发掘的地段应采取"留白"方式，并以持续开展的考古、研究和保护工作为基础，做好可行性研究和调查论证工作。

由于三杨庄遗址的考古勘探工作尚未完成，三杨庄遗址的展示规划根据考古工作进展分为两个阶段推进：

① 近期展示目标

根据现有考古资料，开展汉代农村、农业、农民生产、生活场景的模拟展示。

② 远期展示目标

待10.5平方公里保护范围内的考古探查工作全部完成之后，建设我国最为系统的汉代农业遗址展示园区。

（4）国家考古遗址公园的建设要以考古遗址的保护为前提，一切设施的建设及展示方式等活动均以保护遗址为目标。

三杨庄遗址展示内容大部分采用模拟方式，对深埋地下的遗址遗迹基本不造成破坏。唯采取揭露展示的遗址必须以保护技术支撑为前提，并根据观众对遗址造成的影响程度及保护棚的规模限定游客容量，并根据执行效果实施监测和调整。具体展示方式包括：

揭露展示（露明展示）即地下遗存揭开后原状露明展示，在实施必要保护工程后按照保存环境要求覆以保护性建筑物或构筑物。

植被标识展示：标识展示又称景观示意方式。即参照考古钻探，以植被造型示

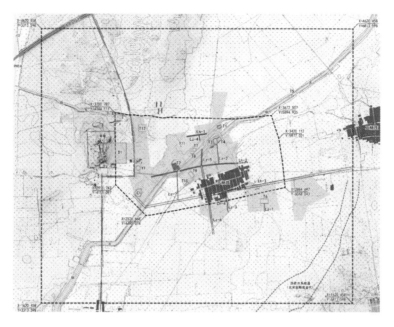

图7　三杨庄遗址公园近期（一期）及远期（二期）规划范围
（项目组成员绘制）

意出遗址相关空间关系，并辅以解说标识手段。

规划将钻探发现的遗址用树丛进行标识展示，包括 T7－T12 庭院遗址、二帝陵东陵墙外的大型遗址，并对窑址及一、三、四号庭院遗址采取标示牌标识展示。

庭院复原展示：地表模拟复原展示即参照考古发掘成果，结合研究成果在异地进行遗址的形象复原。规划将一至四号庭院遗址在原址的东南方向，保持相对位置关系进行模拟复原展示。

（5）考古遗址展示区的规划应统筹考虑和协调遗产的各个利益相关方，确保遗产价值的正确诠释和合理利用，促进文化遗产诠释的广泛性。

① 资源整合

三杨庄遗址周边拥有槐树林、东汉画像石室墓、二帝陵、大城城址等自然及文化资源，遗址公园规划考虑将资源整合，共同策划，以达到效益最大化。

② 优化土地资源

通过用地置换，营造历史环境及模拟场景展示效果，并整合现有特色农业资源——枣树园，结合大枣采摘，既丰富游客体验，又提升枣园的经济效益，实现土地资源的优化。具体用地置换方案为：一期遗址公园内的林地、果园和旱地进行统一调整与置换。置换效果为：

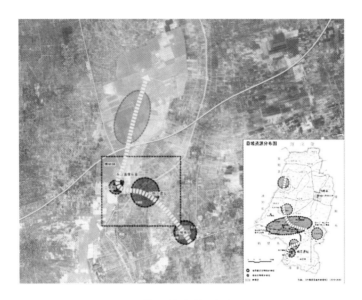

图8 资源综合利用规划图

(项目组成员绘制)

1）一期遗址公园的周边和三杨庄的周边用乔木围合、形成遮挡；

2）一期遗址公园内以现代和汉代当地农作物形成垄作农田景观，视线要求开敞；

3）一期遗址公园的东侧为大规模的果园，以枣树为主。

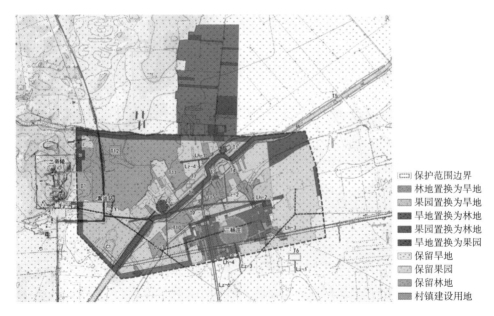

图9 用地置换示意图

(项目组成员绘制)

③ 充分考虑村庄发展

三杨庄村应按照内黄县域村镇体系规划要求，迁出遗址保护范围与梁庄镇的二杨庄村整合。在村镇整合措施实施之前，为保护三杨庄遗址，限定村庄发展方向，划定村庄发展范围，限定扰土深度及建筑高度，对建筑风格提出要求，即建筑风格应突出表现地方民居传统，建筑外观应与古朴的汉代农庄遗址展示相协调。

在村庄搬迁前，占压遗址部分暂不做展示，但对地面建设等行为活动进行扰土深度限定。

④ 惠及民众

改善村民生活与环境，增进遗产保护与村镇发展的和谐程度。对三杨庄村进行村容村貌整治。并在符合遗址保护要求的前提下，改善民居基础设施。

在三杨庄村设置农家乐餐饮、旅游纪念购物等服务项目，为三杨庄村的村民因为保护遗址及为遗址的展示做出贡献而获益，促进遗址保护展示与地方社会发展的和谐关系。

⑤ 公众参与及教育

规划全过程中，多次通过汇报、公示等形式与政府、专家和公众进行了广泛沟通，并在博物馆及现场展示中对游客进行保护遗址教育，让公众主动参与到文化遗产的保护实践中来。

图 10　一期展示整体鸟瞰图

（效果图公司绘制）

213

三 结语

国家考古遗址公园的兴起，使大遗址的保护展示工作与所在地经济社会发展相结合，实现资源价值转化为效益成果，有力地推动了区域经济社会的协调发展，成为地方文化建设及软实力的重要载体。作为公共文化服务体系的重要组成部分，有效缓解了大遗址整体保护展示与城乡发展对土地资源需求的矛盾，其积极意义值得肯定。但在具体实践中，由于理解的不同，因而在规划设计过程中采取的措施及方式不尽相同，实施的成果呈现不同效果，本人依据实践经验提出初步看法，希望能在国家考古遗址公园的规划设计方面提供一些正面的意见供业内参考。

［1］ 参见陈同滨，王力军. 大遗址保护与考古遗址公园设计［J］. 中国古迹遗址保护协会通讯，2009（3）：33.

［2］ 单霁翔. 大型考古遗址公园的探索与实践［J］. 中国文物科学研究，2010（1）：2 – 12.

［3］ 陈同滨，王力军. 大遗址保护与考古遗址公园设计. 中国古迹遗址保护协会，2009（3）：36.

［4］ 同上.

［5］ 参见中国建设设计研究院建筑历史研究所. 三杨庄遗址保护总体规划文本. 4.

［6］ 参见中国建设设计研究院建筑历史研究所. 三杨庄遗址保护总体规划文本. 12.

陵墓类遗址价值评估初探

刘瑛楠[1]　王　岩[2]

（1. 北京国文琰文物保护发展有限公司　2. 哈尔滨工业大学建筑学院）

摘　要：《威尼斯宪章》的颁布，标志着以价值为核心的文化遗产保护和利用进入了新的历史时期。陵墓类遗址作为我国重要文物类型之一，具有独特的历史文化价值。由于陵墓类遗址构成要素的复杂性及不同利益相关者对其价值认知的差异性，保护管理与利用工作效果不理想，需要系统地分析不同价值维度的秩序结构、深入开展价值评估研究，寻求保护和利用的最优组合状态，促进其可持续发展。本文梳理分析了陵墓类遗址主要特点和问题，从核心和衍生价值角度初步探索了陵墓类遗址价值体系，阐述了各类价值构成要素以及价值间的关联性，希望能对陵墓类遗址保护管理、展示利用、环境整治等工作提供帮助。

关键词：陵墓　遗址　价值构成　价值评估

以价值认知、保存、传承为核心的文化遗产保护和利用活动，是在建筑遗产实践过程中逐渐形成的。作为国际现代文化遗产保护理念与方法的起源，《威尼斯宪章》提出应依据文物建筑独特价值认知判断，采取合理的保护举措。作为一份重要的时代性、开放性的文件，《威尼斯宪章》在文化遗产保护与发展的脉络中发挥了重要作用。随着世界各国对文化遗产的关注和公众参与的不断介入，文化遗产价值的认知与理解呈现多元化态势，一些国家以《威尼斯宪章》为理论基础，结合自身文化遗产特征，制定了适合本国的相关宪章或准则。我国于 2002 年颁布的《中国文物古迹保护准则》，体现出我国文物保护已从传统的关注文物本身走向了关注文物、民生、经济、环境等复杂系统的协同发展。但随着文化遗产类型和概念的不断丰富与细化，以及社会发展趋势对文化遗产保护的影响，如何更好地认知每类文化遗产价值的独特性，仍需要我们深化探讨。

陵墓类遗址作为古代大型帝王陵墓建筑群，是中华传统礼制文化的重要载体之一，虽然已失去原有的使用功能和社会功能，但从聚落区域性角度看，陵墓类遗址不仅体现环境尊崇、生活习俗、宗教信仰、民风追求，也体现建造时代的政治、经济、文化状况。由于陵墓类遗址多数位于荒野、乡村等地区，人们对墓葬文化认知度和关注度较低，保护工作难度大、展示利用效果不理想。如何寻求陵墓类遗址保护和利用间的最优组合状态，需要完善其价值体系和评估手段，调动社会力量共同参与，使其独特的历史文化价值得到真正的传承与弘扬。

一　墓葬文化与陵墓类遗址的基本特征

中国古代墓葬文化作为传统礼制文化在丧葬方面的移植和变体，体现当时政治、经济体系，这也是墓葬文化的最重要主体[1]。作为纯精神功能的非房屋建筑，陵墓具有纪念性、永久性和尊贵等特征。古代人们"灵魂不死"的观念，认为生的终结是另一种新生活的开始，建造陵墓时竭力模仿生前环境，具有时代特点。"身份等级"观念使得古人在建造陵墓建筑时将社会需要、礼制文化放在第一位，物质功能退居第二位。在陵墓中通常以陵园规模、建造材料、建筑格局和形制、墓室的形制以及随葬品数量质量直接反映墓主人的社会地位。再加"厚葬以明孝"、"媚祖以邀福"等观念，对陵墓的选址和布局如同住宅一样讲究。

二　保护与利用面临的主要问题

在社会经济高速发展、需求多元的今天，随着城镇化、新农村建设的推进，陵墓类遗址与其所在地区的社会经济、文化发展以及百姓生活等关联性逐步增强，其保护与利用面临以下问题：

第一，文化价值认知存在偏差，价值评估欠缺系统性考虑。人们通常对帝王陵寝的重视程度较高，名人贵族墓保护程度较好，其他墓葬保存状况堪忧。陵墓类遗址价值评估过程中多以主观判断为依据，常采用历史、艺术、科学、社会价值等价值类型，评估结果多是现状概括罗列，并未按陵墓类遗址的特征及价值构成要素对各种价值进行阐述，在具体操作层面不同领域的利益者对价值类型认知难以形成基本共识，导致考古、保护、展示利用、社会参与等关键环节未能有效衔接。

第二，受阐释理念和手段约束，展示效果不理想。陵墓类遗址的核心价值展示方式单一，对陵墓类遗址价值链的延伸与辐射考虑不够充分，交通便捷程度、游客承载力、相关服务产业发展匹配度均有待提高，难以形成相关的文化产业链，社会关注度和认可度有限。

第三，陵墓类遗址的遗存分布广、地理位置偏僻，文物安防压力较大。一方面随着人们对文物收藏关注度不断提升，导致盗墓现象频发；另一方面由于农村用地活动随意性强，在遗址核心保护区取土、耕种、植树、私建民坟等行为严重危害着墓葬文化的真实性与完整性。

三　陵墓类遗址价值构成与价值评估

梅森于 2000 年提出在给定的时间与空间内，一个遗留的建筑物或者一件遗物有多种不同的价值。在当今不断变化的社会环境中，决定遗产保护什么，如何保护、先保护哪些遗产以及处理与相关不同利益者的冲突时，如何才能清晰地表述出遗产价值并被大家所认可显得越发重要[2]。可见，每次文物保护和利用决策都需对其价值有一个清晰的认知。本文按照我国陵墓类遗址自身特点，系统阐述价值构成要素，以保护为核心构建了价值评估体系。

（一）价值划分依据

德国哲学家舍勒提出价值作为一种"秩序结构"，具有多维性、层级差异性和有机的统一性。由于人们认知的复杂性和多面性，使得价值分类的角度和形式表现出多样化的趋势，但舍勒强调价值的"自身价值"是"不依赖于所有其他价值而保持它们的价值特征"[3]。在伦理学中，有些西方学者把价值分为内在价值和工具价值。内在价值是本身真正自有价值的价值，工具价值是因促进某一事物价值的实现而具有的价值。王世仁在《价值的叠韵》一书中指出保护文化古迹应遵守核心部分最传统，边缘部分最开放，中间有一个递减的空间这样的规律[4]，同样在研究陵墓类遗址的价值过程中也应遵守这样的规律，即核心价值最稳定，衍生价值最活跃，中间会有一个叠韵的空间。

美国哲学家杜威认为在同一事物上同时存在内在价值与工具价值，他反对"某种事物只有内在价值，另一事物只有工具价值，并且是固定不变的"观点。他指出，没有工具价值，内在价值就是空想，就失去其实际意义；而没有内在价值，就会以工具价值（手段）为目的，最终导致庸俗化，片面追求物质的、经济的利益等现实的东西[5]。

陵墓类遗址的核心价值包含着不依赖于其他价值而保持自身价值特征（例如年代、规模、建造艺术、技术等因素），具有独立价值载体（即陵墓遗址承载的丰富信息），有其自身特有的意义；衍生价值部分包含着一种与核心价值的现象（直观感受）相关性，没有核心价值，它们便不再是"价值"，没有独立价值载体。通过核心价值与衍生价值的研究，能够帮助人们全面综合地感受陵墓类遗址价值的有机系统性。

（二）价值体系构成

根据上述研究，本文初步探索构建了陵墓类遗址价值体系（图1）以及各类价值的构成要素。陵墓类遗址核心价值主要包含历史价值、艺术价值和科学价值，这三大价值是陵墓类遗址自身固有的基本特征，这与我国文物保护法律法规、准则是一致的。在《关于〈中国文物古迹保护准则〉若干重要问题的阐述》中指出文物古迹的根本价值是其自身的价值，即这三大价值。从第一至第七批全国重点文物保护单位的认定过程来看，主要是通过对其价值判断而认定的，体现出对价值认知的发展过程：从偏重文物的历史价值逐步转向对文物的历史价值、艺术价值、科学价值的全面衡量。在我国于2001年颁布的《文物藏品定级标准》中，也是按历史、艺术、科学价值的重要性划分珍贵文物等级。当陵墓类遗址的文化特性融入现代生活之中的时候，衍生价值不可避免地彰显出来。在《关于〈中国文物古迹保护准则〉若干重要问题的阐述》中指出经过有效保护，公开展示其可能产生的社会效益和经济效益，并且指出文物环境对文物古迹价值的作用与意义[6]。陵墓类遗址衍生价值主要包含社会价值、经济价值和环境价值。将这三类价值列入价值体系是将其作为社会发

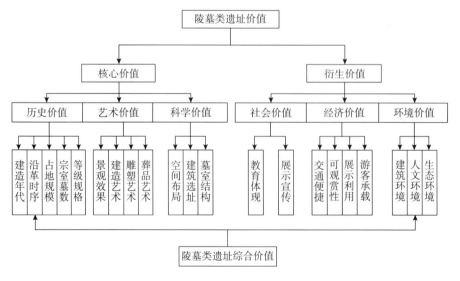

图 1　陵墓类遗址价值体系框架

展资源的角度（对社会、经济、环境的积极作用），重新认识陵墓类遗址现实应用价值潜力的基础，具有现实阶段性。

1. 历史价值

体现陵墓类遗址作为与过去某重要人物和某历史阶段密切相关的线索和证物，主要包括建造年代、沿革时序、占地规模、宗室陵墓数量以及等级规格等要素，以及特定历史环境中的礼仪风俗、等级观念、亲情孝道观念、社会制度等方面的发展与变化。通过上述载体携带的文化史、经济史、政治史等信息验证遗址的独特性。

2. 艺术价值

包括陵墓类遗址的景观效果（地上部分建筑遗址与遗址所在地的地形、植物等创造的景观）、建造艺术、雕塑艺术的形态色彩和随葬品艺术的类型风格等要素。通过上述载体携带的美术史、艺术史等方面的成就，为研究这方面历史提供实证资料，体现建造时代的审美观念。

3. 科学价值

通过空间布局（建筑群总体空间布局）、建筑选址和墓室结构等因素反映建造时代人们对自然的认识和利用程度，反映当时生产关系和生产力的发展状况。

4. 社会价值

通过对陵墓类遗址核心价值的宣传与展示，使人们在陵墓类遗址文化体验过程中增强国民文化素质、丰富历史知识，感受传统文化、爱国爱乡情怀。

5. 经济价值

包括人们在体验陵墓类遗址文化时所带来的直接经济收益。主要通过交通便捷程度、可观赏性、展示利用程度以及游客承载程度等因素，体现陵墓类遗址作为一种重要社会公共文化资源，其经济价值贡献程度。

6. 环境价值

包含建筑环境（环境协调区建筑与大遗址整体建筑的协调程度）、人文环境和生态环境等因素，实现生态环境和区域经济的良性互动、体现区域辨识度，促进带动遗址所在区域的总体均衡发展。

（三）价值评估

本文选取具有典型性和代表性的桂林靖江王陵遗址价值评估为例，评价靖江王陵遗址价值，以指导其后续的保护和利用工作。

1. 靖江王陵遗址概况

靖江王陵是明代受藩封建于靖江的历代王陵墓及其宗室墓群。王陵遗址位于广西壮族自治区桂林市东面的尧山西南麓，是"以山为本，以土为纲，以陵墓为特色"[7]的陵墓类遗址，是我国现存规模最大、陵墓数量最多的明代藩王墓葬群，占地面积约 100 平方公里。靖江王陵整体空间布局按照中国传统风水理论规划与设计，陵区后面以尧山作为依托，每座陵墓都依山势而建造，使陵寝与环境完美结合，继承了唐宋风格并融合南方建筑文化特色，充分彰显了地域多元文化的融合。

从明永乐六年（1408）开始修建第一座王陵直至最后一座王陵于崇祯八年建成（1635），历时 227 年，以十一座藩王陵和一代王朱守谦的衣冠墓为中心，周围分布次妃墓、将军墓以及其他各宗室墓等，可考陵墓共计 316 座，各类型墓葬等级分明，是明代藩王陵寝建筑及其规制的范例。另外，大量的随葬品在研究明代制造工艺以及色彩、装饰、绘画艺术等方面具有很高的价值。靖江王陵历经靖江王国建立至灭亡的全过程，承载着丰富的历史信息，遗存相对集中、地上建筑遗址较多，可观赏性较强，与桂林市的文化经济发展关系较为密切。

2. 靖江王陵遗址价值评估

靖江王陵遗址价值评估构成要素主要包含遗址布局、遗址规模、地下墓室部分、随葬品，具体遗址评估要素分析见表一。根据靖江王陵遗址的价值类型划分以及各价值的构成要素分析，应用层次权重决策分析法按支配关系确定诸因素的递阶结构和权重，最终评价得出其价值评估分值为 82 分（评估实行百分制，表二），综合价值属于较高级别。根据价值评估结果，有助于引导和监督保护展示、环境整治、经济社会发展等重点工作的有序展开，有助于在促进古代藩王文化研究和地方现代化建设等方面发挥积极作用。

陵墓类遗址大部分遗存埋藏于地下（多数处于未探明状态），考古研究和价值评估作为保护、利用的基础与核心，受到诸多方面因素影响，具有长期持续性和开放性的特点，应该贯穿于陵墓类遗址保护和展示利用的全过程。随着考古工作的进行，对墓葬遗址的认识将不断加深，价值评估的作用也将得到加强。

表一

靖江王陵遗址评估要素分析

遗迹实物			要素概况	要素分析
选址布局			陵区四周山水作为建筑构成的主体要素，陵区后部尧山作为依托，使陵寝与环境完美结合，每座陵墓都依山势而建造	因地制宜，适应当地环境
遗址规模	占地		规模宏大，遗址占地面积约100平方公里	明代帝王墓葬规制及等级
	序列		有王陵、次妃墓、将军墓、其他宗墓，序列齐全，等级分明	
地上遗址	建筑遗址	完整	遗址保存较好，建筑形式可见	完整的墓葬建筑格局
		形制	陵门为三开间拱券，中门面阔三间进深两间，享殿为五开间三进深	建筑技术、手法的体现
		材料	石灰石、青砖、黏土	因地制宜，适应当地环境，生产技术体现
		序列	王陵前序列为：陵门、碑亭、中门、享殿	完整的建筑空间序列
		等级	按墓主身份阶级等级墓前建筑等级不同	等级礼制、封建礼仪
	神道	形制	神道石作仪仗与明代帝陵等级有明显不同，每座陵墓有自己独立的神道，悼僖王陵为折向形，怀顺王陵尺形折向，其余为直线形	文化、价值观多元的体现
		朝向	依山势各有不同，非统一	因地制宜，方位观念
	封土	规模	依照墓葬主人不同阶级层次，规模不同	等单礼制观念体现
		材料	黏土	建筑技术的体现

遗迹实物			要素概况	要素分析
地上遗址	墓志碑碣		大量的刻石铭文承载大量历史信息	当时文化、政治、历史观念的体现
	石作	仪仗 数量	现存石雕334件	严格的等级观念、社会关系、信仰习俗的例证
		形态	人物、各种动物	
		形制	造型生动、圆润、体型硕大、刻画细致、神态各异	
		雕刻	线雕、半浮雕、浮雕的技法	艺术审美技艺高超，地方文化结合
地下遗址	墓室	材料	青砖、石板、灰浆	建筑技术的进步
		结构	按等级分为双砖室券顶结构、单砖室券顶结构或土坑单室结构	
	随葬品	数量	随葬品数量较多（梅瓶出土300多件）	祭祀方式、信仰习俗、等级制度
		种类	随葬仪俑、墓主生前冠服、用品、梅瓶等	
		技法	做工精致、技法精湛	

说明：以上列举的为价值评估认定的主要内容，具体评估中涵盖具体的评估因子。

表二

靖江王陵遗址价值评分表

评估对象	价值类别	项目	子项	子项说明	靖江王陵遗址价值评估子项说明	权重	得分
靖江王陵遗址价值评估		历史价值	建造年代	秦代及以前；汉、隋、唐时期；宋、元、明、清时期	始建于明永乐年间	30	21
			沿革时序	从建造第一座直至最后一座陵墓建造完成	1408～1635 年，历时 227 年		
			占地规模	已经确认的该类遗址整体占地规模	约 100 平方公里		
			宗室墓数	潘王宗亲的墓葬数量	潘王陵、次妃墓、将军墓等 316 座		
			等级规格	墓主人的阶级身份	王、妃合葬墓，次妃、将军、宗亲墓		
	核心价值		景观效果	陵墓建筑整体与自然山水环境结合程度、视觉效果	以尧山为依托，两侧山体围护，前侧亦有山丘。每座王陵高山势而建，朝向不一，气势恢弘，环境切合度较为完美，视觉效果较好		
			建造艺术	体现所在朝代该地区的建造艺术程度	承袭唐宋又融合南方建造艺术，是明代潘王陵寝建造的典型代表		
		艺术价值	雕塑艺术	雕塑现存程度体现当时的雕刻艺术以及审美，记录所在朝代雕刻艺术发展历程	现存墓葬石雕 334 件，保存较好，独具特色，是明代潘王陵石雕艺术沿革的实物见证	20	18
			葬品艺术	葬品种类、数量、做工精致程度，是否成为所在朝代的艺术代表	梅瓶品种、造型、釉色、纹饰图案特色鲜明，是明代的工艺、绘画艺术的代表		

223

评估对象	价值类别	项目	子项	子项说明	靖江王陵遗址价值评估子项说明	权重	得分
靖江王陵遗址价值评估	核心价值	科学价值	空间布局	地上建筑空间布局、空间序列分布程度	各类陵墓群等级分明，具有完整的建筑空间序列	20	18
			建筑选址	建筑选址及遗存状况、可否清晰判断建筑材料、建造技术、建筑形制	选址布局与山水相称，遗址保存完整，建筑形式可见		
			地下墓室	墓室通过保存程度可体现的材料、构造、建筑技术程度	地下墓室结构布局较为清晰完整，体现明代藩王墓葬规制的发展过程及建造技术、施工水平		
	衍生价值	社会价值	教育体现	所在明代藩王陵寝制度代表性、教育意义	增强参观者文化历史知识，是进行国民素质教育、文化交流的重要场所	10	8
			展示宣传	文化展示程度	成立靖江王陵博物馆；复原重建庄简王陵，原位展示；临时展厅进行基本陈列及各专题、临时展。文化展示活动较丰富		
		经济价值	交通便捷	与城市的地理位置、交通便捷程度	遗址距离桂林市区5公里，便于人们休闲观赏	10	9
			可观赏性	遗存类型、保存状态、观赏性	遗址保存较完好、石作、出土文物丰富，观赏性较高		

评估对象	价值类别	项目	子项	子项说明	靖江王陵遗址价值评估子项说明	权重	得分
靖江王陵遗址价值评估			展示利用	遗址博物馆情况	现有庄简王陵、庄简王陵享殿等作为博物馆进行展陈		
			游客承载	游客承载能力	遗址旅游资源丰富，空间规模较大，游客承载力较强		
	环境价值		建筑环境	周围建筑与遗址协调性	城市化、社会经济发展等严重影响遗址历史环境风貌		
			人文环境	所在地区历史文化核心组成	尧山承载的文化与王陵遗址形成高度和谐的人文环境		
			生态环境	遗址地动植物保护状况	遗址区动植物物种丰富，对桂林城市生态、环境贡献较大	10	8
总计						100	82

[1]　王爱文，李胜军．冥土安魂——中国古代墓葬吉祥文化研究［M］．郑州：中州古籍出版社，2010.

[2]　中国 Marta de la Torre, Margaret MacLean, Randall Mason, David Meyers. Heritage Values in Site Management: Four Case Studies［M］Getty Trust Publications；Getty Conservation Institute，2005.

[3]　［德］马克斯·舍勒．伦理学中的形式主义与质料的价值伦理学（上册）［M］．倪梁康译．北京：三联书店，2004：125.

[4]　王世仁．文化的叠韵：古迹保护十议［M］．天津：天津古籍出版社，2004.

[5]　王玉樑．追寻价值——重读杜威［M］．四川：四川人民出版社，1997：92.

[6]　国际古迹遗址理事会中国国家委员会制定．关于《中国文物古迹保护准则》若干重要问题的阐述［S］．盖蒂保护研究所出版，2004.

[7]　易新明，文丰义，盘福东．苍烟落照靖江陵——桂林靖江王陵文化解读［M］．桂林：广西师范大学出版社，2010.

金属类文物保护材料选择

——以铁器、银器与鎏金银器为例

马清林[1]　张治国[2]　沈大娲[3]

（中国文化遗产研究院[1,2,3]）

摘　要： 本文从《威尼斯宪章》和《中国文物古迹保护准则》出发，探讨了以中国古代铁器、银器、鎏金银器为代表的金属质文物保护材料的选择原则，与利用现代科学技术所开展的金属质文物材质与病害认知，以及保护材料筛选和评价工作。

关键词： 《威尼斯宪章》　中国文物古迹保护准则　金属质文物　保护材料

一　引言

《威尼斯宪章》第二条：古迹的保护与修复必须求助于对研究和保护考古遗产有利的一切科学技术。第三条：保护与修复古迹的目的旨在把它们既作为历史见证，又作为艺术品予以保护。第四条：古迹的保护至关重要的一点在于日常的维护。

《威尼斯宪章》中的这些条款对于现在的文物保护工作也是适用的，对科学技术在文物保护中的应用、文物日常维护保养等理念给予了充分的重视。文物保护，除了给予适宜的保存环境，在一些情况下，使用恰当和有效的文物保护材料也是必要的。

《中国文物古迹保护准则》是参照1964年《国际古迹保护与修复宪章》（《威尼斯宪章》）等为代表的国际原则，在中国文物保护法规体系的框架下，对文物古迹保护工作进行指导的行业规则和评价工作成果的主要标准，也是对保护法规相关条款的专业性阐释，同时可以作为处理有关文物古迹事务时的专业依据。

第二条　本准则的宗旨是对文物古迹实行有效的保护。保护是指为保存文物古迹实物遗存及其历史环境进行的全部活动。保护的目的是真实、全面地保存并延续

227

其历史信息及全部价值。保护的任务是通过技术的和管理的措施，修缮自然力和人为造成的损伤，制止新的破坏。所有保护措施都必须遵守不改变文物原状的原则。

第十九条　尽可能减少干预。凡是近期没有重大危险的部分，除日常保养以外不应进行更多的干预。必须干预时，附加的手段只用在最必要部分，并减少到最低限度。采用的保护措施，应以延续现状，缓解损伤为主要目标。

第二十条　定期实施日常保养。日常保养是最基本和最重要的保护手段。要制定日常保养制度，定期监测，并及时排除不安全因素和轻微的损伤。

第二十一条　保护现存实物原状与历史信息。修复应当以现存的有价值的实物为主要依据，并必须保存重要事件和重要人物遗留的痕迹。一切技术措施应当不妨碍再次对原物进行保护处理；经过处理的部分要和原物或前一次处理的部分既相协调，又可识别。所有修复的部分都应有详细的记录档案和永久的年代标志。

第二十二条　按照保护要求使用保护技术。独特的传统工艺技术必须保留。所有的新材料和新工艺都必须经过前期试验和研究，证明是最有效的，对文物古迹是无害的，才可以使用。

可以说，《中国文物古迹保护准则》是对《威尼斯宪章》的发展。

文物从时间方向来讲则具有唯一性、不可替代性或不可再生性。文物的珍贵性在于文物是历史信息的荷载者和传递者、历史事件或时间的凝结者。文物保存状况除了与出土情况有关系外，还与后期环境因素有着密切关系。这些环境因素包括光（太阳光、人造光）、空气（氧气、氮气、水蒸气、二氧化碳等）、污染气体（NOx、SO_3、SO_2、H_2S、HCl、CO_2和有机挥发物等）、空气悬浮物和降尘。主要的环境因素有光照、温度、湿度、空气质量（污染气体和悬浮物）。

保护有两方面含义：首先，监控环境以便将遗物和材料的腐朽程度降到最低。其次，通过处理阻止腐朽，在可能产生进一步朽变的部位进行处理以确保其稳定状态。当保护处理显得不足时，可采取修复措施，使文物恢复原状，不留修复痕迹，达到展出的要求。

因此，在文物保护过程中，不可避免地要使用现代材料，以延缓或阻隔文物与环境之间的作用。文物保护材料选择、筛选、研发及具体实施时，须遵守以下原则：

1. 文物保护原则

文物保护材料须严格遵守"最小干预"、"可再处理"和"不改变文物原状"的文物保护原则。

2. 环境保护原则

根据《污水综合排放标准》，尽量选择环境友好型保护材料。

3. 优良保护效果

由于文物的特殊性，对其不可能进行频率很高的维护，因此，保护效果良好材料的时效性和日常维护的重要性并行。在预防性保护措施实施的前提下，通过消耗或牺牲现代材料，达到阻止或延缓古代材料腐蚀或损耗的目标，使金属文物流传久远。

以铁器、青铜器、银器与鎏金银器文物为例，其保护材料主要包括除锈材料、有害盐脱除材料、加固粘接材料、缓蚀封护材料等。

表面锈蚀物去除材料：喷砂或剔除等，使器物表面与环境作用降至最低。有害盐脱除材料，如氯离子脱除等，消除金属表面或内部的活性有害因素，从内因方面改变。缓蚀封护材料，缓蚀剂或钝化剂、封护材料等，如缓蚀剂降低金属的活性，封护材料阻隔与环境因素的作用，属于外部因素干涉。加固或粘接材料，保证器物的物理结构稳定性或完整性。材料评价方法：与工业界和材料界毫无二致，只是原则略异而已。

本文以铁器、银器与鎏金银器文物为例叙述其要点。

二　铁质文物保护材料

1. 材质与病害

文献研究和考古发掘的材料表明：中国的铁质文物以铸铁质为主，其中灰口铁和白口铁材质占绝大多数。古代铸铁中含硅量一般为 0.1% ~ 0.3%，汉魏以前铁器中硫含量均小于 0.1%，汉魏后由于冶铁燃料的变化，铁器中硫含量变化较大。

一直放置在室外环境的铁器锈蚀过程受南方、北方沿海与内陆环境的影响不是很明显，锈蚀产物组成基本一样，只是比例略有差异。

铁质文物有害盐主要为不稳定的活性铁锈酸（γ - FeOOH）和含氯物相四方纤铁矿（β - FeOOH）和水合氯化亚铁（$FeCl_2 \cdot nH_2O$），多存在于发掘出土的和从海里打捞的铁器中。

不同保存环境下的铁器平均氯含量差别较大，分析表明，室外大气保存的铁器平均氯含量约为 0.72mg/g，而海水打捞铁器平均氯含量约为 7.47mg/g，接近室外大气保存铁器的 10 倍。因此内地存放的室外铁器大部分不需要进行脱盐处理，而海水打捞铁器大多需脱盐处理。

2. 除锈

铁质文物除锈方法主要包括机械打磨法、喷砂除锈法[1]、激光清洗法[2]、化学除锈法[3]等。针对不同尺寸、形状、腐蚀程度、保存环境，需采用不同的方法进行处理。对于室外大型铁质文物来说，喷砂法是一种快捷、有效的方法。根据铁器及其锈蚀具体情况，棕刚玉、玻璃珠、塑料砂、玉米芯、核桃皮等砂料均可作为选择之一。对于延庆铁钟外壁锈蚀来说，棕刚玉和玻璃珠等切削力较大和硬度较高的砂料均不宜使用；塑料砂、玉米芯和核桃皮从切削力和硬度等角度考虑均可使用，但与塑料砂相比，玉米芯和核桃皮处理后会使铁器表面呈现油亮光泽，一定程度上影响文物外观（图1）。经模拟试验，确定20~40目和40~60目塑料砂作为砂料配合使用效果良好。

图1　延庆东红寺铁钟纹饰局部喷砂除锈前后对比照片

3. 脱盐

目前铁器脱盐方法主要有：索氏提取法[4]、碱液清洗法[5]、碱性亚硫酸盐还原法[6]、电解还原法[7]等。可根据器物大小、腐蚀程度及有害盐含量选择合适的脱盐方法。除此以外，真空脱盐法也是近年来发展的一种脱盐方法，适用于部分室外大型铁器。该方法以塑料薄膜为容器材料，实现了现场铁器的容装，解决了大型铁质文物由于容器限制而无法现场抽真空脱盐的技术制约，提高了脱盐效率。同时，创造了密闭排氧空间，使还原性亚硫酸钠清洗剂使用成为可能。

另外，对现有有害盐碱性清洗液进行复配研究，通过添加一定量的非离子表面活性剂，使得脱盐效果优于原有脱盐试剂，也成为一个研究方向。

对于脱盐材料选择来说，用量通常较大，因此，脱盐废液排放对环境的污染情况评价就显得格外重要。评价指标主要参考《污水综合排放标准》。选择绿色环保型脱盐清洗液是现代文物保护工作的发展方向。

铁质文物脱盐通常是一个较为漫长的过程，对于脱盐结束时间的判断，应综合考虑脱除的总氯变化很小，且溶液中的氯离子浓度较低，才能认为脱盐已达终点。

4. 缓蚀

缓蚀剂是一种当其以适当浓度和形式存在于介质中时，可以防止或延缓金属腐蚀的化学物质或复合物[8]。根据文物保护材料选择的文物保护原则、环境保护原则、优良保护效果，传统的铬酸盐、亚硝酸盐缓蚀剂已经无法满足目前环保、安全的需要。现有的一些缓蚀剂在使用时存在着一些问题，如六偏磷酸钠在铁质文物表面成膜不牢，缓蚀率低；单宁酸在铁质文物上使用后使其表面颜色变深等。现有的铁质文物缓蚀剂大多是单一成分配方，缓蚀剂使用量偏高。

"十一五"国家科技支撑计划"铁质文物综合保护技术研究"课题研发了一系列性能良好的新型缓蚀剂配方[9]。其中研发的复配单宁酸缓蚀剂体系（图2），弥补了单宁酸的单一络合作用，降低了酸性单宁酸对铁器基体的腐蚀影响；缓蚀效率有了较大提高；克服了单宁酸使器物表面颜色变深的缺点；符合不改变文物原状、最小干预等文物保护原则[10]。

图2　单宁酸和复配单丁酸缓蚀剂处理铁质六角轴套局部后效果对比

目前，铁质文物缓蚀剂的评价方法主要有以下三种：

方法一：失重试验、电化学、X射线光电子能谱和扫描电镜显微分析等

该方法常见于工业水环境中缓蚀剂的评价，该方法不能直接反映大气腐蚀环境中铁质文物缓蚀剂的各项性能。

方法二：冷热交替、耐荧光紫外老化、中性盐雾等大气腐蚀评价方法

该方法能在一定程度上反映加速老化条件下大气腐蚀环境中缓蚀剂的性能，但关于铁质文物缓蚀剂研究的相关文献尚不多见。

方法三：实际铁质文物缓蚀评价方法

该方法能直接反映铁质文物缓蚀剂的各项性能，但实验周期较长，且目前尚缺乏相关规范和标准以供评价参考。

冷热交替、耐荧光紫外老化、中性盐雾等大气腐蚀评价方法直接应用于铁质文物缓蚀剂的性能评价时效果并不理想，但将缓蚀剂与同封护剂结合处理后，可以采

用该方法非常有效的评价。

5. 封护

国内外文物保护工作者在铁质文物封护材料选择方面作了许多尝试，从天然树脂到人工合成的高分子材料，从单层树脂涂层到多层复合材料，蜡[11]、硝酸纤维素[12]、环氧树脂[13]、丙烯酸类[14]、聚氨酯[15]等材料。经过多年的保护实践，认为铁质文物封护材料选择通常须遵循：可再处理性；基本透明、无眩光；耐老化性能好；防腐性能好；防水性能好；膨胀系数尽量跟金属接近；具有一定的硬度和良好的耐磨性；特别是可再处理性原则已成为广泛共识。

表一为铁质文物封护涂层性能测试项目及方法，基于这些评价指标，氟硅类、纳米二氧化硅改性丙烯酸材料均为性能较好的封护材料[16]。

针对铁质文物表面光洁度低，无法达到工业施工要求的问题，采用防锈底漆和封护涂层相结合的方法，有效解决了带锈保护的问题。

表一　　　　　　　　　　　铁质文物封护涂层性能测试项目及方法

性能	依据方法
厚度	GB/T 13452.2 – 1992
铅笔硬度	GB/T 6739 – 2006
60°光泽	GB/T 9754 – 2007
附着力	GB/T 9286 – 1998
耐水性	GB/T 1733 – 1993
耐温变性	JG/T 25 – 1999
耐中性盐雾	GB/T 1771 – 2007（温度 35℃，试验溶液为 5% NaCl）
耐荧光紫外线	ISO 11507：1997 荧光紫外老化机黑板温度为（60 ± 3）℃，辐照度为 0.68W/m² ，湿相
盐酸溶液半浸实验	将质量浓度为 36% ~38% 的盐酸稀释十倍作为半浸液，将喷涂的样片半浸，观察样片在溶液中和盐酸蒸汽中的防腐蚀性能
硫酸半浸试验	将浓硫酸配制成质量百分比浓度为 0.05M 的溶液作为半浸液，将喷涂的样片半浸，观察样片在溶液中的防腐蚀性能
NaCl 溶液半浸实验	将喷涂的样片半浸入 3.5% 的 NaCl 溶液中，观察样片在溶液中和 NaCl 蒸汽中的防腐蚀性能
室外挂片暴晒实验	GB/T 1865 – 1997

三　银器与鎏金银器保护材料

唐代金银器是我国金银器艺术最为辉煌的时代，其器形、纹样、工艺均达到前所未有的水平，西安何家村窖藏[17]和法门寺塔基地宫内均发现了大量金银器[18]，出土器物数量之多、品种之全、等级之高当属考古之罕见。宋元明清时期，也出土了数量很多的银器与鎏金银器。

1. 材质与病害

银器大多为银、铜合金，在地下埋藏过程中，与酸、碱、盐长期接触会发生电化学腐蚀。由于保管条件差或暴露于大气中，银器受到空气中氧、日光和潮气影响而生锈变色。银器易受含硫物质侵蚀，生成硫化银而变得晦暗。银器变色，大大影响了其感观效果和艺术价值，故而银器防变色是银器保护的主要内容。对于鎏金银器，除了鎏金层中所混杂其他金属引起的腐蚀外，主要是银器胎体的锈蚀。另外，在潮湿环境下，鎏金银器中金—银合金结构会产生腐蚀电池作用，银成为牺牲阳极而腐蚀。因此，鎏金银器中银器腐蚀速率一般会大于普通银器，其保护研究更值得关注。

银器保护，主要是维持其原貌，将有损于器物形貌、遮盖器物花纹图案和重要考古标记的锈垢清除，如有必要，经符合文物保护原则的保护材料处理后，置于适宜温湿度条件的环境中存放，避免产生新的病害。针对银器变色的各种因素，一般通过清洗除锈、缓蚀封护、调控保存环境等措施，最大限度降低外界不利因素的影响。

南京大报恩寺遗址出土北宋时期阿育王塔上脱落下的鎏金银残片样品的分析结果表明，鎏金银器由鎏金层、鎏金层与银胎间的过渡层、银质胎体组成。鎏金层较薄，约为 4～5 微米，为金、银、汞、铜的化合物，鎏金层和过渡层中的汞含量高约20%，说明鎏金过程系采用中国传统金汞齐鎏金工艺制作。银质胎体为 Ag-Au-Cu 合金，含银量约为 94%，含铜量约为 1.1%，含金量约为 2.5%。鎏金银器上的锈蚀产物包括银锈（Ag_2S、$AgCl$）、铜锈（孔雀石）和铁锈（$FeCO_3$，来自铁函），这些都是需要去除的锈蚀物。

2. 除锈

银的三种锈蚀物 Ag_2S、$AgCl$ 和 Ag_2O 均为溶解度极小的化合物，一旦在银器表面形成后，不易除去。要使这三种难溶化合物溶解，从而在银器表面除去，除锈试剂与银离子形成配合物的稳定常数越大越好。根据常见离子配合物的稳定常数[19]，氰络合物的稳定常数最大，但氰化物系剧毒物质，舍弃。在其他络合物中络合能力较高的有硫代硫酸络合物、硫脲络合物、硫氰酸络合物，其次是乙二胺络合物、氨络合物、柠檬酸络合物和 EDTA。因此，将这些常见络合物进行筛选和复配试验，可以寻找到性能良好且符合文物保护原则的银锈清洗剂。

经筛选，Z7 除锈配方（硫脲、硫酸铁、稀硫酸调 pH 至 1）对于硫化银的除锈效果最佳，以硫脲或硫代硫酸钠为主剂的除锈配方均可除去氯化银锈蚀，Z2 除锈配方（硫代硫酸钠、亚硫酸钠、硼砂复配）对氧化银的除锈效果最佳。对模拟银试样的浸泡失重试验和表面形貌观察分析结果表明，Z7 除锈配方对银器本体的腐蚀作用极小；对银币和鎏金银铆钉的除锈试验表明，Z7 除锈材料及在其基础上研制的除锈膏对于银器与鎏金银器表面的银锈与铁锈均有良好的去除效果，且不产生物理系损伤[20]。

3. 缓蚀封护

目前，银器缓蚀剂主要有苯并三氮唑（BTA）、1 - 苯基 - 5 - 巯基四氮唑（PM-TA）、2 - 巯基苯并恶唑（MBO）、2 - 巯基苯并咪唑（MBI）[21]、长链烷基硫醇等，除了 BTA 外，银器缓蚀剂主要是以含硫化合物为主。但是银对硫比较敏感，当涂覆在 Ag 表面的含硫缓蚀剂老化、分解后，很可能对 Ag 的腐蚀提供硫源，从而加速其腐蚀。基于此原因，合成新型的、不含硫的银器缓蚀剂是十分必要的。

"十二五"国家科技支撑计划"南京报恩寺遗址地宫及出土文物保护技术研究"课题中研发的不含硫的月桂基咪唑啉缓蚀剂（LM）经过缓蚀性能评价，优于苯并三氮唑（BTA），略逊于含硫的 1 - 苯基 - 5 - 巯基四氮唑（PMTA），是一种有意义的尝试。研发的纳米 TiO_2 改性的弹性丙烯酸乳液（TX）具有良好的封护效果。课题研发成果在阿育王塔保护修复中发挥了重要作用（图 3）。

图 3   阿育王塔鎏金银板整体保护前后效果对比

四　结语

本文依据《威尼斯宪章》、《中国文物古迹保护准则》、环境友好原则等，探讨了铁器、鎏金银器等金属质文物保护材料的选择，这些保护材料的选择和研发，使此类金属质文物可获得良好的保护效果。

本文致谢"十一五"国家科技支撑计划"文化遗产保护关键技术研究"项目"铁质文物综合保护技术研究"课题组单位及成员；"十二五"国家科技支撑计划"南京报恩寺遗址地宫及出土文物保护技术研究"课题组单位及成员。

（原载《中国文物科学研究》2014 年第 2 期）

[1] Schmidt – Ott, K. & Oswald, N. Neues zur Eisenentsalzung, VDR Beiträge, 2006 (2): 126 – 134.

[2] 詹长法, 张可. 简述激光清洗技术在文物保护中的应用及发展前景, 文物科技研究. 第三辑, 北京: 科学出版社, 2005.

[3] 刘舜强. 出土铁钱的修复与保护. 文博, 2001 (4).

[4] Scott, D. A. & Seeley, N. J., The Washing of Fragile Artifacts, Studies in Conservation, 1987, 32 (2): 68 – 76.

[5] Watkinson, D., An assessment of lithium hydroxide and sodium hydroxide treatments for archaeological ironwork, In: R. W. Clarke and S. M. Blackshaw (eds), Conservation of Iron: Maritime Monographs and Reports 53. Greenwich: The Trustees of the National Maritime Museum, 1982: 28 – 40.

[6] North, A. N., & Pearson, C., Alkaline Sulphite Reduction Treatment of Marine Iron, ICOM Committee for Conservation, 4th Triennial Meeting, March 13 1975, Venice.

[7] North, N. A., Conservation of Metals, In: Pearson, C (eds), Conservation of Marine Archaeological Objects, London: Butterworths, 1987: 223 – 227.

[8] 《关于腐蚀与腐蚀试验术语的标准定义》(ASTM G15 – 76)

[9] 马清林, 张治国主编. 博物馆铁质文物保护技术手册, 北京: 文物出版社, 2011.

[10] 一种用于铁质文物保护的单宁酸缓蚀剂, 国家发明专利, 专利号: ZL 2009 1 0081222. X. 专利权人: 中国文化遗产研究院, 发明人: 张治国、马清林。授权公告日: 2011 年 12 月 28 日.

[11] Bradley A. Rodgers, The Archaeologist's Manual for Conservation. New York: Kluwer Academic/Plenum Publishers, 2004: 67 – 104.

[12] S. G. Rees – Jones, Some Aspects of Conservation of Iron Objects from the Sea, Studies in Conservation, 1972, 17 (1): 39 – 43.

[13] E. Busse, The maintoba north cannon stabilization project, In Ian D. Macleod, Stephane L. Pennec, Luc Robbiola (eds.) Metal 95: Proceedings of the international conference on metals conservation. London: James&James. 1997: 263 – 268.

[14] 许淳淳, 于凯, 李子丰. 铁质文物复合防蚀封护剂的研制及应用研究 I, 腐蚀科学与防护技术, 2004, 1 (6): 408 – 410.

[15] 潘郁生, 黄槐武. 广西博物馆汉代铁器修复保护研究, 文物保护与考古科学 2006, 18 (3): 5 – 10.

[16] 谭前学. 西安何家村窖藏金银器. 文化密码. 2008, 7: 36 – 38.

[17] 马清林, 沈大娲, 永昕群主编. 铁质文物保护技术, 北京: 科学出版社, 2011 年.

[18] 王仓西. 从法门寺出土金银器谈"文思院". 文博. 1989, 6: 52 – 54.

[19] 夏玉宇主编. 化学实验室手册(第二版). 北京: 化学工业出版社. 2008, 123 – 125.

[20] 祝鸿范, 周浩, 蔡兰坤等. 银器文物的变色原因及防变色缓蚀剂的筛选 [J]. 文物保护与考古科学. 2001, 13 (1): 15 – 20.

[21] 张治国, 宋燕, 沈大娲, 马清林主编. 古代鎏金银器、玻璃器、香料保护技术, 北京: 科学出版社, 2014.

现代仪器分析与文物保护

沈大娲

（中国文化遗产研究院）

摘　要： 本文从对文物价值的认识、保护修复原则的践行，以及在保护研究和实践各个具体实施环节的作用等角度论述了现代仪器分析与文物保护的关系；评述了仪器分析在文物保护中的应用现状；阐述了国内文物保护行业仪器分析应用的不足及对策，以期促进仪器分析在文物保护中发挥更大的作用。

关键词： 仪器分析　文物保护

仪器分析（instrumental analysis）是指采用较复杂或特殊的仪器设备，通过测量物质的某些物理或物理化学性质参数及其变化来获取物质的化学组成、成分含量及化学结构等信息的一类方法[1]。仪器分析方法包括光谱分析、波谱分析、色谱分析、质谱分析、能谱分析、热分析、微区形貌及表面分析等，分析的内容涉及从常量到微量及痕量分析、从成分到形态结构分析、从总体到微区、表面及空间分布分析等多个方面。随着现代科学技术与文物保护的结合日益紧密，仪器分析在文物保护，特别是文物本体保护过程中发挥着日益重要的作用。无论是对于文物价值的认知，还是保护修复原则的践行，以及在保护研究和实践各个具体环节中都起到不可或缺的作用。

一　仪器分析在文物保护中的作用

1. 现代仪器分析是认识文物价值的必要手段

文物是指具有历史价值、艺术价值和科学价值、在今天的社会生活和社会发展中仍能起积极作用的遗迹、遗物[2,3]。文物是一定历史时期的社会产物，蕴含着丰富的历史信息、科技信息和文明信息。文物所携带的信息是客观存在的，但对于这些信息的认识是不断深化的。人们获取文物所携带信息的能力，以及对文物价值的认识程度，在很大程度上依赖于科技进步，而作为科学研究重要手段的仪器分析也成为获取文物信息、认识文物价值的重要手段。

文物是有形的历史文化载体，具有物质属性。无论哪种文物，都是采用一定物质材料建造、制作的，离开了物质材料文物也就不复存在。按照物质结构来分类，材料可以分为四大类：金属材料、无机非金属材料、有机材料以及复合材料（图1）。从现代材料科学与工程的角度来看，文物的材质涵盖了现代材料学所涉及的各类材料。现代仪器分析手段的介入，对于获取文物成分、制作工艺、年代等信息，起到了重要作用。通过现代仪器分析，可以更全面、更准确地认识文物，从而解读它所承载的历史文明信息，进而勾勒社会历史的真实面貌。

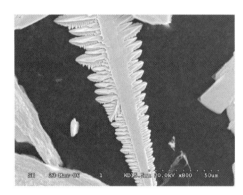

a. 金属文物腐蚀产物SEM照片

b. 颜料SEM照片

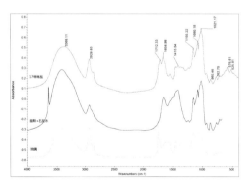

c. 胶结材料红外光谱

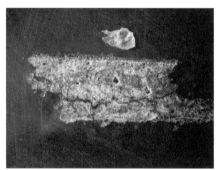

d. 彩画剖面显微照片

图1　各类材质文物的分析

2. 现代仪器分析为文物保护修复原则的践行提供依据和保障

文物保护的本质是保护文物所蕴含的珍贵历史文化信息，而不是在于保护文物材料自身。但因文物材料是珍贵历史文化信息的载体，我们通常是通过保护文物材料而达到保护历史文化信息这个本质目的的[4]。在对文物进行具体保护的过程中，应遵守《中华人民共和国文物保护法》所规定的"不改变文物原状"的原则。所谓文物的"原状"，不仅是指文物的"原貌"外观形貌，而应是包括文物一切原始信息的状态，即包括文物所内含的一切历史、艺术、科学、材料及工艺技术等无形的信息[5]。

在对"原状"的客观认识和描述过程中，仪器分析也同样起到不可替代的作用。通过仪器分析，可以充分认识文物原有的形制、结构、制作材料、制作工艺等原始信息，使得文物的"原状"有据可依。"原状"不再是仅凭肉眼辨识的主观认识，或是大而化之的空泛概念，而是可以用数据、图像描述的科学的、客观的具体信息。而对于保护修复后，文物原状是否改变也同样需要借助于仪器分析手段进行科学合理的评价。除可以用肉眼进行判断的外观之外，色彩、表面状态、化学成分、金相结构等性状是否改变，均需要借助仪器分析进行评价。

3. 仪器分析是文物保护研究及实践的各个具体环节科学合理的基础

文物保护研究的内容通常包括对文物本体材料的认识、腐蚀产物的分析、保护材料的选择和评价。文物保护修复的具体实施则需要通过认识文物本体、判断材料的构成成分、判断腐蚀产物、判断制作工艺、判断修复历史，从而为保护修复提供依据；通过试验研究选择保护方法和材料，科学合理地制定保护方案；保护完成后，则需要对保护效果进行评价。

在保护修复的过程中，无论是对于文物本体的认识，还是文物材料的筛选，以及最后保护效果的评价，都离不开仪器分析数据作为依据。只有借助于分析仪器，获得科学、翔实的数据，才能为保护方案的制定提供合理依据，进而为科学的保护修复打下基础。

二 现代仪器分析在文物保护中的应用现状

仪器分析方法的各个类别在文物保护中几乎均有所应用。扫描电镜—能谱、X射线荧光、红外光谱等传统分析方法已经被充分应用到文物保护的过程中，一些传统方法也针对文物保护需求进行了应用开发，而近年来在自然科学领域逐渐被认识和应用的方法也迅速应用到文物保护过程中。

Enrico Ciliberto等编辑的、由John Weily出版集团出版的《艺术与考古中的现代分析方法》[6]一书系统介绍了文物保护中应用的仪器分析方法。从仪器原理、实验条件、分析实例等角度介绍了元素分析、原子光谱、X射线荧光光谱、中子活化、粒子诱导X射线发射分析（PIXE）、有机质谱、拉曼光谱、热分析、紫外—可见光—近红外、傅氏变换红外光谱（FT－IR）以及光纤反射光谱（FORS）、X射线光电子能谱（XPS）、俄歇电子能谱、电子显微镜、同位素分析、热释光、电子自旋共振等方法在获取文物制作材料信息，包括组成、年代、制作工艺等方面所能起到的作用。

Elsevier出版社出版的分析化学大全系列丛书中第四十二卷《文化遗产材料的非破坏微分析》[7]，通过具体的应用实例介绍了紫外、红外、拉曼、光纤反射、电子显微镜、X射线方法、聚焦离子束微分析、X射线光电子能谱、俄歇电子能谱、等离子体发射质谱、二次离子质谱等分析方法在文物领域的应用。

Evangelia A. Varella编著、Springer出版社出版的《文化遗产保护科学：仪器分析的应用》[8]介绍了高效液相色谱、气相色谱、毛细管电泳、光学显微镜、电子显微镜、红外及拉曼光谱、固体核磁、X射线衍射、X射线荧光、小角散射、元素分析、粒子诱导X射线光谱、原子吸收谱、热分析、高效液相色、反相高效液相色谱、气相色谱—质谱、傅氏变换红外光谱、热裂解气相色谱—质谱、电化学阻抗谱等方法在文物保护中的应用。

马清林、苏伯民等编著的《中国文物分析鉴别与科学保护》[9]则针对中国文物保护现状，较为系统地介绍了光学显微镜、电子显微镜、X射线衍射、核磁共振、紫外吸收、质谱、穆斯保尔谱、原子发射光谱、原子吸收光谱、流动注射分析、X射线荧光光谱、质子荧光、气相色谱、液相色谱等方法在文物保护领域的应用。

此外，红外光谱[10]、拉曼光谱[11]、有机质谱[12]、电化学方法[13]等仪器分析方法在均有专门针对文物保护领域方法和应用的专著。

近年来，X射线吸收结构分析技术（XANES）[14]、显微X射线扫描成像（SXM）[15]、激光诱导击穿光谱（LIBS）[16]等分析技术也应用于文物的分析研究。具有光谱范围宽、强度高、准直性好等特点的加速器同步辐射装置[14]等新方法逐渐被应用于文物保护领域。这些新方法的应用有助于解决文物保护中的科学问题，为保护技术的研究提供基础。

三　国内文物保护领域仪器分析应用的不足与对策

随着国内文物保护领域资金和人力投入的逐年加大，文博单位相继购置了一批大型分析仪器，仪器分析与文物保护的结合日趋紧密。近年来发布的金属文物、竹木漆器、纸张、丝织品等文物保护修复方案编写规范中均将文物的分析检测列为方案编写必不可少的内容。但仪器分析在文物行业的应用与其他行业以及国外同行相比，仍有不足之处，主要表现在以下几个方面。

1. 分析方法及数据库尚待建设。

文物样品通常成分混杂，而且由于年代久远、自然老化、环境侵蚀等因素导致材料成分发生变化，因此分析具有一定难度。常规分析方法通常难以解决问题。国外较为注重系统分析方法的建立，例如盖蒂保护所在当代塑料材质艺术品成分分析、漆器成分分析等方面进行了专项研究，建立了较系统的分析方法，并通过合作培训的方式进行了应用推广。国内浙江大学张秉坚教授团队致力于古建筑灰浆中有机材料的分析和鉴别，建立了较为系统科学的分析方法[17]。

数据库是得到可靠分析结果所必不可少的依据，完善的数据库有助于得到精确的分析结果。目前，国内在文物方面的数据库除由上海硅酸盐所建设、隶属于中国科学院材料科学主题数据库——无机非金属材料科学数据库的古陶瓷物理化学参数数据库外，尚没有建立针对文物材质的数据库。数据库的缺失，为分析仪器的应用造成了障碍。

2. 人员对于仪器的了解及数据解析的能力不足

保护人员数据分析能力不足，在具体的保护过程中，往往存在数据分析与保护方案设计"两张皮"的现象，仪器分析不能真正起到对文物保护的支撑作用。笔者在对维也纳艺术学院访问的过程中了解到，学习艺术以及学习艺术品修复的学生也要了解科学分析的方法，掌握基本的制样、颜料判别、黏合剂判别的方法以及所需要的仪器（图2）。从而在修复过程中，一些简单的分析工作可以由他们自己完成，修复师可以更了解自己的修复对象，实现更好的修复。对于国内一些条件有限的地方文博单位来说，修复师学习一定的科学分析手段也是有其必要性的。

此外，文物保护过程中，合理地构建团队也非常重要。在团队构建过程中，应有仪器分析背景的人员参与进来。这样可以从材料的角度对被保护的对象有更深入的了解，进而正确选择保护方法和材料。

3. 仪器设备不能充分满足文物保护特殊需求

就目前国内分析仪器设备的市场供应情况而言，大型分析仪器的生产厂商几乎均为国外厂商，因此最先进的仪器设备无法及时进入中国市场，文物行业只能购买仪器厂商投放到市场的成熟产品，文物保护行业对仪器的特殊要求往往不能满足。而国外文物保护机构具有近水楼台的优势，仪器厂商往往会根据用户需求进行特殊定制。例如蔡司公司专为德国柏林国家博物馆实验室定制了装有特殊附件的显微镜（图3）；布鲁克公司与诺贝尔化学奖获得者理查德·恩斯特博士合作开发了可以进行大面积扫描的拉曼光谱仪，扫描面积可以达到1100毫米×850毫米[18]。国外同行

图 2　维也纳艺术学院颜料标本库

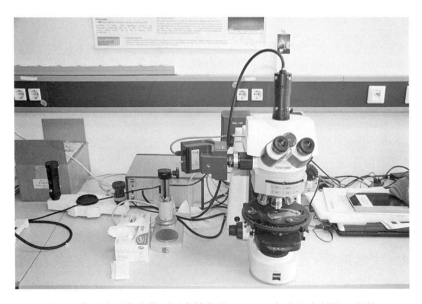

图 3　蔡司公司专为德国国家博物馆 Rathgen 实验室定制的显微镜

在仪器设备应用方面的优势目前在中国不可能复制，在科学仪器发展水平日新月异的今天，我们唯有立足于现有仪器，将现有仪器的功能充分开发，系统研究针对文物样品的分析方法，逐步积累，使得现有仪器设备尽最大所能为我所用，在文物保护中发挥应有的作用。

四 结语

文物保护行业的著名国际期刊 Studies in Conservation 前主编 Alan Phenix 曾经谈到如何平衡发表在 Studies 上的研究性文章与实践性文章之间的关系，他写道："我质疑发表创新性论文会打消修复师将自己的工作写成文章的积极性的说法，新颖性可以表现在很多方面：不仅仅是数据的堆积，看待某个艺术家的工作或者一件艺术品重要性的新视角，记录、判断或解决问题的新方法，保护原理的新阐释，都是对于我们这一领域有用的创新工作。"[19] 我想这样的观点也可以借用到文物保护领域的仪器分析工作，仪器分析不仅仅是简单的数据获取，仪器分析渗透到文物保护的各个方面。充分认识仪器分析的重要作用、恰当地运用仪器分析方法，才能充分认识文物的价值，使得文物保护的过程更加具有客观性、科学性。

（原载《中国文物科学研究》2014 年第 2 期）

［1］ 叶宪曾，张新祥等．仪器分析教程（第二版），北京大学出版社，2007.

［2］ 吴诗池．文物学概论，上海：上海文艺出版社，2002.

［3］ 李晓东．文物学，北京：学苑出版社，2005.

［4］ 郭宏．首论"不改变原状原则"的本质意义——兼论文物保护科学的文理交叉性，文物保护与考古科学，2004，vol. 16（1）：60 – 64.

［5］ 陆寿麟．我国文物保护理念的探索，东南文化，2012（2）：6 – 9.

［6］ EnricoCiliberto（Editor），Giuseppe Spoto（Editor），Modern Analytical Methods in Art and Archeology，Wiley，2000.

［7］ K. Janssens，R. Van Grieken，Edit，Non Destructive Microanalysis of Cultural Heritage Materials，Elsevier，2004.

［8］ Editor，Evangelia A. Varella，Conservation Science for the Cultural Heritage：Applications of Instrumental Analysis，Springer – Verlag，Berlin，2013.

［9］ 马清林，苏伯民，胡之德，李最雄．中国文物分析鉴别与科学保护，北京：科学出版社，2001.

［10］ Michele R. Derrick，Dusan Stulik，James M. Landry，Infrared Spectroscopy in Conservation Science，J. Paul Getty Trust，Los Angeles，1999.

［11］ Howell Edwards（Editor），John M Chalmers（Editor），Raman Spectroscopy in Archaeology and Art History，Royal Society of Chemistry，2005.

［12］ MariaPerla Colombini（Editor），Francesca Modugno（Co – Editor），Organic Mass Spectrometry in Art and Archaeology，Wiley，2009.

［13］ AntonioDom′enech – Carb′o，Mar′ia Teresa，Dom′enech – Carb′o，Virginia Costa，Electrochemical Methods in Archaeometry，Conservation and Restoration，Springer – Verlag Berlin Heidelberg 2009.

［14］ Farideh Jalilehvand，Sulfur：Not a"silent"element any more，Chemical Society Review，2006，35：1256 – 1268.

［15］ YvonneFors，Thomas Nilsson，Emiliana Damian Risberg，Magnus Sandstrom，Peter Torssander，Sulfur accumulation in pinewood（Pinus Sylvestris）induced by bacteria in a simulated seabed environment：Implication for marine archaeological wood and fossil fuels，International Biodeterioration & Biodegradation，2008，62：336 – 347.

［16］ K. MüLLER，H. STEGE，Evaluation of theahalytical potential of laser induced breakdown spectrometry（Libs）for the analysis of historical glasses，Archaeometry，2003，45（3）：421 – 433.

［17］ ShiQiang Fang，Hui Zhang，Bing Jian Zhang，Ye Zheng，The Identification of Organic Additives in Traditional Lime Mortar，Journal of Cultural Heritage，2013，551：20 – 26.

［18］ In situ Raman microscopy applied to large Central Asian paintings Richard R. Ernst，J. Raman Spectrosc. 2010，41，275 – 287.

［19］ Editorial，AlanPhenix，Editor in Chief，Studies in Conservation，2009，Vol. 54（1）：2.

后　记

　　2014 年 6 月 12 至 13 日，由中国文化遗产研究院主办"中国文物保护实践与《威尼斯宪章》"学术研讨会在北京举行，会议的举办得到了文物保护各界专家的积极响应，联合国教科文组织亚太世界遗产培训与研究中心、全球文化遗产基金会、中国长城学会、中国国家博物馆、故宫博物院、敦煌研究院、陕西省考古研究院、新疆文物古迹保护中心、苏州园林世界遗产监管中心、清华大学、东南大学、西北大学、北京科技大学、中国建筑设计研究院、北京古代建筑研究所等单位的 40 余位代表参会，我院及相关文物机构数十位研究人员列席。会议收到提交论文 39 篇，16位不同领域专家发表主题报告。会议就中国古建筑、遗址、石窟与石刻、壁画与彩画等保护理念与方法，新型遗产保护原则及思路，馆藏文物保护理念与方法等领域展开了广泛而深入地探讨。

　　我院刘曙光、柴晓明、马清林、侯卫东、张廷皓、乔梁、黄克忠、杜晓帆、沈阳、崔勇、肖东等同仁，以及中国文物信息咨询中心副总工程师王立平先生、建设综合勘察设计研究院研究员汪祖进先生帮助审阅稿件，我院科研与综合业务处丁燕、刘刚、李雅君、刘意鸥等为此次会议和论文集的出版做了大量工作，在此一并致谢。

编　者

2014 年 9 月